高等职业教育茶树栽培与茶叶加工专业教材

茶树栽培与良种繁育技术

主 编 田景涛 陈 玲

U0259781

中国轻工业出版社

图书在版编目（CIP）数据

茶树栽培与良种繁育技术/田景涛，陈玲主编 . —北京：
中国轻工业出版社，2020. 12

ISBN 978-7-5184-2799-4

Ⅰ. ①茶…　Ⅱ. ①田…　②陈…　Ⅲ. ①茶树-栽培技术
②茶树-良种繁育　Ⅳ. ①S571. 1

中国版本图书馆 CIP 数据核字（2020）第 160463 号

责任编辑：贾　磊　王昱茜

策划编辑：贾　磊　　　责任终审：李建华　　封面设计：锋尚设计
版式设计：砚祥志远　　责任校对：晋　洁　　责任监印：张　可

出版发行：中国轻工业出版社（北京东长安街 6 号，邮编：100740）
印　　刷：三河市万龙印装有限公司
经　　销：各地新华书店
版　　次：2020 年 12 月第 1 版第 1 次印刷
开　　本：720×1000　1/16　印张：21.75
字　　数：430 千字
书　　号：ISBN 978-7-5184-2799-4　定价：52.00 元
邮购电话：010-65241695
发行电话：010-85119835　传真：85113293
网　　址：http://www.chlip.com.cn
Email：club@chlip.com.cn
如发现图书残缺请与我社邮购联系调换
171460J2X101ZBW

本书编写人员

主　编

田景涛（铜仁职业技术学院）

陈　玲（铜仁职业技术学院）

副主编

徐代刚（铜仁市农业农村局）

段小凤（铜仁职业技术学院）

参　编（以姓氏笔画排序）

王家伦（贵州省农业科学院）

李晓松（铜仁科学院）

张黎飞（铜仁职业技术学院）

徐代华（铜仁职业技术学院）

潘俊青（安徽省霍山县农业农村局）

前　言

《全国大中小学教材建设规划（2019—2022年）》明确要求："建立职业院校教材内容及时更新修订制度，及时吸收行业发展新知识、新技术、新工艺、新方法"。同时提出："一是开发职业能力，在工作情境中寻找工作知识的基本线索；二是提炼工作知识，关于基本操作规程和质量标准的工作知识及工作诀窍"。基于此，本书编写人员以茶园建设、茶园管理、茶树繁育及选育各工作情景为基本线索，对应工作岗位所需的工作知识、质量标准、基本技能，将传统的茶树栽培技术、茶树病虫害防治技术、茶树品种繁育和选育技术等内容，根据行业最新发展动态和标准进行修订、提炼和整合，同时增加了茶园田间质量溯源管理和观光、抹茶等特色茶园管理方面的新标准和新技术，开发了《茶树栽培与良种繁育技术》项目任务型的理论与实践一体化教材。

本书不仅适用于职业院校涉茶专业学生，也可供茶叶技术人员参考。编写结构包括任务目标、任务导入、任务知识、任务知识思考、任务技能训练五个方面。本书共两个模块，包括9个项目、28个任务。具体内容：模块一为茶树栽培（7个项目、21个任务）；模块二为茶树繁育（2个项目、7个任务）。

编写分工：田景涛负责编写模块一项目三、项目六；陈玲负责编写模块二项目二的任务一、任务二、任务三、任务五；徐代刚负责编写模块一项目一、项目二、项目七；段小凤负责编写模块一项目五、模块二项目二的任务四；李晓松负责编写模块二项目一；潘俊青负责编写模块一项目四的任务一；徐代华负责编写模块一项目四的任务二。王家伦、张黎飞负责统稿。

本书在编写过程中得到了许多企业专家、行业专家的大力支持，同时，参考了许多专家学者的大量文献资料。在此，一并致以谢意！

编者对本书的编写工作尽了最大努力，但是难免存在疏漏及不足之处，敬请广大读者批评指正，以便修订时加以完善。

编　者
2020年8月

目　录

模块一　茶树栽培

模块一 茶树栽培

项目一 茶树栽培基础知识

任务一 茶树的起源及栽培简史

任务目标

1. 知识目标
（1）了解茶树的起源。
（2）了解茶树的栽培发展历程。
2. 能力目标
（1）掌握茶树的起源及其发展历程。
（2）理解和掌握为什么说中国西南地区是茶树的原产地。

任务导入

中国是茶树的原产地，又是世界上最早发现茶树、栽培茶树和利用茶树的国家。追溯茶树的起源，了解茶树的栽培历史，为学习茶树栽培知识奠定基础。

任务知识

知识点一 茶树的起源

世界饮茶的历史源于中国，中国是茶的故乡、是茶的起源之地、是世界上最早发现茶树和利用茶树的国家。茶原为中国南方之嘉木，具体地说，茶原产于中国的西南地区。茶叶作为一种享誉中外的健康饮品，它是中国古代人民对中国饮食文化的贡献，同时也是中国人民对世界饮食文化的贡献。

（一）茶树的起源

中国是世界上最早发现和利用茶叶的国家，距今已有 5000 多年历史。《神农本草经》有记载"神农尝百草，日遇七十二毒，得荼而解之"。东汉《华佗食经》中也有记载"苦荼久食，益意思"。780 年，唐代陆羽《茶经》就已经全面地记载了茶的形态特征、茶树的栽种和采制过程、茶的功效，作为药用列入方剂的就有上百种。

茶起源于何时？按植物分类学的方法，可以追根溯源，先找到茶树的亲缘植物。据研究，茶树所属的被子植物，起源于中生代的早期；双子叶植物的繁盛时期，都是在中生代的中期；而山茶科植物化石的出现，又是在中生代末期白垩纪地层中；在山茶科里，山茶属是比较原始的一个种群，它发生在中生代的末期至新生代的早期；而茶树在山茶属中又是比较原始的一个种。所以，据植物学家分析，茶树已有 6000 万年至 7000 万年的历史。

（二）茶树原产地

茶树原产地是指在人工栽培以前茶树的原始分布区域，也有学者把原产地理解为"茶树的原始产地"，即茶树的起源地。比如有"中国起源说""印度起源学说""中国和印度起源说"等，目前比较公认的是中国西南地区是茶树的原产地。其依据主要有以下五个方面。

1. 中国西南地区野生大茶树分布最集中、数量最多

东汉时期的《桐君录》、宋代的《梦溪笔谈》以及英国人威尔逊所著的《中国西部游记》等诸多古代文献均记载，至少在 1200 多年以前，我国就已发现了野生大茶树。据不完全统计，我国近、现代在云南、贵州、四川、广西、湖南、湖北等 10 个省（区）共发现野生大茶树达 200 多处，其中 70% 分布在西南地区，而干径在 1m 以上的特大型野生茶树几乎全部在云南。迄今发现的最古老而又原始的野生大茶树是云南省勐海县巴达乡大黑山密林中的巴达大茶树。其于 1961 年被发现，当时树高约 32.12m，胸径 2.9m，树龄在 1700 年左右。

2. 中国西南地区是茶树近缘植物的地理分布中心

山茶科植物起源于新生代第三纪，我国西南地区是第三纪古热带植物区系成分在古代分化发展的关键地区。目前世界上山茶科植物共有约 23 属 380 余种，我国有 15 个属 260 余种，且大部分分布在西南地区。云南是许多山茶科植物和茶属植物的起源中心，自然也最可能是茶树的起源中心。

3. 茶树生物学的研究证明中国西南地区是茶树的起源中心

中国西南地区茶树有乔木、小乔木、灌木型，有大叶、中叶、小叶，资源丰富，种内变异之多，是世界上任何地区都无法比拟的。植物学家认为："某种植物变异最多的地方就是这种植物的起源中心。"

4. 古地质学、古气候学的研究证明我国西南地区是茶树的原产地

我国植物分类学家吴征镒指出"我国云南西北部、东南部、金沙江河谷，川东、鄂西和南岭山地，不仅是第三纪古热带植物区系的避难所，也是这些区系成分在古代分化发展的关键地区。"如今在云南、贵州、四川一带已发现的为数众多的野生大茶树，从一个方面佐证了茶树原产于我国西南地区的可能性最大。

5. 中国西南地区是世界茶文化的发祥地

在古代首先利用和栽培某种植物的国家或地区，多为该种植物原产的区域，这是一个基本规律。在神农时代（公元前27世纪前后），我国的先人们就已经发现并利用茶。据《华阳国志》等史籍的记载，在公元前1000多年前的周代，巴蜀一带已经有了人工种植的茶树，并用所产的茶叶作为贡品。西汉时期，四川成都附近的一些地方已经成为重要的茶叶产区，茶叶已经商品化。从秦、汉到两晋，四川一直是我国茶叶生产和消费最主要的地区。茶的利用史和茶文化从另一层面证明了茶树起源于我国西南地区。

知识点二　茶树栽培简史

茶树的栽培与茶的利用密切相关，消费是生产的推动力。考证茶树栽培历史，就必然涉及人类利用茶树的历史。由于历史悠久，只能凭借历史上的一些文化遗迹和史料对古代的史实进行推论，而古籍记载往往总是迟于史实，且许多古代记载辗转流传，有遗漏，甚至以讹传讹，因此去伪存真、还历史的本来面目，一直是科学研究极力探求的。综合目前研究成果，茶树栽培的发展历史经历了以下五个时期。

（一）茶树发现和利用的起始时期

泛指秦以前（公元前220年以前），是发现茶树和利用茶的起始时期。唐朝陆羽《茶经》指出："茶之为饮，发乎神农氏"。而《神农本草经》记载："神农尝百草，日遇七十二毒，得荼而解之"，这里的"荼"即为茶，意即在公元前的神农时代就发现了茶。

（二）茶树栽培的扩大时期

秦汉到南北朝时期（公元前 221 年至公元 589 年），是茶树栽培在巴蜀地区发展，并向长江中下游扩展的阶段。西汉时期，记载茶的文献逐渐增多，茶的利用日益广泛，茶树栽培区域亦逐渐扩大。我国最早的一部辞书——《尔雅》（汉代成书）的《释木篇》中有"槚、苦荼"。东汉许慎的《说文解字》也说"茗，苦荼也"。把茶列于辞典并且加以注释，表明当时人们对茶的特性认识和利用又前进了一步。

（三）茶树栽培的兴盛时期

从隋唐至清（公元 581—1911 年），是我国历史上茶叶生产的兴盛时期。封演的《封氏闻见记》（8 世纪末）载："古人亦饮茶耳，但不如今人溺之甚；穷日尽夜，殆成风俗，殆自中地，流于塞外"，这反映了唐中期茶从南方传到中原，由中原传到边疆，渐渐成为举国之饮。经济的发展，茶叶消费的兴盛，极大地促进了茶叶生产的发展，栽茶的规模和范围不断扩展。

（四）茶树栽培的衰落时期

清末至中华人民共和国成立前夕（1911—1949 年）是我国历史上茶树栽培的衰落时期。鸦片战争之后，中国沦为半封建、半殖民地，封建地主、洋行买办和官僚资本相互勾结，残酷压迫和剥削茶农。此时，国外植茶业兴起，印度、锡兰（今斯里兰卡）等国引入我国先进的栽培技术，并相继利用机械大量生产红碎茶竞相出口，致使世界茶价下降，我国的植茶业受到很大影响。

（五）茶树栽培的恢复和再发展时期

1949 年中华人民共和国诞生，党和政府针对当时茶叶生产衰落不堪的状况，采取了各种有效的政策和措施，大力扶持和发展茶叶生产，使茶叶生产得到迅速的恢复和发展。至 2018 年，我国茶园面积为近 300 万 hm^2，干毛茶年产近 270 万 t。

任务知识思考

1. 为什么说中国西南地区是茶树的原产地？
2. 我国茶树栽培发展经历了哪些历程？

任务拓展知识

中国茶树栽培40年

（一）40年来茶树栽培技术进步

1. 茶树丰产栽培和优质栽培技术

20世纪70—80年代，我国科技工作者对茶叶高产规律进行了系统的研究，在茶树光合作用特性、生态响应、碳同化物运输分配等基础理论方面的研究取得了重大进展，详细阐述了产量构成因素、群体结构和叶层特性等与产量形成的关系，加深了茶园群体结构构成、发展以及个体与群体关系的理论认识，明确了茶树新梢数量是构成茶叶产量的主导因子，总结提出了合理密植、培肥土壤、剪采养相互配合的丰产栽培技术，建立了高产茶园的栽培技术指标，即种植密度在6万株/hm² 左右，树冠覆盖度80%~90%，树高70~80cm，土层厚度60cm以上，土壤有机质含量1.5%以上，pH为4.0~5.5，质地为中壤土至重壤土，最适田间持水量为80%~90%等。采用丰产栽培技术的茶园产量可达2310~4965kg/hm²，而同期全国平均水平仅为339kg/hm²，丰产栽培技术使茶园的产量水平提高了6~13倍。

20世纪90年代以来，我国茶叶生产体系发生了重大变化，以名优绿茶为代表的茶叶生产快速发展，主要表现为采早、采嫩、采春茶等特色，栽培目标从过去重视"量"到"质、量"并重，出现了主产"名优茶"、"名优茶+大宗茶"等生产方式。在茶树养分积累与利用、春茶产量品质形成等栽培理论和技术方面取得了显著进展，提出了选用优良无性系品种、早采嫩采、将春茶前修剪调整至春茶后修剪、早施秋基肥与春追肥等技术。"名优茶"生产的发展，显著提升了茶叶生产的经济效益，同时满足了我国人民群众提高生活水平的需求，对我国茶园面积迅速扩张、茶叶产业的快速发展起到了积极的推动作用。与此同时，设施或覆盖栽培等技术研究得到加强并陆续在生产中得到应用。

2. 茶树营养、施肥和土壤管理技术

施肥是茶叶生产持续发展的物质基础，是增加茶叶产量和提高茶叶品质的一项重要技术。据有关研究，1970—1992年世界主要产茶国茶叶的年平均增产幅度为3.11%，其中来自肥料的贡献率达41%，超过土地（25%）、劳动力（8%）等的贡献率。

20世纪90年代至2010年，伴随着名优茶发展，对茶叶品质施肥提出了新的要求。进一步阐释了茶树喜氨特性与生理机制、氮素营养形态和供应水平对茶树初级和次生代谢的调节作用和品质效应，揭示了钾、镁等营养元素在促进茶叶主要品质成分形成、累积等方面的作用，提出了茶树营养诊断和氮、磷、钾、镁平衡施肥技术，并根据土壤特点研制茶树系列专用肥。与此同时，阐明了茶树对风险元素铝和氟、铅等重金属的吸收特性及生理作用。在茶园土壤培育方面，通过研究长期植茶或不同土地利用方式的土壤效应、不同肥培措施下土壤性质，特别是微生物变化特性，进一步揭示茶园土壤性质变化规律，为茶园土壤生物肥力的培育提供了重要理论基础。

最近10年来，利用分子、各种组学技术对主要营养元素氮、磷、钾等的营养功能及其在茶叶品质成分代谢中的作用和茶树吸收特性开展了深入研究，并在茶树养分转运子基因克隆、氮营养分子生理机制、抗环境胁迫的分子基础等方面不断取得进展，茶树营养研究开始深入到分子水平。随着生态环境建设要求，施肥的环境效应特别是温室气体排放影响成为研究热点，施肥技术的研究逐渐向提高茶叶品质、提高肥料利用效率、降低施肥环境负荷方向发展，养分综合管理和化肥减施增效技术成为新的研究重点，茶树专用肥、功能性肥料如缓控释肥、生物炭基复合肥、生物有机、无机肥料等新产品在茶园的使用得到普及。分子生物学技术也应用于茶园土壤微生物种群数量和演变的研究，并在茶园土壤质量评价、土壤酸化原因，以及应用生物质改良酸化茶园土壤等方面取得了较大进展。

3. 茶叶机械化生产技术

茶叶采摘是茶叶生产中消耗劳动力最多的作业项目，传统的人工采摘，人工消耗占整个茶叶生产的50%以上。1989年，农业部组织成立了全国协作组，对机械化采茶技术进行了深入系统的研究。通过研究筛选了部分适宜机械化采摘的品种，提出了对新茶园和改造茶园树冠实行"先平后弧""机采机剪"培育机采树冠的技术，建立了我国主要茶类标准新梢达60%~80%为机采适期指标，最佳机采批次为大叶种茶区6~7次/年，中小叶种地区4~6次/年；提出了机采茶园肥培管理技术，改进了机采鲜叶的加工工艺，总结出不同茶类初制、精制的技术要点。制定了NY/T 225—1994《机械化采茶技术规程》，提出了适用于大宗茶类的机械化采茶的茶园条件、机械选配、栽培管理、树冠培养、茶叶采摘、机械保养等技术规范。与手采相比，机采提高工效10倍，降低成本40%以上。目前我国出口绿茶采摘大部分应用机械采摘技术。

2005年开展优质茶机械化采摘技术攻关，在大宗茶机械化修剪及采摘基础上，优质茶生产茶园的机械化栽培管理方面也进行了较系统的研究。优质绿茶机采技术研究提出了机采茶园的树冠培养模式、采摘适期指标、机械化采摘及分级处理技术，为实现名优茶的机采机制奠定了良好基础，研制出了新型便携式名优茶采摘机、鲜叶筛分机等关键设备，优质茶机采叶完整率可达70%左右，比传统采摘机械提高20%；采摘效率比手工提高7倍，采摘成本下降80%。目前，相应机采技术大多仍停留在实验室或局部、小面积应用阶段，工艺技术参数尚需进行放大型完善，关键设备有待进一步完善并与传统设备有机衔接。通用采茶机方面研制了小型化便携式采茶机、大中型自走或乘坐式采茶机，对智能采摘机器人也进行了初步尝试。在茶园耕作机械方面取得了较大进展，开发了具有多功能化的管理机、小型乘坐履带式茶园管理机和多功能微耕机，实现茶园土壤机械化耕作和施肥。

4. 建立标准化和绿色栽培技术体系

近年来，世界各国对茶叶卫生质量的要求越来越严，贸易的"绿色"壁垒也日趋普遍，使我国茶叶的出口和生产面临挑战。针对这些情况，我国茶园栽培逐渐向标准化、绿色清洁化方向发展，实现从源头上控制茶叶的安全质量。我国已经制定了无公害食品茶叶、绿色食品茶叶、有机茶系列标准和规程，构成了指导我国当前茶树绿色标准化栽培的纲领性科技文件，对改善我国茶叶卫生水平、实现安全清洁生产具有重要的指导意义。

（二）茶树栽培技术未来的发展展望

1. 茶叶绿色生产技术发展

茶叶绿色生产是茶产业发展的未来，生态茶园建设是推动茶叶绿色发展的重要内容。我国各地对生态茶园、低碳茶园等的建设和生产技术进行了许多实践探索。随着人民生活水平的提高，茶叶生产的多功能效应日益扩大，美丽茶园、茶旅融合的发展加速，需要加强生态茶园或美丽茶园建设的理论、技术、模式等研究。

茶叶绿色发展同时还包括提高肥料等农业投入品的使用技术和效率。我国生产茶园施肥中还存在过量施肥、茶树专用肥占比少、有机养分替代率较低和施用方法不当等现象，造成养分损失大、生产成本升高、环境风险增大等问题，在技术上表现为推荐施肥指标体系不够完善，不能适应当前生产需求，适宜茶园土壤条件、养分吸收特性的新型功能性肥料产品研制滞后，施肥机械缺乏，土壤培肥技术创新不足等。

未来，应深入茶树养分高效吸收和利用的生理和分子机制、矿质营养对茶叶品质成分代谢调控作用的研究，加强土壤过程特别是养分在茶园土壤中的循环转化特点的研究，建立品质导向的养分供应施肥技术指标和营养诊断技术，研制新型高效生物和控释肥料等产品，加强高效施肥新技术研究，促进茶园水、肥、光等资源的高效利用。

2. 茶园机械化生产技术发展

提高茶园生产效率，减少对劳动力的依赖，减轻劳动强度是茶产业高效发展的内在需求。

近年来，随着社会经济的发展，茶区劳动力大量向城镇第二、三产业转移，茶园耕作施肥、采茶等田间作业环境差、劳动强度大，沿海发达省份和经济欠发达地区均出现茶园管理用工紧缺，造成茶园管理技术不能到位，茶叶无法及时采摘或弃采现象十分普遍。受制于茶园种植模式、名优鲜叶采摘标准要求，茶园机械种类少、动力不足、作业效果不够理想等问题依然存在，农机农艺配套技术研究滞后。

未来，应加强名优茶机械采摘技术的研究，如选育、筛选适合名优茶机采的茶树品种，争取在提高新梢生长发育整齐度的树冠培养和肥培管理技术上取得突破，开发具有选择采摘功能的智能采茶机等。同时也需继续强化茶园作业机械的研制，重点解决茶园耕作、施肥、植保机械动力，提升与茶园条件的匹配度和作业效果。

3. 智慧茶园精准生产管理技术

精准农业生产进行定量决策、变量投入并定位精确实施的现代农业生产管理技术系统，体现了因地制宜、科学管理的思想理念，可以最大限度地挖掘耕地生产潜力、实现农业生产要素高效利用，对于提高我国农业现代化水平，提升农业国际竞争力具有重大意义。

目前精准生产或智慧茶园建设尚处于起步阶段，未来需要建立我国茶园土壤信息、茶树生长信息库，加强茶树生长诊断与动态调控技术、完善作物养分诊断与施肥调控模型、精准茶叶生产设计与管理决策模型技术、精准茶业技术集成平台研究与开发，提出适宜于不同品种类型、生态区域和生产系统的模型参数，实现由传统茶树栽培向信息化栽培的技术转变。

任务二　了解茶区分布及其特点

任务目标

1. 知识目标

（1）了解中国茶区分布、划分及自然条件。

（2）了解世界茶区分布及自然条件。

（3）了解中国主要产茶省及世界主要产茶国家。

2. 能力目标

（1）掌握中国四大茶区划分及其特点。

（2）掌握中国主要产茶省。

（3）掌握世界茶区分布及其特点。

> **任务导入**

　　茶区是自然、经济条件基本一致，茶树品种、栽培、茶叶加工特点以及今后茶叶生产发展任务相似，按一定的行政隶属关系较完整地组合而成的区域。目前世界上种植茶树的国家和地区较为广泛，每个区域的自然地理条件、茶叶生产加工等各具特点，了解世界及中国茶区划分、特点和主要产茶区域等相关知识，对深入学习茶树栽培发展史有着十分重要的意义。

> **任务知识**

知识点一　中国茶区分布及其特点

（一）中国茶区分布

　　我国茶树适生地区辽阔，自然条件优越。从东起东经122°的台湾东岸，西至东经94°的西藏自治区米林，南自北纬18°的海南省三亚市，北达北纬38°（N）附近的山东省蓬莱，南北跨纬度20°（N）达2100km，东西跨经度28°（E）纵横2600km的广大区域都有茶树栽培。产茶省（自治区、直辖市）有浙江、安徽、四川、重庆、台湾、福建、云南、广东、海南、湖北、湖南、江西、贵州、广西、江苏、陕西、河南、山东、甘肃等。植茶区域主要集中在东经102°以东、北纬32°以南的贵州、云南、四川、湖北、福建、浙江、湖南、安徽、台湾等省。全国有1000多个县产茶。关于茶区的划分，不同历史时期划分方法各异。1982年，经全国茶叶区划研究协作组广泛听取意见和调查研究之后，依据地域差异、产茶历史、品种分布、茶类结构、生产特点，提出将全国（茶区）划分为四大茶区：华南茶区、西南茶区、江南茶区、江北茶区。

（二）中国四大茶区的自然概况及生产特点

　　我国茶区广阔，自然条件相差较大，且茶区多分布在山岳、丘陵地带。气温和雨量自北向南相伴增高，土壤自北而南是黄棕壤、黄褐土、红壤、黑壤、砖红壤。在各气候带内，海拔、地形和方位等不同，而使气候和土壤往往有较大差异，对茶树生长有明显的影响，并且要求的栽培技术也有所不同。四大茶区的自然概况和生产特点如下所述。

1. 华南茶区

华南茶区位于福建大樟溪、雁石溪，广东梅江、连江，广西浔江、红水河，云南南盘江、无量山、保山、盈江以南，包括福建和广东中南部、广西和云南南部、海南和台湾，是我国气温最高的一个茶区。属于茶树生态适宜性区划最适宜区。

华南茶区茶树资源极为丰富，乔木型、半乔木型、灌木型均有栽培，主要生产红茶、乌龙茶、花茶、白茶和六堡茶等，所产大叶种红碎茶，茶汤浓度较大。华南茶区除闽北、粤北和桂北等少数地区外，年平均气温为 19~22℃，最低月（1月）平均气温为 7~14℃，茶年生长期 10 个月以上，年降水量是中国茶区之最，一般为 1200~2000mm。茶区土壤以赤红壤为主，部分地区也有红壤和黄壤分布，土层深厚，有机质含量丰富。

2. 西南茶区

西南茶区位于米仑山、大巴山以南，红水河、南盘江、盈江以北，神农架、巫山、方斗山、武陵山以西，大渡河以东，包括贵州、四川、重庆、云南中北部和西藏东南部。西南茶区地形复杂，地势高，区内各地气候差别大，大部分地区均属亚热带，水热条件较好。年均气温在 14~18℃，四川盆地在 17℃以上，云贵高原为 14~15℃。除个别特殊地区外，冬季极端低温一般在-3℃。7月份除重庆外，一般都低于 28℃。年降水量在 1000mm 以上，降水量以夏季最高，占全年的 40%~50%。西南茶区大部分地区是盆地、高原，土壤类型较多，滇中北为赤红壤、山地红壤和棕壤；川、黔及藏东南以黄壤为主，pH 5.5~6.5，土壤质地较黏重，有机质含量一般较低。西南茶区茶树资源较多，灌木型、半乔木型和乔木型茶树均有栽培，主要生产红茶、绿茶、普洱茶、花茶和边销茶等。

3. 江南茶区

江南茶区位于长江以南，福建大樟溪、雁石溪和广东梅江、连江以北，包括广东和广西北部，福建中北部，安徽、江苏和湖北省南部以及湖南、江西和浙江等省，是我国茶叶的主产区。江南茶区基本上属于中亚热带季风气候，南部为南亚热带季风气候。气候特点是春温、夏热、秋爽、冬寒，四季分明；年平均气温在 15.5℃ 以上，南部可达 18℃ 左右，1月份平均气温 3.0~8.0℃，北部往往因寒潮南下使温度剧降，部分地区低至-5℃，有的年份甚至下降至-16~-8℃。7月份平均气温在 27~29℃，极端最高气温有时达 40℃ 以上，部分地区因夏日高温，会发生伏旱或秋旱。全年无霜期 230~280d，茶树生长期 225~270d。年降水量在 1000~1400mm，以春季降水量最多，秋、冬季则较少。江南茶区宜茶土壤基本上是红壤，部分为黄壤或黄棕壤，还有部分黄褐土、紫色土、山地棕壤和冲积土等，pH 5.0~5.5。茶区产茶历史悠久，资源丰富。茶树品种主要是灌木型中叶种和小叶种，小乔木型的中叶种和大叶种也有分布。主要生产绿茶、红茶、乌龙茶、白茶、黑茶以及各种特种名茶，如西湖龙井、君山银针、黄山毛峰、洞庭碧螺春等历史名茶，品质优异，驰名中外。

4. 江北茶区

江北茶区位于长江以北，秦岭、淮河以南，以及山东沂河以东部分地区，包括甘肃、陕西和河南南部、湖北、安徽和江苏北部以及山东东南部等地，是我国最北的茶区。江北茶区处于北亚热带北缘，与其他茶区相比，气温低，积温少。大多数地区年均气温在15.5℃以下，1月份平均气温1~5℃，极端最低气温多年平均在−10℃左右，个别地区低至−15℃。10℃以上的持续时间有180~225d，年活动积温4500~5200℃，年茶树生长期6~7个月。年降水量为700~1000mm，四季降水不匀，以夏季最多，占全年降水量的40%~50%；冬季最少，仅为全年降水量的5%~10%，往往有冬春干旱，干燥指数在0.75~1.00，空气相对湿度为75%。

我国茶区的气温、降水量和土壤条件等，基本符合茶树生长的要求，自然条件总体是优越的。个别地区冬季气温较低，或夏季有高热，或全年降水量在1000mm以下，或土壤质地黏重、肥力低等。因此，在新茶园建立或老茶园改造时，要充分发挥自然条件的优越性，利用山地微域气候的特点，因地制宜地采用适合当地气候条件和土壤条件的茶树良种和栽培管理技术措施，为茶树良好生长营造一个有利的生态环境，将茶园建成优质、高产、高效的生产基地，生产出更多更好的茶叶。

（三）中国主要产茶省（区、市）

目前，中国有近20个主要产茶省（区、市），各主要产茶省（区、市）主要产茶县（市）统计如下（表1-1）。

表1-1　　中国主要产茶省（区、市）及主要产茶县（市、区）

省别	茶区名称	主要产茶县（市、区）
浙江	浙北、浙南、浙中	嵊州、绍兴、诸暨、淳安、临安、杭州、余杭、萧山、富阳、桐庐、建德、安吉、鄞州、奉化、新昌、平阳、苍南、泰顺、遂昌、临海、衢江、开化、江山、上虞、余姚、天台、宁海、东阳、金华、武义、浦江、镇海
湖南	湘北、湘东、湘南、湘中、湘南、湘西	临湘、安化、桃江、汉寿、涟源、益阳、宁乡、双峰、平江、浏阳、湘阴、长沙、新化、洞口、邵东、湘乡、醴陵、茶陵、桃源、隆回、武冈、望城、岳阳、常德

续表

省别	茶区名称	主要产茶县（市、区）
安徽	黄山、大别山、江南丘陵、江淮丘陵、皖东丘陵	歙县、休宁、祁门、黄山、徽州、潜山、青阳、宁国、泾县、东至、贵池、太湖、舒城、霍山、金寨、六安、岳西、石台、宣州、黟县、绩溪、广德、郎溪
四川	川东南、川西、川东北、高原	雨城、筠连、洪雅、北川、宣汉、高县、宜宾、峨眉山、大竹、名山、荥经、自贡、叙永、兴文、仁寿、沐川、峨边、马边、都江堰、邛崃、平武、天全、芦山、雷波
重庆		南川、开州、万州、梁平、巴南、荣昌、云阳、巫溪、武隆、涪陵、綦江、长寿、江津、永川、忠县、城口
云南	滇西、滇南、滇中、滇东北、滇西北	凤庆、勐海、景东、景谷、保山、腾冲、龙陵、云县、临翔、永德、镇康、思茅、昌宁、景洪、沧源、潞西、江城、澜沧、宁洱、梁河、双江、耿马
福建	闽东、闽北、闽南、	安溪、福安、福鼎、建瓯、建阳、云霄、平和、连江、浦城、邵武、武夷山、罗源、屏南、柘荣、仙游、南安、尤溪、南靖、诏安
台湾	北部、桃竹苗、中南部、东部、高山	南投、台北、新竹、嘉义、桃园、苗栗、台东、宜兰
广东	粤东、粤西、粤北	英德、高州、清远、乐昌、广宁、怀集、韶关、饶平、潮安、普宁、和平
海南		保亭、琼中、定安、五指山
湖北	鄂西南、鄂东南、鄂东北、鄂西北、鄂中北	赤壁、咸宁、崇阳、通城、通山、鹤峰、恩施、宜昌、五峰、红安、英山、浠水、麻城、宜都
江西	赣东北、赣西北、赣中、赣南	景德镇、浮梁、上饶、修水、婺源、上犹、武宁
贵州	黔中、黔东、黔北、黔南、黔西	湄潭、凤冈、余庆、正安、道真、石阡、印江、沿河、德江、思南、江口、松桃、都匀、贵定、瓮安、黎平、雷山、丹寨、晴隆、普安、开阳、花溪、西秀、普定、水城、盘州、纳雍、金沙等
广西	桂西南、苍悟、桂中北	灵山、柳城、龙州、横县、百色、容县、北流、玉林、钦州、鹿寨、上林
江苏	太湖、镇宁扬、云台山	宜兴、溧阳、金坛、句容、无锡、溧水、高淳、吴中

续表

省别	茶区名称	主要产茶县（市、区）
陕西	巴山、米仓山、秦岭	紫阳、安康、岚皋、南郑、西乡
河南	豫南、豫西南	新县、信阳、南阳、光山、罗山、商城、固始
山东	东南沿海、鲁中南、胶东半岛	崂山、胶南、日照、五莲、莒南、临沭、莒县、蒙阴
甘肃	陇南、陇东南	文县、武都、康县

知识点二 世界茶区分布及其特点

（一）世界茶区分布

除中国外，目前世界上还有 60 个国家生产茶叶，最北可达北纬 49°，位于乌克兰外喀尔巴阡，最南可达南纬 33°，位于南非纳塔尔。世界茶区在地理上的分布，多集中在亚热带和热带地区，可分为东亚、南亚、东南亚、西亚和欧洲、东非及中南美 6 个茶区。

1. 东亚茶区

东亚茶区的主产国有中国和日本，两国的茶叶产量约占世界茶叶总产量的 39.6%。日本茶区主要分布在九州、四国和本州东南部，包括静冈、埼玉、宫崎、鹿儿岛、京都、三重、茨城、奈良、九州、高知等县（府），其中静冈县产量最高，占全国总产量的 45%。

2. 南亚茶区

南亚茶区的主产国有印度、斯里兰卡和孟加拉国，所产茶叶约占世界总产量的 32%，占世界总出口量的 50%。

印度的茶区分布在北部（包括东北部）和南部，北部又分为阿萨姆茶区和西孟加拉茶区：阿萨姆茶区是印度的主要茶区，茶叶产量占全国茶叶总产量的 50% 以上；西孟加拉茶区主要分布在杜尔斯附近，茶叶产量占全国总产量的 20% 左右。南部茶区主要分布在马德拉斯和喀拉拉（爪盘谷、交趾），气候与北部相比，较为暖和，全年无霜，可终年采摘茶叶。

斯里兰卡地处印度半岛东南，是一个热带岛国。全岛地势以中部偏南为最高，茶园多集中在中部山区，主产区为康提（Kandy）、乌瓦（UVA）、乌达普沙拉瓦（Uda Pussellawa）、努沃勒埃利耶（Nuwara Eliya）、卢哈纳（Ruhuna）、迪布拉（Dimbula），其茶园面积占全国茶园总面积的 77%，茶叶产量占全国的 75%。

孟加拉国位于恒河下游，印度阿萨姆邦和孟加拉邦之间，茶区主要分布在东北部的锡尔赫特和东南角的吉大港以及位于上述两区间的帖比拉，其中锡尔赫特的茶叶产量占全国总产量的 90%。

3. 东南亚茶区

东南亚茶区位于中国以南，印度以东。产茶国家有印度尼西亚、越南、缅甸、马来西亚、泰国、老挝、柬埔寨、菲律宾等，茶叶产量约占全世界总产量的 7.4%，其中印度尼西亚产量最高，越南、缅甸次之，马来西亚较少，其他几个国家产量则很少。印度尼西亚大部分地区属热带雨林气候，具有温度高、降雨多、湿度大的特点，全年几乎无寒暑之分，终年可采收茶叶；茶区主要分布在爪哇和苏门答腊两大岛上，其中海拔 2000m 左右的爪哇岛产茶最多，约占全国总产量的 80%。越南属热带季风气候，全年气温高、湿度大，旱、雨季明显；茶区主要分布在越南北部，中部、南部也有少量茶区。马来西亚因靠近赤道，终年炎热多雨，属热带雨林气候，茶区主要分布在海拔 1220m 的加米隆高地。

4. 西亚和欧洲茶区

西亚和欧洲茶区的主要产茶国有欧洲的葡萄牙和亚洲的土耳其、伊朗、格鲁吉亚、阿塞拜疆等，所产茶叶约占世界茶叶总产量的 3.6%。土耳其茶区主要分布在北部属亚热带地中海式气候的里泽地区。伊朗茶区主要分布在黑海沿岸的吉兰省和马赞德兰省，其中巴列维和戈尔甘为主要产地。

5. 东非茶区

东非茶区的主要产茶国有肯尼亚、马拉维、乌干达、坦桑尼亚、莫桑比克等国，所产茶叶约占世界茶叶总产量的 13.7%，其中肯尼亚产量最高。肯尼亚有 5 省 12 县产茶，主要茶区分布在肯尼亚山的南坡，内罗毕地区西部和尼安萨区，如克里乔、索提克、南迪、基锡、尼耶尼、墨仓加、开里亚加等地。马拉维是东非第二大产茶国，茶区主要集中分布于尼亚萨湖东南部和山坡地带，如米兰热、松巴、高罗、布兰太尔等地。乌干达是新兴的产茶国之一，茶区主要分布在西部和西南部的托罗、安科利、布里奥罗、基盖齐、穆本迪、乌萨卡等地区。坦桑尼亚和莫桑比克也都是东非主要的产茶国，坦桑尼亚茶区主要分布在西北部的维多利亚湖沿岸，布科巴等地产茶较多；莫桑比克茶区主要集中在南谋里和姆兰杰山区。

6. 中南美茶区

中南美茶区的产茶国家有阿根廷、巴西、秘鲁、厄瓜多尔、墨西哥、哥伦比亚等国。所产茶叶约占世界茶叶总产量的 2.4%。其中阿根廷产量最高，约占南美茶叶总产量的 70%，茶区主要分布在东北部密西奥尼斯山区，在科连特斯等省较为集中。

（二）世界主要产茶国家

世界主要的茶叶产地分布在亚洲和非洲，其次是美洲、大洋洲和欧洲，这三大洲也有一定数量的生产，但相对于亚洲和非洲来说少得多。各大洲主要的产茶国：亚洲有中国、印度、印度尼西亚和斯里兰卡等，是茶叶产地主要集中的国家，其茶叶产量占亚洲茶叶总产量的81.7%；非洲有肯尼亚、乌干达、坦桑尼亚、马拉维和津巴布韦等国家，所产的茶叶占非洲茶叶产量的91%；美洲以阿根廷为主要的产茶国家，其茶叶产量占美洲茶叶总产量的87%。世界上产茶国家有61个，主要产茶国家见表1-2：

表1-2　　　　　　　　　　　世界产茶国家

洲别	国家和地区数量	国家和地区名称
亚洲	22	中国、印度、斯里兰卡、孟加拉国、印度尼西亚、日本、土耳其、伊朗、马来西亚、越南、老挝、柬埔寨、泰国、缅甸、巴基斯坦、尼泊尔、菲律宾、韩国、阿富汗、朝鲜、格鲁吉亚、阿塞拜疆
非洲	21	肯尼亚、马拉维、乌干达、莫桑比克、坦桑尼亚、刚果、毛里求斯、罗得西亚、卢旺达、喀麦隆、布隆迪、刚果（金）、南非、埃塞俄比亚、马里、几内亚、摩洛哥、阿尔及利亚、津巴布韦、埃及
美洲	12	阿根廷、巴西、秘鲁、墨西哥、玻利维亚、哥伦比亚、危地马拉、厄瓜多尔、巴拉圭、圭亚那、牙买加、美国
大洋洲	3	巴布亚新几内亚、斐济、澳大利亚
欧洲	3	葡萄牙（亚速尔群岛）、俄罗斯（索契）、乌克兰

任务知识思考

1. 中国四大茶区是哪些？各有哪些特点？
2. 中国主要的产茶省（区、市）有哪些？
3. 世界上主要产茶国家有哪些？

任务三　认识茶树生物学特征及特性

任务目标

1. 知识目标

（1）了解茶树在植物学上的分类。

（2）了解茶树的生物学特征及特性。

（3）了解茶树的生长发育规律。

（4）掌握茶树的适生环境。

（5）掌握茶树的总发育周期和年发育周期及各时期特点。

2. 能力目标

（1）掌握茶树的植物学特征并能够准确识别和判断茶树植物学器官所属名称。

（2）能够识别和判定茶树的树型、树姿、叶片大小等植物学类型和特征。

（3）能根据茶树的生物学特征，正确识别适宜种茶区，科学选择适宜的种茶地块。

（ 任务导入 ）

茶树和其他植物一样，在它的系统发育过程中，经历了漫长的演化，逐渐适应了当地的生态环境条件。因此，茶树在个体发育上，既表现出与环境的统一性，也形成了与之相适应的结构和器官，具有自身所特有的生物学性状。学习了解茶树的生物学特征及特性、掌握茶树的生长发育规律以及适生环境的相关知识，对科学制定茶树栽培技术方案、提高茶树生产效益具有十分重要的意义。

（ 任务知识 ）

知识点一　茶树的植物学分类

植物分类的主要目的在于区分植物种类并探明植物间的亲缘关系。按照植物分类的各级单元为"阶元"，如界（Kingdom）、门（Phylum）、纲（Class）、目（Order）、科（Family）、属（Genus）、种（Species）等。其中，种是分类的基本阶元，相近的种集合成属，相近的属集合成科、相近的科集合成目，依次再集合成纲、门、界。在各级阶元之下，根据需要再分亚单元；如亚门、亚纲、亚目、亚科、亚种等。茶树在植物分类学上的地位如下：

界　植物界（Plant Kingdom）

门　种子植物门（Spermatophyta）

亚门　被子植物亚门（Angiospermae）

纲　双子叶植物纲（Dicotyledoneae）

亚纲　原始花被亚纲（Anchichlamydeae）

目　山茶目（Archichlamydeae）

科　山茶科（Theaceae）

亚科　山茶亚科（Theoideae）

族　山茶族（Theeae）

属　山茶属（*Camellia*）

种　茶种（*Camellia sinensis*）

茶树的植物学名称最早由瑞典植物学家林奈（Car Von Linné）定名的。他在《植物种志》（1753）第一卷中定名为 *Thea sinensis*。此后近 3 个世纪，茶树的植物学分类出现了许多学术争论，先后提出了 3 个不同的属名和 20 多个种名，1950 年，中国著名植物学家钱崇澍根据国际命名法有关要求，确定 *Camellia sinensis*（L.）O. Kuntze 为茶树学名，从此，茶树在植物分类学上的地位才正式确定。

1981 年中国植物学家张宏达根据茶属植物的系统研究，将山茶属分为原始山茶亚属、山茶亚属、茶亚属和后生山茶亚属 4 个亚属，茶树为茶亚属（subgenus. Thea）茶组（sect. Thea）茶系（ser. Thea）中的一个种。茶组植物共有 42 个种 4 个变种。闵天禄（1992）对茶组植物又作了进一步研究，归并为 12 个种 6 个变种，并取消了系的等级。但是究竟按何种分类能更科学合理，还需进一步探讨和研究。

知识点二　茶树的生物学形态特征及特性

茶树植株是由根、茎、叶、芽、花、果实和种子等不同器官构成的整体。根、茎、叶为营养器官，主要功能是担负营养和水分的吸收、运输、合成和储藏，以及气体交换等，同时也有繁殖功能；花、果实、种子是生殖器官主要担负繁衍后代的任务。茶树的各个器官是有机的统一整体，彼此之间有密切的联系，相互依存，相互协调。

（一）茶树根系的外部形态

茶树根系是茶树的营养器官之一，是由胚根发育而来的胚轴的地下部分，是构成茶树整体的重要部分（图 1-1）。根系分布于地下，主要功能是把茶树固定于土壤并支持地上部，并从土壤中吸收水分和溶于水中的无机养料，储藏生命活动所形成的营养物质。

1. 根系的生长特性

茶树根系由主根、侧根、吸收根和根毛组成。按发生部位不同，根可分为定根和不定根，主根和各级侧根称定根，而从茎、叶、老根或根颈处发生根称为不定根，由无性繁殖的茶苗所形成的根，就是不定根，因此生产中利用茎、叶能产生不定根的特性进行无性繁殖。

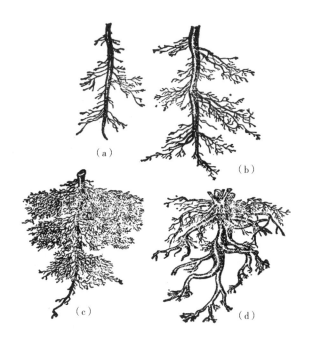

图 1-1　茶树根系的形态

（a）一年生有性繁殖根系　（b）二年生有性繁殖根系　（c）壮年期根系　（d）衰老期根系

2. 根系的分布规律

茶树根系在土壤中的分布，依品种、树龄、繁殖方式、种植方式与密度、生态条件以及农艺措施而有不同（图 1-2）。比如，茶树幼年期实生苗的根系为直根系，具明显主根，无性繁殖苗为丛生根系，无明显主根，这是区分有性繁殖和无性繁殖茶苗的特征之一（图 1-3）。

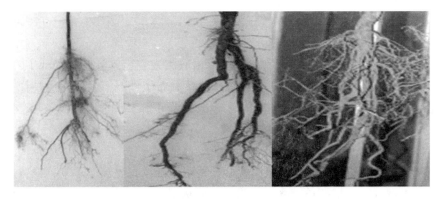

图 1-2　种子繁殖根系

图 1-3　无性繁殖根系

　　根系的生长随年龄而增长，而且垂直分布大于水平分布，随后不断分化，不断分生侧根。成年期的茶树，侧根的数量越来越多，有的侧根变得很粗壮，与主根大小相似，这时根系垂直分布都在 1m 以上，水平分布已交叉密布行间。茶树吸收根的分布范围，主要分布在土壤层 10~30cm，吸收根量占总吸收根量的 50%。幼年期到成年期吸收根垂直分布集中在 20~30cm，水平分布集中在 20~40cm，即由树干附近向行间发展。

　　茶树根系生长在地下水位较高的土壤里，主根常因渍水不能正常地向深处生长，有的甚至引起主根腐烂，并出现以侧根呈丛状分布于土壤表层，成为丛生根类型。在土层浅薄和有硬盘结构的土壤里，丛生根系较为普遍，干燥沙质土壤中茶树根系一直保持直根系。

　　种植方式的不同，茶树占地范围不一样，根系生长受到株与株、丛与丛的限制。丛植的茶树侧根可向丛四周匀称的伸展；单条植的茶树根系向两侧行间伸展范围较广，而丛间伸展范围较窄；双条植茶树，根系向大行一侧伸展较好，而向小行与丛间的伸展就较差。加强土壤管理是促进根系发育的关键性栽培技术。

（二）茶树茎的外部形态

　　茎是联系茶树根与叶、花、果的轴状结构，其主干着生叶的成熟茎称枝条，着生叶的未成熟茎称新梢。主干和枝条构成树冠的骨架。其外部形态主要从树型、树姿、枝条三个方面来描述。

　　1. 树型

　　茶树在长期的系统发育、进化和适应不同的环境过程中，发生了许多变异类型，以茶树的高矮、茶树茎的分枝习性和分枝部位不同分为乔木、小乔木和灌木三种类型（表1-3）。乔木型茶树，植株高大，有明显主干；小乔木型茶树，植株较高大，基部主干明显；灌木型茶树，植株较矮小，无明显主干。在生产上，我国栽培最多的是灌木型和小乔木型茶树，如图1-4所示。

表1-3　　　　　　　　　　树型外部形态特征表

类型	高度/m	主干	主轴	树体	分枝部位	实例
乔木型	5m以上	高大	明显	高大	高	云南发现的茶树王高5.47m，主干φ1.38m，树幅10.9m×9.86m
半乔木型	2m以上	明显	不明显	中等	靠近地面	我国南方栽培的云南大叶
灌木型		不明显		较小	近地面，根颈部发生	北方类型，湖南槠叶齐

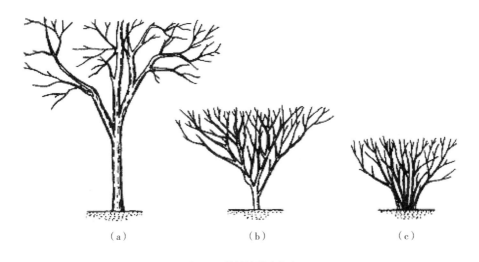

图1-4　茶树树型示意图

（a）乔木型　（b）半乔木型　（c）灌木型

2. 树姿（树冠形态）

根据茶树茎的分枝角度不同，可将茶树树冠分为直立状、半开展状和开展状（又称披张状）3种（图1-5）、表1-4。

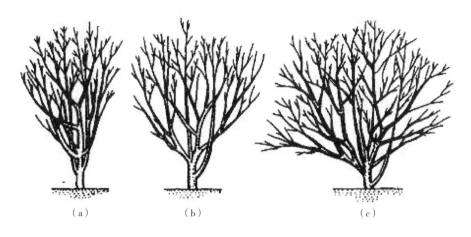

图1-5 茶树树冠形状示意图
(a) 直立状 (b) 半披张状 (c) 披张状

表1-4 茶树树枝外部形态表

分类	特点	实例
直立状	分枝角度小于30°，枝条向上紧贴，近似直立。顶芽优势强、芽头密度大、种植密度较大	政和大白茶、梅占茶
半开展状	分枝角度为30°~45°。产量相对较高，生产中的常用树姿。	福鼎大白茶、湘波绿茶
披张状	分枝角度大于45°，枝条向四周披张伸长	大蓬茶

3. 枝条

茶树的枝条是构成树冠结构的骨架，嫩的枝条也是采摘的对象。由主干、主轴、骨干枝、细枝构成茶树的树冠面。

茶树枝条按其着生位置和作用可分为主干和侧枝，侧枝的粗细和作用不同又可分为骨干枝和细枝（又称生产枝）。主干由胚轴发育而成，指根颈至第一级侧枝的部位，是区分茶树类型的主要依据；侧枝是主干枝上分生的枝条，依分枝级数而命名，从主干上分生出的侧枝称一级侧枝，从一级侧枝上分生出的侧枝称二级侧枝，以此类推，它是衡量分枝密度的重要标志；骨干枝主要由一、二极分枝组成，其粗度是影响茶树骨架健壮的重要指标之一；细枝是树冠面上生长营养芽的枝条，对形成新梢的数量和质量有明显的影响。具体分类和识别见图1-6。

茶树在自然生长的状况下，茶树的分枝从整株来看分为两种：单轴分枝与合轴分枝。一般在二三龄以内为单轴分枝（徒长枝也为单轴分枝），其特点是

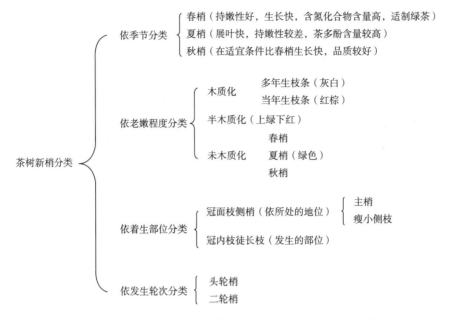

图1-6 茶树新梢分类及特征结构图

顶芽生长占优势，侧芽生长弱于顶芽，主干明显。一般到四龄以后转为合轴分枝，其特点是主干的顶芽生长到一定高度后停止生长或生长缓慢，由近顶端的腋芽生长取代顶芽的位置，形成侧枝，新的侧枝生长一段时间后，顶芽萎缩，又由腋芽生长，逐渐形成多顶形态，依此发展，使树冠呈现开展状态。另外，在树势衰老或过度采摘的条件下，树冠表层出现一些结节密聚而细小的分枝，形似鸡爪，故称"鸡爪枝"，茶树出现这种枝条，说明茶树已经衰老，需要及时复壮，一般采用修剪和加强肥管培育的方法。

（三）茶树芽的外部形态

茶芽分叶芽（又称营养芽）和花芽两种。叶芽发育为枝条，花芽发育为花。叶芽依着生部位分为定芽与不定芽。定芽又分顶芽与腋芽。生长在枝条顶端的芽称为顶芽，生长在叶腋的芽称为腋芽。一般情况下顶芽大于腋芽，而且生长活动能力强。当新梢成熟后或因水分、养分不足时，顶芽停止生长而形成驻芽。驻芽及尚未活动的芽统称为休眠芽。处于正常生长活动的芽称为生长芽。在茶树茎及根颈处非叶腋部位长出的芽称为不定芽，不定芽又称潜伏芽。按茶芽形成季节分冬芽与夏芽。冬芽较肥壮，秋冬形成，春夏发育；夏芽细小，春夏形成，夏秋发育。冬芽外部包有鳞片3~5片，表面着生茸毛，能减少水分散失，并有一定的御寒作用。

（四）茶树叶的外部形态

茶树的叶片是主要的营养器官，它既是光合作用的场所，又是栽培茶树采收原料的对象，所以了解茶树叶片对于生产、科研工作具有一定的作用。

1. 叶片的种类

茶树叶片因其发育程度不同分为鳞片、鱼叶、真叶三种（图1-7）。

（1）鳞片　无叶柄，呈黄绿或棕褐色，表面有茸毛与蜡质，质地较硬，芽膨大时展开自然脱落，对茶芽具有保护功能，尤其对越冬芽具有重要的防冻害作用。

（2）鱼叶　是发育不完全的叶片，形似鱼鳞而得名，色泽较淡，叶柄宽而扁平，呈倒卵形，叶缘一般无锯齿，或前端略有锯齿，叶尖圆钝，侧脉不明显，一般每轮新梢有1~2片鱼叶，具有光合作用的能力，在新梢初展期起着一定的营养功能。

（3）真叶　是发育完全的叶片，是茶树采收的对象。

图1-7　叶片种类示意图

2. 叶的形态特征

根据叶形特征一般为椭圆形或长椭圆形，少数为卵形和披针形，根据其长、宽比例不同分为4种。以叶形指数（长/宽的比值）衡量（表1-5）。不同叶形的原料采用不同的造形方法，并制出外形不同的成品茶。

表1-5　　　　　　　　　　　　　　叶形与叶形指数对照表

叶形	圆形	椭圆形	长椭圆形	披针形
叶形指数	≤2.0	2.0~2.5	2.5~3.0	≥3.0

根据叶片大小来定型叶的叶面积，可分为特大叶种、大叶种、中叶种、小叶种（见表1-6）。

表1-6　　　　　　　　　　叶片大小与叶面积对照表

叶片大小	特大叶种	大叶种	中叶种	小叶种
叶面积/cm^2	>50	28~50	14~28	<14

叶面积计算方法如式（1-1）所示。

$$叶面积（cm^2）=叶长（cm）×叶宽（cm）×0.7（系数）\qquad（1-1）$$

注：叶长为叶片基部至叶尖的长度、叶宽为叶片中部宽度。

叶面积指数（LAI）是反映茶园生产能力的指标。一般要求丰产茶园的叶面积指数在4~5比较适宜。其计算公式如式（1-2）所示。

$$LAI=茶树上所有叶片面积之和/茶园面积\qquad（1-2）$$

根据叶片的外部构成分为叶尖、主脉、侧脉、叶缘、叶片、叶基、叶柄（图1-8）。主脉、侧脉明显，侧脉呈大于45°角伸至叶缘约2/3的部位处，向上弯曲呈弧形，与上方侧脉相连，这是茶树叶片的特征之一。叶尖尖凸，是茶树分类依据之一，分急尖、渐尖、钝尖、圆尖等（图1-9）。

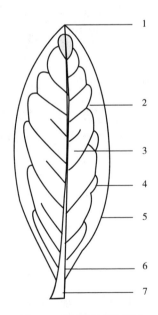

图1-8　茶树的叶片结构图

1—叶尖　2—叶片　3—主脉　4—侧脉　5—叶缘　6—叶基　7—叶柄

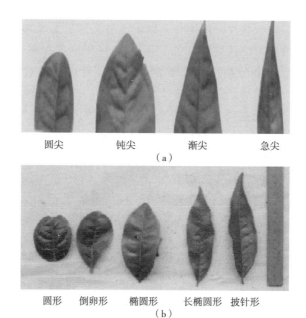

圆尖　　　　钝尖　　　　渐尖　　　　急尖
（a）

圆形　倒卵形　椭圆形　长椭圆形　披针形
（b）

图 1-9　叶的形态图
（a）茶树叶尖的形态　（b）茶树叶的形状

茶树的叶色有淡绿色、绿色、浓绿色、黄绿色、紫绿色，与茶类适制性有关。深绿色、绿色芽叶的叶绿素含量高，适宜制绿茶；淡绿色、黄绿色芽叶的茶多酚含量高，适宜制红茶；乌龙茶对芽叶色泽要求多偏于浅黄绿或绿紫色。

茶树叶片有厚、薄和柔软、硬脆之分，一般叶厚在 0.3~0.4mm。相对来说大叶种叶质薄而柔软，内含营养物质丰富，而小叶种则厚而硬脆，内含成分较少，但抗逆性强。

茶树的叶面有平滑、隆起之分，而表面光泽性也有强有弱，一般叶面隆起，光泽性好是优良品种的特征。

茶树嫩叶背面着生茸毛多是良种的一个重要形态指标，茸毛多的品种加工而成的茶叶香气和外形品质较好。

（五）茶树的花、果实、种子形态特征

1. 茶树的花

花芽与叶芽同着生于叶腋间，其数量为 1~5 个，甚至更多，花轴短而粗，属假总状花序，有单生、对生和丛生等。茶花为两性花，由花柄、花萼、花冠、雄蕊和雌蕊五个部分组成。

花萼位于花的最外层，由 5~7 个萼片组成，萼片近圆形，绿色或绿褐色，起保护作用；受精后，萼片向内闭合，保护子房直到果实成熟也不脱落。

花冠白色，也有少数花呈粉红色。花冠由 5~9 片发育不一致的花瓣组成，分 2 层排列，花冠上部分离，下部联合并与雄蕊外面一轮合生在一起。花谢时，花冠与雄蕊一起脱落。花冠大小依品种而异，大花直径 4.0~5.0cm，中花直径 3.0~4.0cm，小花直径 2.5cm 左右。

雄蕊数目很多，一般每朵花有 200~300 枚。每个雄蕊由花丝和花药构成。花药有 4 个花粉囊，内含无数花粉粒。花粉粒是圆形单核细胞，直径 30~50μm。

雌蕊由子房、花柱和柱头三部分组成。柱头 3~5 裂，开花时能分泌黏液，使花粉粒易于附着，而且有利于花粉萌发。柱头分裂数目和分裂深浅可作为茶树分类的依据之一。花柱是花粉管进入子房的通道。雌蕊基部膨大部分为子房，内分 3~5 室，每室 4 个胚珠，子房上大都着生茸毛，也有少数无毛的。子房上是否有毛，也是茶树分类的重要依据之一（图 1-10）。

雌蕊

雄蕊

图 1-10　茶树的花

2. 茶树的果实和种子

茶果为蒴果，成熟时果壳开裂，种子落地。果皮未成熟时为绿色，成熟后变为棕绿色或绿褐色。果皮光滑，厚度不一，薄的成熟早，厚的成熟迟。茶果的形状和大小与茶果内种子粒数有关，着生一粒种子时，其果为球形；两粒种子时，其果为肾形；三粒种子时，其果呈三角形；四粒种子时，其果正方形；五粒种子时，其果似梅花形。

茶籽大多数为棕褐色或黑褐色。茶籽形状有近球形、半球形和肾形三种，以近球形居多，半球形次之，肾形茶籽只在西南少数品种中发现，如贵州赤水大茶和四川枇杷茶等。球形与半球形茶籽种皮较薄，而且较光滑；肾形茶籽种皮较厚，粗糙而有花纹。前者发芽率较高，后者发芽率较低。茶籽大小依品种而异。大粒茶籽直径 15mm 左右，中粒直径 12mm 左右，小粒直径 10mm 左右。茶籽质量轻重差异也明显，大粒 2g 左右，中粒 1g 左右，小粒 0.5g 左右。

茶籽是茶树的种子（图 1-11），由种皮和种胚两部分构成。种皮又分外种皮与内种皮，外种皮坚硬，由外珠被发育而成，包含 6~7 层石细胞。石细胞的壁很厚，一层一层向内增加。内种皮与外种皮相连，由内珠被发育而成，由数层长方形细胞和一些输导组织形成网状脉。种子干燥时，内种皮可脱离外种皮，紧贴于种胚，并随着种胚的缩小而形成许多皱纹。种子内的输导组织主要是一些螺纹导管。内种皮之下有一层由拟脂质形成的薄膜，此膜可能与种子休眠有关。因为种子发芽时，膜上的脂类物质均被分解，采用 25~28℃ 温水处理，可以加速脂类物质的分解过程，使种子提前发芽。

图 1-11　茶树的种子

种胚由胚根、胚轴、胚芽和子叶四部分组成。子叶部分最大，占据整个种子内腔，其余三部分夹于两片子叶的基部，由两个子叶柄相联结。

知识点三　茶树的生长发育规律

茶树是一种多年生的常绿木本植物，它的寿命长达几十年甚至数百年。茶树既有一生的总发育周期，又有一年中生长和休止的年发育周期。总发育周期是在年发育周期的基础上形成的，年发育周期受总发育周期所制约，按照总发育周期的规律发展。

（一）茶树的总发育周期（一生）

茶树从生命开始一直到衰老死亡，依其自然生长发育特性可分为幼苗期、幼年期、成年期和衰老期四个既有区别又有联系的发育阶段。

表 1-7　　　　　　　　　　茶树总发育周期模式

茶场名称	总面积 /hm²	茶园		水稻		果树		蔬菜饲料		山塘		房屋空地		其他	
		hm²	%	hm²	%	hm²	%	hm²	%	hm²	%	hm²	%	hm²	%
涟源茶场	113.3	78.7	69.4	1.7	1.5	4.6	3.9	8.3	7.4	0.5	0.5	9.3	10.3	10.3	9.1
时丰茶场	176.7	128.1	72.5	26.9	15.2	1	0.6	5.9	3.3	—	—	14.8	14.8	14.8	8.4
安化茶场	103.1	99	96	2.8	2.7	—	—	1.3	1.3						
范家园茶场	194.9	164.9	84.6	7.6	3.9	—	—	7	3.6	—	—	15.4	15.4	15.4	7.9
羊角场	22.4	18.7	83.3	—	—	3.3	14.9	0.4	1.8						
横马塘茶场	81.5	66.7	81.8	—	—	2.3	2.8	—	—	—	—	12.5	12.5	12.5	15.4

所谓茶树总发育周期是指茶树一生的生长、发育进程（模式图见表 1-7）。茶树的生命，从受精的卵细胞（合子）开始，就是一个独立的、有生命的有机体。合子经过一年左右的时间，在母树上生长、发育而成为一粒成熟的茶籽。

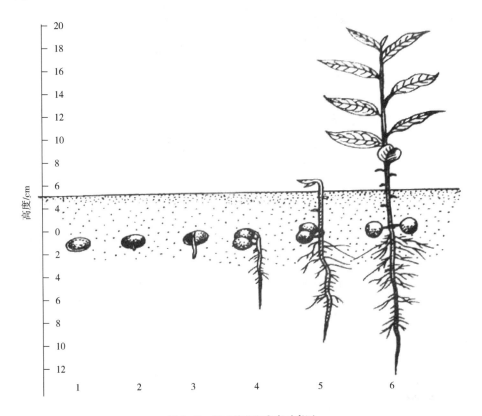

图 1-12　种子幼苗期发育示意图

1—茶籽　2~4—胚根伸出　5—上胚轴伸长　6—展叶休止

茶籽播种后发芽，出土形成一株茶苗。茶苗不断地从环境中获取营养元素和能量，逐渐生长，发育长成一株根深叶茂的茶树，开花、结实，繁殖出新的后代。茶树自身也在人为和自然条件下，逐渐趋于衰老，最终死亡。这一生长发育全过程称为茶树发育的总发育周期（图1-12）。

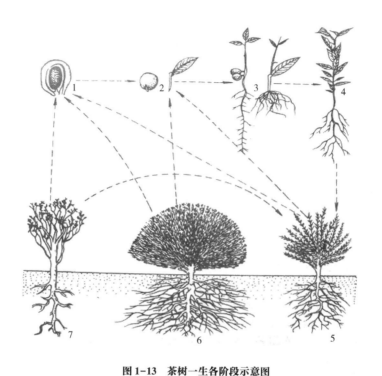

图1-13　茶树一生各阶段示意图

1—合子　2—茶籽及插穗　3—幼苗期　4—幼年期　5，6—成年期　7—衰老期

在生产上，茶树新个体的产生，除了茶籽萌发生长外，还可以通过营养体繁殖新的个体，即营养繁殖或无性繁殖；其新个体的形成没有经过种子及其萌发过程，是细胞或组织分化生根，并萌芽而发育形成的独立个体。因此，它除了幼苗期前期与种子繁殖个体有差异外，也同样可划分为四个生物学年龄时期，各期的生物学特性和采取的主要农业技术措施也基本相同（图1-13）。掌握周期中不同生育阶段的特性，对有针对性地制定生产中管理技术措施有重要意义。

1. 幼苗期

茶树幼苗期就是指从菜籽萌发到茶苗出土直至第一次生长休止时为止。无性繁殖的茶树，是从营养体再生到形成完整独立植株的时间，需4~8个月的时间。

茶籽播种后，吸水膨胀，茶籽内（主要是子叶）的储藏物质，通过水解，供给胚生长、发育所需要的营养物质。种壳胀破后，胚根首先伸长，并向下伸展，当胚根生长至10~15cm时，胚芽逐渐生长，最后破土而出，但此时胚根始终比胚芽长，到胚芽出土时，胚根为胚芽的2~3倍。这段时期，由于胚芽尚未出土，它生长、发育所需要的养分，主要依靠种子中储藏的物质降解而供给的。因此，它对外界环境的主要要求是要满足水分、温度和空气三个条件。

茶苗出土后，当真叶展开3~5片时，茎顶端的顶芽，形成了驻芽，开始第一次生长休止。这一阶段，茶苗出土后，叶片很快形成了叶绿素，根系又从土壤中吸收营养元素，茶苗自身具有光合作用能力，合成其生长、发育所需要的有机物质，从而由单纯地依靠子叶供给营养的异养阶段，过渡到双重营养形式阶段，即子叶的异养和根系吸收矿质元素、水分，叶片进行光合作用制造营养物质的自养相结合，最后完全由同化作用制造的营养物质所取代，进入自养营养阶段。由于这种营养方式的转变，茶苗生长发育的物质基础有了保证，地上部分的生长速度加快。但总的来说，地下部分的根系生长仍然优于地上部分，向土壤深处伸展，从而可以吸收较深层土壤中的水分和营养物质。所以这一时期除了对水分、温度和空气有一定要求，还要求土壤有丰富的养分供根系吸收。

扦插苗在生根以前主要依靠茎、叶中储藏的物质提供营养，此时水分及时供应非常重要，发根后从土壤中吸收养分，则保证水、肥供应成为影响生长发育的主要因子。

幼苗期茶树容易受到恶劣环境条件的影响，特别是高温和干旱，茶苗最易受害，因为这时的茶苗较耐阴，对光照的要求不高，叶片的角质层薄，水分容易被蒸腾，而根系伸展不深，一般只有20cm左右，且由于是直根系，没有分枝广阔的侧根，吸收面积不大，抗御干旱等逆境的能力小，所以在栽培管理上要保持土壤有一定含水量。

2. 幼年期

从第一次生长休止到茶树正式投产这一时期称为幼年期，为3~4年，时间的长短与栽培管理水平、自然条件有着很密切的关系。完成这一时期后，茶树有3~5足龄。有的茶树七八龄仍然不能正式投产，主要是管理或其他条件不善，引起茶树生长衰弱。

幼年期是茶树生育十分旺盛的时期，在自然生长的条件下，茶树地上部分生长旺盛，表现为单轴分枝，顶芽不断地向上生长，而侧枝很少，当第一次生长休止后，在主轴上可能生长侧枝，但这些侧枝的生长速度缓慢，所以在茶树3年生之前，常表现出有明显的主干，但在人为修剪的条件下，这种现象则不显著。

幼年期茶树的根系，实生苗开始阶段为直根系，主根明显并向土层深处伸展，侧根很少，以后侧根逐渐发达，向深处和四周扩展，此时仍可以看出较明显的主根。一般在 3 年生前后，茶树开始开花结实，而数量不多，结实率也低。

由于幼年期茶树的可塑性大，这一时期在措施上，必须抓好定型修剪，以抑制其主干向上生长，促进侧枝生长，培养粗壮的骨干枝，形成浓密的分枝树型。同时，要求土壤深厚、疏松，使根系分布深广。由于这时是培养树冠采摘面的重要时期，绝对不能乱采，以免影响茶树的生长发育机能，而此时茶树的各种器官，都比较幼嫩，特别是 1~2 年生的时候，对各种自然灾害（如干旱、冷冻、病虫害）的抗性都较弱，要注意保护。

3. 成年期

成年期是指茶树正式投产到第一次进行更新改造时为止的时期，亦称青、壮年时期。这一生物学年龄时期，可长达 20~30 年。

成年期是茶树生长发育最旺盛的时期，产量和品质都处于高峰阶段。成年期的前期，随着树龄增长，茶树分枝越分越多，树冠越来越密，到八九龄时，自然生长的茶树已有 7~8 级分枝，而修剪的茶树可达 11~12 级分枝。此时的茶树分枝方式，在同一株茶树上同时存在着单轴分枝和合轴分枝两种分枝形式，年龄较大的枝条已经转变为合轴分枝方式，而年龄较幼的枝条，仍然保持着单轴分枝的方式。茂密的树冠和开展的树姿，形成较大的覆盖度，充分利用周围环境中营养和能量的能力增强了，为高产创造了有利条件。同时，地下部分的根系，也随着树龄增长而不断地分化，形成了具有发达侧根的分枝根系，而且以根轴为中心，向四周扩展的离心生长十分明显，一株 10 年生的茶树根系所占体积为地上部分树冠的 1~1.5 倍，所以产量也是随着年龄增长而增长。到了成年期的中期，由于不断地采摘和修剪，树冠面上的小侧枝越分越细，并逐渐受到营养条件的限制而衰老，尤其是树冠内部的小侧枝表现更明显。此时的茶树仍然有旺盛的生长发育能力，茶树树冠的四周可以萌发新的枝条，其萌芽的能力逐渐衰退，顶部的枯死小细枝增多，而且有许多带有结节的"鸡爪枝"，这种结节妨碍物质的运输，以致促使下部较粗壮的枝条上重新萌发出新的枝条，使侧枝更新，有的就会从根颈部萌发出徒长枝。这些徒长枝具有幼年茶树的生长发育特性，节间长、叶片较大，枝条又恢复单轴分枝方式，从而以这些徒长枝为基础形成了新的树冠，代替了衰老的树冠，这是茶树的自然更新现象。成年期中期营养生长和生殖生长都达到了旺盛时期，生长需要消耗大量的养分。成年期后期，茶树在外观上表现为树冠面上细弱枯枝多，萌芽率低、对夹叶增多，骨干枝呈棕褐色甚至灰白色，吸收根的分布范围也随之缩小，生殖生长增强，开花结实明显增多，而营养生长减弱，产量、品质下降，就有必要进行树冠中下部枝的更新改造。

这一时期栽培管理的任务，要尽量延长这一时期持续的年限，以便最大限度地获得高产、稳产、优质的茶叶。同时，要加强培肥管理，使茶树保持旺盛的树势，可采用轻修剪和深修剪交替进行的方法，更新树冠，整理树冠面，清除树冠内的病虫枝、枯枝和细弱枝。当然在投产初期，注意培养树冠，使之迅速扩大采摘面，也是前期的重要管理任务之一。

4. 衰老期

衰老期指茶树从第一次更新开始到植株死亡为止的时间。这一时期的长短因管理水平、环境条件、品种的不同而异，一般可达数十年，茶树的一生可达100年以上，而经济年限一般为40~60年。

茶树经过更新以后，重新恢复了树势，形成了新的树冠，从而得到复壮。经过若干年采摘和修剪以后，又再度逐渐趋向衰老，必须进行第二次更新。如此往复循环，不断更新，其复壮能力也逐渐减弱，更新后生长出来的枝条也渐细弱，而且每次更新间隔的时间也越来越短，最后茶树完全丧失更新能力而全株死亡。

衰老期应当加强管理，以延缓每次更新所间隔的时间，使茶树发挥出最大的生产潜力，延长经济生产年限。若茶树已十分衰老，经过数次台刈更新后，产量仍不能提高的，应及时挖除改种。

（二）茶树的年发育周期

茶树的年发育周期是指茶树在一年中的生长、发育过程。茶树多年生的特性，使年发育周期的变化在很大程度上受总发育周期的制约，表现为在同一年中，茶树的生长发育进程因发育阶段而异，而同一器官在不同发育时期的各年间变化也不尽一致，所以这是一个比较复杂的问题。一年中，随着季节的变化，茶树的根、茎、叶、花、果实等器官的生长发育与休止，相对不变，形成了一定的规律性，这就是茶树的年发育周期。

1. 年发育阶段的顺序性

在年发育周期内，茶树的营养生长和生殖生长、地上部和地下部生长之间具有一定的顺序性。年初气候寒冷，当地上部生长休止时，根系生长却处于活跃状态，而当平均气温达到10℃左右时，茶芽开始萌动，此时根系活动相对减弱。每年地上部的生长也是先从营养生长开始，当营养生长发展到一定程度后，才出现叶腋生长点分生组织的质变，形成花芽，开花结实，茶树生殖生长得到发展，而且这种顺序性是不可逆的。

（1）新梢的发育　冬季休眠的茶树有着大量的营养芽（冬芽），这些营养芽同样处于休眠状态。待第二年春季当气温上升到10℃以上，并稳定通过一段时间后，营养芽便开始萌发，其顺序是：芽体膨大、鳞片开展、鱼叶展开、真叶展开、驻芽形成。芽体膨大到鳞片开展，外表生长活动不明显，故称隐蔽发育阶段。鱼叶展开到新梢形成、顶芽休止，这个阶段叶片由小变大，新梢节间伸长，茎由细变粗，量变显著，生长活动明显，故称生长活跃阶段。自然生长的茶树新梢每完成一次生长都必须经历以上两个阶段。茶树新梢的生长与休止，在我国大部分茶区有三次，第一次生长的新梢出现在春季，称春梢。第二次生长的新梢出现在夏季，称夏梢。第三次生长的新梢出现在秋季，称秋梢。但茶树新梢的生长受人为采摘的影响极大，经采摘后，在留下的小桩上，腋芽又可萌发出新梢，再供采摘，表现出生长发育的"轮次性"。通常栽培学上把新梢生长发生的次数称作轮次。越冬芽萌发的新梢称作头轮梢，头轮梢采后萌发的新梢叫二轮梢，以此类推。我国大部分茶区，全年可以发生 4~5 轮新梢，少数地区或栽培管理良好的，可以发生 6 轮新梢。新梢轮次多少，除与采摘有关外，还与新梢的着生部位、养分状况和环境条件有关。在生产中如何增加全年发生的轮次，特别是增加采摘轮次，缩短轮次间的间隔时间，是获得高产的重要环节。

同一时期，新梢萌发有先后，采摘应有批次之分。同时，新梢萌发又有相对集中的特性，形成了新梢生长的"洪峰期"。新梢从春季萌动到冬季休眠，经过 7~9 个月。在我国南方的海南岛，由于气候温暖，新梢全年均可生长，只因雨量分布不均匀，新梢发育有快慢之别而已。

（2）花果生长发育 茶树开花结实是实现自然繁殖后代的生殖生长过程，茶树一生要经过多次开花结实，一般发育正常的茶树是从第 3~5 年就开花结实，直到植株死亡。茶树的花芽是在当年或隔年生枝条上的叶腋间孕育而成的，叶腋处可着生 1~4 个花芽，位于营养芽的两侧。所以，茶树无专门的开花结果枝。

花芽从 6 月开始分化，到 7 月下旬可见直径 2~3mm 大小的花蕾，9~10 月上旬开始开花，11 月上中旬为盛花期，11 月下旬到 12 月为开花终止期（个别茶区开花终止期可到翌年 1 月份）。茶树开花后，授粉主要靠蜜蜂等昆虫传播。当茶花受精后，雄蕊萎缩，花瓣脱落，子房开始发育，进入寒冬后处于休眠状态。第二年春季气温回升再加快发育，直到 10 月份"霜降"前后，果实完全成熟，此时应及时采收茶籽。从花芽分化开始到种子成熟为止，经历了一年零三四个月的时间。所以，在同一年内，既有当年的花芽分化、花蕾出现和开花受粉的过程，又有上年的果实发育过程，同时出现花与果发育的两个过程。十分明显，花果的发育需要消耗茶树体内大量的养分，对采叶茶园产量有很大的影响，故在栽培上应合理修剪与采摘，增施氮肥、促进营养生长，抑制其开花结果。

（3）根系的发育 在年生长周期内，茶树根系的生长发育，除受气候、土壤的影响外，还受茶树体内营养积储状况以及茶树地上部各个器官生长变化所制约。所以，在不同时期，根的生长速度有快慢、生长量有大小之别。根系生长常与地上部分生长交替进行。

据观察，根系在3月上旬以前，生长活动微弱，3月上旬到4月上旬，根系活动较明显，形成第一次生长高峰。4月中旬到5月中旬地上部分生长活跃，而地下部根系生长又有所下降。6月上旬、8月中旬和10月上旬根系生长逐次增快、增大，各形成一次生长高峰。其中以10月份这次根的生长最为活跃（地上部的生长在这时相对减弱或休止）。在根系四次生长高峰来临之前，地上部生长暂时停顿，是中耕结合追肥的时期。10月下旬，茶树地上部开始转向休眠，而根系的生长仍在进行，只是生长活动有所减慢，故此时是深耕结合施基肥的最佳时期。

茶树根系的更新主要在冬季的12月至翌年2月进行。通常幼年茶树和成年茶树在这段时间内，新根的生长大于旧根的衰亡。了解这一活动规律，对于选择耕作与施肥最适时期，能收到事半功倍的效果。

综上所述，在年发育周期内，新梢、花果和根系的生长发育，都是茶树有机体不可分割的组成部分，是相互协调、相互影响的。

任务知识思考

1. 茶树在植物学上的分类地位是什么？
2. 茶树的植物学器官有哪些？分别有什么特征及特性？
3. 简述茶树的生物学特征。
4. 简述茶树的总发育周期及各时期特点。
5. 简述茶树的年发育周期及各时期特点。

任务技能训练

任务技能训练　茶树树体及叶片形态观察

（一）训练目的

观察茶树各器官植物学特征，比较各器官形态与茶树品种、年龄、环境等因素的关系。通过训练要求对茶树树型、树姿、叶片等形态特征有较深刻认识，并能根据其特征分类。

（二）训练内容

实地观察、测量茶树树体及叶片形态特征。

（三）材料与工具

（1）材料 茶园基地，标本照片或幻灯片（鳞片、鱼叶、真叶及变态叶标本、不同树形茶树资料等）。

（2）工具 直尺、放大镜。

（四）训练内容与步骤

（1）调查两个以上品种，依次观察其树型、树姿。

（2）观察茶树的叶片性状，每个品种或每一株随机取10片叶测定其面积、叶形、叶型等相关内容，将结果填入记录表中。

（五）训练课业

（1）将茶树叶片形态观察调查结果填入记录表（表1-8），并上交。

（2）根据调查结果，撰写实训总结。

表1-8　　　　　　　　茶树叶片形态观察记录表

项目品种	品种1						品种2					
	1	2	3	4	5	平均	1	2	3	4	5	平均
叶长/cm												
叶宽/cm												
叶面积/cm²												
叶型												
叶脉数量/对												
叶形指数												
叶色												
叶缘												
叶尖形状												
叶基形状												
叶质												
锯齿												

六、考核评价

试验结果按表1-9进行考核评价。

表 1-9　　　　　　茶树树体及叶片形态观察训练考核评价表

考核内容	评分标准	成绩/分	考核方法
观察茶树树型、树姿特征	观察全面、细致、正确（20分）		每个考核要点根据训练情况按评分标准酌情评分
观察茶树叶片形态特征	观察全面、细致、正确（40分）		
撰写实训总结	观察判断结果正确、报告完整、全面、分析透彻（40分）		
总成绩			

任务四　认识中国主要茶树栽培品种

任务目标

1. 知识目标

（1）了解中国茶树品种概况。

（2）了解中国主要栽培茶树品种。

2. 能力目标

能够根据实际情况，选择合适的栽培品种。

任务导入

茶树优良品种是茶树高产、高效的关键因素之一，选用良种，对提高单产、改进茶叶品质、增强茶树抗性、调节采制劳力、适应机械化生产以及提高经济效益等方面，具有重要的作用。

任务知识

（一）品种的定义

品种是指适应一定的环境条件和栽培技术条件下的一个群体，这个群体具有相对一致的生物学特性、形态特征和相对稳定的遗传学特性，并且在实践中证明能获得高额而稳定的产量和优良品质，同时具有一定的栽培面积。

（二）中国主要茶树栽培品种

中国是茶树的原产地，茶树资源丰富，拥有世界上遗传多样性最丰富的种质资源。在 2016 版《种子法》出台之前，我国育成国家级审（认、鉴）定茶树品种 134 个，其中有性系品种 17 个，无性系品种 117 个（表 1-10）。此外，截至 2019 年底，获得国家茶树新品种植物新品种权 50 余个，省级审（认、鉴）定品种 200 余个。

表 1-10　　　　　通过审（认、鉴）定的国家级茶树品种名单

品种类型	品种名称
有性系品种（17 个）	勐库大叶种、凤庆大叶种、勐海大叶种、乐昌白毛茶、海南大叶种、凤凰水仙、宁州种、黄山种、祁门种、鸠坑种、云台山种、湄潭苔茶、凌云白毫茶、紫阳种、早白尖、宜昌大叶种、宜兴种
无性系品种（117 个）	福鼎大白茶、福鼎大毫茶、福安大白茶、梅占、政和大白茶、毛蟹、铁观音、黄棪、福建水仙、本山、大叶乌龙、大面白、上梅州、黔湄 419、黔湄 502、福云 6 号、福云 7 号、福云 10 号、槠叶齐、龙井 43、安徽 1 号、安徽 3 号、安徽 7 号、迎霜、翠峰、劲峰、碧云、浙农 12、蜀永 1 号、英红 1 号、蜀永 2 号、宁州 2 号、云抗 10 号、云抗 14 号、菊花春、桂红 3 号、桂红 4 号、杨树林 783、皖农 95、锡茶 5 号、锡茶 11 号、寒绿、龙井长叶、浙农 113、青峰、信阳 10 号、八仙茶、黔湄 601、黔湄 701、高芽齐、槠叶齐 12 号、白毫早、尖波黄 13 号、蜀永 703、蜀永 808、蜀永 307、蜀永 401、蜀永 3 号、蜀永 906、鄂茶 4 号、凫早 2 号、岭头单丛、秀红、五岭红、云大淡绿、赣茶 2 号、黔湄 809、舒茶早、皖农 111、早白尖 5 号、南江 2 号、浙农 21、鄂茶 1 号、中茶 102、黄观音、悦茗香、茗科 1 号、黄奇、桂绿 1 号、名山白毫 131、霞浦春波绿、春雨 1 号、春雨 2 号、茂绿、南江 1 号、石佛翠、皖茶 91、尧山秀绿、桂香 18 号、玉绿、浙农 139、浙农 117、中茶 108、中茶 302、丹桂、春兰、瑞香、鄂茶 5 号、鸿雁 9 号、鸿雁 12 号、鸿雁 7 号、鸿雁号、白毛 2 号、金牡丹、黄玫瑰、紫牡丹、特早 213、中茶 111、黔茶 8 号、安庆 8902、巴渝特早、山坡绿、苏茶 120、花秋 1 号、天府 28 号、湘妃翠、鸿雁 13 号

（三）中国栽培部分茶树品种特征

1. 祁门种

祁门种又名祁门槠叶种，原产安徽祁门县，现今各茶区均有栽培。为有性繁殖系，属灌木，中叶，中生种。所制红茶，条索紧细，色泽乌润，回味隽永，有果香味，是制"祁红"的当家品种。所制绿茶，滋味鲜醇，香气高爽。适宜在长江南、北的红、绿茶区种植。

2. 黄山种

黄山种原产安徽省黄山市黄山一带，现在山东省有较大面积种植。为有性繁殖系，属灌木，中叶，中生种。适制绿茶，所制黄山毛峰，白毫显露，色泽翠绿，香气清鲜。有较强抗寒性，适宜在江北茶区栽培。

3. 福鼎大白茶

福鼎大白茶又名福鼎白毫，原产福建省福鼎市柏柳乡。在浙江、湖南、湖北、江西、江苏、安徽等省均有引种。为无性繁殖系，属小乔木，中叶，早生种。制绿茶，品质优，有板栗香。若制成毛峰类名茶，品质更佳；制红茶，品质亦佳，有甜香；也可制白茶。适宜在长江以南绿茶或白茶产地推广种植。

4. 福鼎大毫茶

福鼎大毫茶原产福建省福鼎市汪家洋村。该品种除在福建推广外，在江苏、浙江、江西、四川、湖北等省均有引种。为无性繁殖系，属小乔木，大叶，早生种。所制红茶、绿茶和白茶，品质俱优。适宜于在长江以南红茶、绿茶或白茶生产区推广种植。

5. 福安大白茶

福安大白茶又名高岭大白茶，原产于福建省福安县穆阳乡高岭村。主要分布于福建的闽东产茶区。现今，在广西、四川、湖南、浙江、贵州、湖北、江苏、安徽、江西等省（区）均有种植。适宜于制红茶、绿茶或白茶。所制红茶，香高味浓，色泽乌润；所制白毫银针，芽壮毫显，品质优异；所制绿茶，品质亦属上乘。适宜在长江以南茶区推广种植。

6. 政和大白茶

政和大白茶简称政大，原产于福建省政和县铁山乡。为无性繁殖系，属小乔木，大叶，晚生种。在福建闽北种植较多。现今，在浙江、安徽、江西、江苏、湖南、四川、广东等省亦有引种。适合制红茶和白茶，制成的红茶，品质与"滇红"相近，香气高，滋味浓，条索壮；制成的白毫银针，色泽鲜白带黄，香气清鲜，滋味醇甜。适宜在长江以南红茶和白茶产区推广种植。

7. 梅占

梅占又名大叶梅占，原产福建省安溪县卢田乡三洋村，主要分布在福建产茶区，在广东、江西、安徽、浙江、广西、湖南、湖北等省（区）亦有引种。为无性繁殖系，属小乔木，中叶，中生种。适合制红茶、绿茶，也可制乌龙茶。适宜在长江以南产茶区推广种植。

8. 铁观音

铁观音又名红心观音、红样观音，原产福建省安溪县尧阳乡松岩村，主要分布在福建产茶区，广东省乌龙茶产区也有引种。为无性繁殖系，属灌木，中叶、晚生种。适制乌龙茶，品质特优，滋味醇厚甘鲜，回甜悠长，香气高强，具有观音韵味。适宜在长江以南乌龙茶产区推广种植。

9. 福建水仙

福建水仙又名水吉水仙、武夷水仙。原产于福建省南平市建阳区小湖乡大湖村。在福建茶区都有栽培。此外，广东的饶平、台湾的新竹和台北、浙江的龙泉等地也有栽培。为无性繁殖系，属小乔木，大叶，晚生种。适制乌龙茶，是闽北乌龙的当家品种。制红茶，香气高。制白茶，亦佳。适宜在长江以南乌龙茶、红茶、白茶等产茶区推广种植。

10. 福云 6 号

福云 6 号为无性繁殖系，属小乔木，大叶，特早生种。由福鼎大白茶与云南大叶种自然杂交后代，经系统选育而成。在福建产茶区有大面积种植，浙江、安徽、广西、湖南、湖北、江苏、贵州、江西等省（区）也有较多种植。适合制红茶和绿茶，所制红茶，条索细，显毫，色泽乌润，汤色红亮；所制绿茶，有峰苗，汤色晶莹，香高味浓，是制毛峰类名茶的好原料。适宜在长江以南红茶、绿茶产区推广种植。

11. 凤凰水仙

凤凰水仙又名饶平水仙、广东水仙，原产广东省潮安县凤凰山。现今，在湖南、浙江、江西等省也有引种。为有性繁殖系，属小乔木，大叶，早生种。所制乌龙茶，滋味浓郁，汤色金黄，香气高锐，品质上乘；所制红茶，香高，味浓，色红艳，亦属上乘；适宜在华南、华中地区的乌龙茶、红茶产区推广种植。

12. 英红 1 号

英红 1 号为无性繁殖系，属乔木，大叶，早生种。除广东产茶区种植外，在福建、湖南等省也有引种。适宜制红碎茶，色泽褐红，香气高锐，滋味浓爽，汤色红艳。但抗寒性不强，适宜在华南地区的红茶产区推广种植。

13. 黔湄 419

黔湄 419 又名抗春迟，主要分布在贵州茶区。为无性繁殖系，属小乔木，大叶，晚生种。适制红茶，汤色红艳，香气持久，滋味浓厚。适宜在西南地区的红茶产区推广。

14. 黔湄 502

黔湄 502 又名南北红，主要分布在贵州茶区，在四川茶区亦有少量种植。为无性繁殖系，属小乔木，大叶，中生种。所制红茶，香气持久，滋味鲜爽，汤色红浓；制成绿茶，芽毫显露，滋味浓厚，香气清新。适宜在西南地区的红茶、绿茶产区推广种植。

15. 黔湄 601

黔湄 601 为无性繁殖系，属小乔木型，大叶，中生种。除贵州茶区种植外，在四川、广西等省（区）也有引种。所制红碎茶，外形显毫，滋味浓强，品质优良。适宜在西南地区的红茶产区推广种植。

16. 楮叶齐

楮叶齐为无性繁殖系，属灌木，中叶，中生种。除湖南茶区种植外，安徽、湖北等省亦有引种。所制红茶，条紧色润，香气纯正持久；所制绿茶，银毫显露，色泽翠润，香高味醇，是著名绿茶"高桥银锋"的当家品种。适宜在江南茶区红茶、绿茶产区推广种植。

17. 紫阳种

紫阳种原产陕西省紫阳县，主要分布在陕南茶区。为有性繁殖系，属灌木，中叶，中生种。适制绿茶，品质优良。也是名绿茶"紫阳毛尖""秦巴雾毫"的优质原料。适宜在江北茶区的绿茶产区推广种植。

18. 蜀永 1 号

蜀永 1 号为无性繁殖系，属小乔木，中叶，中生种。主要分布在四川茶区，在广西、湖南、贵州等省（区）产茶区亦有少量引种。所制红碎茶，浓香持久，滋味甘鲜，汤色红艳，品质上乘。适宜在西南地区红茶产区推广种植。

19. 凤庆大叶茶

凤庆大叶茶原产云南省凤庆县大寺、凤山等乡。主要分布在滇西茶区，现在广东、广西、四川、福建等省（区）已有大面积引种。为有性繁殖系，属乔木，大叶，早生种。适制红茶和滇绿茶，所制工夫红茶，芽毫显露，香气高久，滋味酽醇；制成滇绿茶，白毫满披，滋味浓甘，耐冲泡。抗寒性弱，适宜在西南茶区、华南茶区的红茶、绿茶产区推广种植，并注意防冻。

20. 龙井 43

龙井 43 为无性繁殖系，属灌木，中叶，特早生种。已在浙江、江苏、安徽、江西、湖北等 14 个产茶省种植。适制绿茶，制成的"西湖龙井"，外形扁平光直，色泽嫩绿，清香持久，滋味鲜爽，汤色清绿。适宜在江北茶区、江南茶区的绿茶产区推广种植。

21. 龙井长叶

龙井长叶为无性繁殖系，属灌木，中叶，早生种。除浙江外，已在安徽、河南、江苏等产茶省种植。适制绿茶，香高味醇，品质优良，亦是制作"西湖龙井"的上乘原料。适宜江北茶区、江南茶区的绿茶产区推广种植。

22. 碧云

碧云为无性繁殖系，属小乔木，中叶，中生种。它由平阳群体种和云南大叶种的自然杂交后代，经系统选育而成。已在浙江、湖南、安徽、江西、江苏等省产茶区种植。适制绿茶，尤适制毛峰类绿茶，具有条索紧细、色泽翠绿、香气高爽、滋味鲜醇的特点。适宜在江南茶区、江北茶区的绿茶产区推广种植。

23. 迎霜

迎霜为无性繁殖系，属小乔木，中叶，早生种。它由福鼎大白茶和云南大叶种自然杂交后，经系统选育而成，已在浙江、安徽、江苏、河南等近 10 个省（区）的产茶区种植。适制红茶、绿茶，外形、内质均属优良。适宜在江南茶区的红茶、绿茶产区推广种植。

24. 浙农 113

浙农 113 为无性繁殖系，属小乔木，中叶，中生种。它由福云自然杂交后，经系统选育而成。已在浙江茶区推广。适制绿茶，条索纤细，白毫显明，色泽绿润，清香持久，滋味浓鲜，品质特优，也是制毛尖类名优绿茶的上等原料。适宜在长江南北绿茶产区推广种植。

25. 鸠坑种

鸠坑种原产浙江省淳安县鸠坑乡，主要分布在浙西茶区，现除浙江外，已在湖南、江苏、云南、安徽、甘肃、四川、湖北等省产茶区引种。为有性繁殖系，属灌木，中叶，中生种。适制绿茶，外形细紧，色泽油润，香气高鲜，滋味鲜浓，也是名优绿茶"淳安毛尖"的当家品种。适宜在江南茶区、江北茶区的绿茶产区推广种植。

任务知识思考

1. 品种的定义是什么？
2. 简述中国茶树栽培品种概况。

项目二　新茶园建设

任务一　标准化茶园建设

任务目标

1. 知识目标

（1）了解标准化茶园的概念及建设标准。

（2）掌握标准化茶园规划及建设要求。

2. 能力目标

（1）能够根据标准化茶园建设规范制定新茶园建设方案。

（2）具备指导标准化茶园建设的能力。

任务导入

茶树是一种多年生的常绿植物，一年种植可以多年收获。建设高标准、高质量的新茶园，是关系到茶叶产量、茶叶品质、茶产业效益高低的具有决定性作用的基础工作。标准化茶园规划建设涉及内容及环节较多，具体包括标准化茶园选址、规划、开垦、良种选用、茶树种植、茶园管理等各个环节，因此，要实现茶产业高质量、高效化、高品质发展，就必须要做好新茶园规划建设这项基础性工作。

任务知识

知识点一　标准化茶园概念及建设标准

（一）标准化茶园基本概念

所谓标准化茶园，就是按照农业部《茶叶标准园创建规范》创建技术规范和 NY/T 5018—2015《茶叶生产技术规程》的技术要求，对茶园园地选择、园地规划、茶树种植、茶园管理等各个环节按照标准进行建设和管理的茶园。建设标准化茶园，要科学合理地运用生态学原理，因地制宜和充分利用光、热、水、气、养分等自然资源，提高太阳能和生物能的利用率，有效、持续地促进茶园生态系统内物质循环和能量循环，极大的提高生产能力、构建良好的茶园生态系统，达到优质、高产、高效、无污染的目的。

（二）标准化茶园建设标准

标准化茶园的建设，应坚持科学合理规划、精耕细作管理原则，按照环境清洁化、茶树良种化、茶区园林化、茶园水利化、生产机械化、栽培科学化"六化"的要求，高标准、高质量的进行茶园建设，从而实现茶园绿色、优质、高产、高效发展。

1. 环境清洁化

茶园建设应选址生态环境良好、空气清新、水源清洁、土壤未受污染的区域，空气、水质和土壤的各项污染物质的含量限值均应符合标准化茶园建设技术规范的要求。同时，要避开都市、工业区和交通要道，与大田作物、居民生活区应有 1km 以上隔离带。在茶园周围 5km 内，不得有排放有害物质（包括有害气体）的工厂、矿山、作坊、土窑等，区域内林木植被保存较好，形成天然的遮阴和防风带。

2. 茶树良种化

茶树优良品种是指在一定地区的气候、地理条件和栽培、管理条件下达到高产稳产、制茶品质优良、有较强的适应能力、对病虫害和自然灾害抵抗能力较强，并在生产上获得普遍推广的茶树群体。标准化茶园要实现茶树良种化，就必须做到两点：第一，要根据当地生态条件及生产的茶叶品类和花色选择优良品种，其中气温是影响引种的重要因素之一；第二，要求种植时进行良种搭配，不能种植单一品种，要利用各品种的特点，相互取长补短，以充分发挥良种在品质方面的综合效应。

3. 茶区园林化

要做到因地制宜、全面规划、统一安排、集中连片、合理布局、山水林路综合治理。标准化茶园，要求茶园成块、茶行成条，并在适当地段营造防护林，沟渠、道路旁和园地四周应当适当多种植经济树木、花草等，以美化茶区环境和提高茶园经济效益。

4. 茶园水利化

建立标准化茶园应系统规划茶园灌溉水利工程建设，因地制宜搞好排灌系统。园地内沟渠、蓄水池等设施，雨水多时能蓄能排，干旱需水时能引水灌溉，力求做到小雨、中雨水不出园，大雨、暴雨不冲毁茶园，增强人为控制水、旱灾害的能力。建园时，尽量不要破坏自然植被，以控制水土流失。

5. 生产机械化

据估算，在茶叶生产过程中，茶园作业劳力消耗占整个茶叶生产用工的

80%以上，如茶园耕作作业深翻施肥，劳动强度大、劳动工作量多，急需机械代替；鲜叶采摘，所需劳动力甚多；劳动力严重制约着茶叶生产尤其是名优茶生产的发展，茶园实现生产机械化迫在眉睫。标准化茶园的规划设计、园地管理、茶厂布局、产品加工等，应按能够使用机械化进行生成管理的要求进行规划设计和建设，要能实现机械化或逐步达到机械化的要求。

6. 栽培科学化

运用良种，合理密植，改良土壤，要在重施有机肥的基础上适施化肥，做到适时巧用水肥，满足茶树养分的需要，掌握病虫害发生规律，采取综合措施，控制病虫害与杂草的危害；正确运用剪采技术，培养丰产树冠，使茶树沿着合理发育进程发展，达到高产、优质、低成本、高效益的目的。

知识点二　标准化茶园规划及建设

标准化茶园的规划，要坚持因地制宜、实事求是、适度集中、优化土地利用结构的原则，既要有利于保护茶园的土壤和茶树优良生态环境的形成，同时也要有利于茶园生产的管理和机械化作业。在茶园园址选址和对园地进行科学合理规划，对建设标准化茶园来说，至关重要。

（一）标准化茶园园地选择

人工栽培的茶树为常绿植物，一年种、多年收，有效生产期可持续四五十年之久，管理好的茶园可维持更久。茶树生长发育与环境条件关系密切，新茶园建设时园地选择要以 NY/T 5018—2015《茶叶生产技术规程》为依据。在生态条件良好的地区，在既定地区内尽量选择山地和丘陵的平地或缓坡地、周围生态环境较好的地段。综合而言，在园地选择时应着重考虑以下几个因素：土壤、气温、降水量、地形地势等。

1. 土壤

茶树是喜酸性土壤的植物，在选择园地时首先应考虑土壤酸碱度是否适宜茶树生长。茶树适宜生长的土壤，其 pH 应在 4.0~6.5，以 pH 4.5~5.5 最为适宜。pH<4 或 pH>6.5，茶树虽然能生长，但茶叶产量和品质都不好。在山区，凡长有映山红、铁芒箕（狼箕）、杉树、油茶、马尾松等指示性植物的土壤一般为酸性，可作为初选园地的标志，在正式选定前还应测定土壤的 pH。茶树是一种嫌钙植物，当土壤中游离碳酸钙超过 0.5% 时就会影响茶树生长，一般石灰性紫色土、石灰性冲积土都不宜种茶。

土壤有机质含量，按 NY/T 853—2004《茶叶产地环境技术条件》，有机质含量大于 15g/kg 为一级，10~15g/kg 为二级，小于 10g/kg 为三级。最适宜茶树生长的土壤是壤土，这种土壤蓄水性、保肥性、通气性良好，茶树生长健壮，茶叶品质良好。土层厚度要求 1m 左右。

2. 气温

影响茶树发育的主要因素是气温。一般平均气温 10℃ 以上时茶芽开始萌动（也称为生物学最低气温），生长最适温度为 20~25℃。茶树生长最适温度是指茶树生育最旺盛，最活跃时的温度，因品种和产地不同而有所差异，大多为 20~30℃。茶树年生长较适积温，以不低于 10℃ 的活动积温应在 5000℃ 左右。

3. 降水量

水既是茶树机体的重要组成部分，又是茶树生长发育过程中生化活动、物质吸收和运输等不可缺少的生态因子，水分不足或水分过多，均有碍茶树的生长发育。水分主要表现在降雨、空气和土壤湿度等方面。茶树喜温润，适宜茶树栽培的地区，年降雨量需在 1000mm 以上，一般认为茶树生长最适宜的年降雨量为 1500mm 左右，生长期间的月降雨量要多于 100mm，若连续几个月降雨量小于 50mm，茶树的产量会受到明显影响。空气湿度能影响水分蒸发和茶树的蒸腾，在茶树生长活跃时期，空气相对湿度以 80%~90% 为宜，小于 50%，新梢生长受阻；40% 以下茶树便会受害。

4. 地形地势

新茶园建立，还要考虑地形、地势条件。尽量避免选择山间峡谷、风口和洼地、山顶、山脚地带，以在半山坡种茶最适宜，一般选择海拔 800m 左右的缓坡地，5°~15° 的坡度为适宜，最大不能超过 25°，因为这样既适于机械化生产，又具有良好的排水性。同时还要综合考虑自然灾害小，交通方便，能源、水利、电力、劳动力、有机肥来源丰富，以及畜禽的饲养条件良好等诸方面。

5. 生态环境

新茶园建设中，除将气候、土壤及地形地势等作为选择园地的主要条件外，应选在远离城市和要道，自然生态条件好，森林植被茂盛，土层深厚肥沃，环境气候适宜的郊区或山区、库区，无现代工业"三废"的直接污染，可为生产优质、安全、干净的茶叶奠定坚实的基础条件。

（二）标准化茶园园地规划

园地规划包括土地规划、道路网、排蓄水系统及茶园生态建设等项目。按照所选地块的地形、地势、土壤、水源及林地的分布情况，进行统筹规划、合理布局，既有利于茶园生产的管理和机械化生产，又有利于保护茶园的土壤和茶树优良生态环境的形成。

1. 土地分配与主要建筑物布局

（1）土地分配　在园地规划时，除了要对种植茶树的土地进行科学规划外，还要有一定的面积用作粮食或适宜茶园种植的经济林木用地、茶厂员工的生活设施用地、主要建筑物用地等，均需考虑进来并进行统一规划，力求建成高质量、高标准的茶园基地。根据相关调查研究资料显示，一般规划茶场时参考此比例数据：①茶园用地 80%；②蔬菜用地 2%；③果树等经济作物用地 5%；④生活用房及加工厂房用地 3%；⑤道路、水利设施（不包括园内小水沟和步道）用地 4%；⑥植树及其他用地 6%。

（2）主要建筑物的布局　规模较大的茶场，场部是全场行政和生产管理的指挥部，茶厂和仓库运输量大，与场内、外交往频繁，生活区关系职工和家属的生产、生活的方便。故确定地点时，应考虑便于组织生产和行政管理。要有良好的水源和建筑条件，并有发展余地，同时还要能避免互相干扰。

2. 茶园区块划分

划分区块的目的，是为了便于生产管理和场内各项主要设施的布置。区块的划分随地势而定，应尽可能地考虑便于机具车辆等行驶，适于水利设施，也适于租赁承包。每块茶园面积约为 0.35~1.00hm²，地块的宽度以 35~50 行、长度以 50m 左右较宜。

3. 道路网的设置

道路网是关系到茶行安排、沟渠设置和整个园相的一个重要部分，在开垦之前，就应规划好道路，力求合理与适宜。规模较大的茶场，必须建立道路网，分别设干道、支道、步道（或称园道），以及便于机械操作的地头道。30hm² 以下的茶场，一般只设支道和步道。

（1）干道　60hm² 以上的茶场要设干道，作为全场的交通要道，贯穿场内各作业单位，与附近的国家公路、铁路或货运码头相衔接。路面宽 6~8m，能供两部汽车来往行驶，纵坡小于 6°（即坡比不超过 30%），转弯处曲率半径不小于 15m。小丘陵地的干道应设在山脊。16°以上的坡地茶园，干道应开成"S"形。梯级茶园的道路，可采取隔若干梯级空一行茶树为道路。

（2）支道　是机具下地作业和园内小型机具行驶的主要道路，每隔 300~400m 设一条，路面宽 3~4m，纵坡小于 8°（即坡比不超过 14%），转弯处曲率半径不小于 10m。有干道处应尽量与之垂直相接，与茶行平行。

（3）步道　作为下地作业与运送肥料、鲜叶等用，与干道、支道相接，与茶行或梯出长度紧密配合，通常支步道每隔 50~80m 设一条，路面宽 1.5~2.0m，纵坡小于 15°（即坡比不超过 27%），能通行手扶拖拉机及板车即可。设在茶园四周的步道称包边路，它还可与园外隔离，起防止水土流失与园外树根等侵害的作用。

（4）地头道　供大型作业机调头用，设在茶行两端，路面宽度视机具而定，一般宽 8~10m，若干道、支道可供利用的，则适当加宽即可。

设置道路网要有利于茶园的布置，便于运输、耕作，尽量减少占用耕地。

在坡度较小、岗顶起伏不大的地带，干道、支道应设在分水岭上，否则，宜设于坡脚处，为降低减缓坡度，可设成"S"形。

4. 水利网的设置

茶园的"水利网"，应包括保水、供水和排水三个方面。结合规划道路网，把沟、渠、塘、池、库等水利设施统一安排，要沟渠相通，渠塘相连，雨多时水有去向，雨少时能及时供水。完善各项水利设施，做到小雨、中雨水不出园，大雨、暴雨泥不出沟，需水时又能引提灌溉。各项设施与园地耕锄结合。各项设施需有利于茶园机械管理，须适合某些工序自动化的要求。茶园水利网包括以下几点。

（1）渠道　主要作用是引水进园，蓄水防冲及排除渍水等，分干渠与支渠。为扩大茶园受益面积，坡地茶园应尽可能地把干渠抬高或设在山脊。按地形地势可设明渠、暗渠、拱渠，两山之间用渡槽或倒虹吸管连通。渠道应沿茶园干道或支道设置，若按等高线开的渠道，应有 0.2%~0.5% 的坡比。

（2）主沟　是茶园内连接渠道和支沟的纵沟，其主要作用，在雨量大时，能汇集支沟余水注入塘、池、库内，需水时能引水分送支沟。平地茶园，还能起降低地下水位的作用。坡地茶园的主沟，沟内应有些缓冲与拦水工程（图 1-14）。

图 1-14　茶园道路规划示例

（3）支沟　与茶行平行设置，缓坡地茶园视具体情况开设，梯级茶园则在梯内坎脚下设置。支沟宜开成"竹节沟"。

（4）隔离沟　亦称"截洪沟"，其作用在于阻止园外植物根系与积水径流侵入园内，以及防止园内水土流失。开设位置在茶园与林地、农田交界处，一般沿等高线开设在路的上方，与园内主沟相通。隔离沟深 50~100cm，宽 40~60cm，与横向园边路相结合。

（5）沉沙凼　园内沟道交接处须设置沉沙凼。主支沟道力求沟沟相接，以利流水畅通。水库、塘、池，根据茶园面积大小，要有一定的水量储藏。在茶园范围内开设塘、池（包括粪池）储水待用，原有水塘应尽量保留，每 2~3hm² 计茶园，应设一个沤粪池或积肥坑，作为常年积肥用。

储水、输水及提水设备要紧密衔接。水利网设置，不能妨碍茶园耕作管理机具行驶。要考虑现代化灌溉工程设施的要求，具体进行时，可请水利方面的专业技术人员设计。

5. 防护林与遮阳树

凡冻害、风害等不严重的茶区，以造经济林、水土保持林、风景林为主。一些不宜种植作物的陡坡地、山顶及地形复杂或割裂的地方，则以植树为主，植树与种植多年生绿肥相结合，树种须选择速生、防护效果大、适合当地自然条件的品种。乔木与灌木相结合，针叶与阔叶相结合，常绿与落叶相结合。灌木以宜作绿肥的树种为主。园内植树须选择与茶树无共同病虫害、根系分布深的树种遮阳。且不妨碍机械化管理。除北方茶区外其他茶区集中连片的茶园可适当种植遮阳树，遮光率控制在 10%~30%。

（三）标准化茶园园地开垦

茶园规划后，绘出效果图，然后按地块逐步进行开垦，这是茶园建设的一项基础工作（图 1-15）。

图 1-15　标准化茶园规划示例

1. 地面清理

在开垦前，先要进行地面清理。对园地内的柴草、树木、乱石、坟堆等分别酌情处理。柴草应先刈割并挖除柴根和繁茂的多年生草根。尽量保留园地道路、沟、渠旁的原有树木，万不得已才砍伐。乱石可以填于低处，但应深埋于土层1m之下，坟堆应迁移，并拆除砌坟堆的砖、石及清除已混有石灰的坟地土壤，以保证植茶后茶树能正常生长。平地及缓坡地如不平整，局部有高墩或低坑，应适当改造，但要注意不能将高墩之表土全部搬走，须采用打垄开垦法，并注意不要打乱土层。

2. 平地、缓坡地开垦

平地及坡度在15°以下的缓坡地茶园，根据道路、水沟等可分段进行，并要沿着等高线横向开垦，以使坡面相对一致。若坡面不规则，应按"大弯随势，小弯取直"的原则开垦，全面深耕50cm以上即可。

生荒地一般经初垦和复垦。初垦一年四季可进行，其中以夏、冬更宜，利用烈日暴晒或严寒冰冻，促使土壤风化。初垦深度为50cm左右，全面深翻，土块不必打碎，以利蓄水；但必须将树根、狼萁等多年生草根清除出园，将杂草理出成堆集于地面，防止杂草复活。复垦应在茶树种植前进行，深度为30~40cm，并敲碎土块，再次清除草根，以便开沟种植。熟地一般只进行复垦，如先期作物就是茶树，一定要采取对根结线虫病的预防措施。

3. 陡坡梯级垦辟

坡度在15°~25°的茶园，地形起伏较大，无法等高种植，可根据地形情况，建立宽幅梯田或窄幅梯田。梯田长度在60~80m，同梯等宽，大弯随势，小弯取直。外高内低（呈2°~3°，为便于自流灌溉，两头可呈0.2~0.4m的高差），外埂内沟，梯梯接路，沟沟相通。梯面宽度在坡度最陡的地段不得小于1.5m，梯壁不宜过高，尽量控制在1m以内，不要超过1.5m。

（四）标准化茶园良种选择

1. 茶树良种的选用原则

选择适应当地气候、土壤和所制茶类并经国家或省级审（认、鉴）定的无性系茶树品种，茶苗质量达到GB 11767—2003《茶树种苗》规定的Ⅱ级以上，具体质量要求见表1-11和表1-12。

表 1-11　　　　　　　　无性系大叶品种一足龄扦插苗质量指标

级别	苗龄	苗高/cm	茎粗 φ/mm	侧根数/根	品种纯度/%
Ⅰ	一年生	≥30	≥4	≥3	100
Ⅱ	一年生	≥25	≥2.5	≥2	100

表 1-12　　　　　　　　　无性系中小叶品种苗木质量指标

级别	苗龄	苗高/cm	茎粗 φ/mm	侧根数/根	品种纯度/%
Ⅰ	一足龄	≥30	≥3.0	≥3	100
Ⅱ	一足龄	≥20	≥2	≥2	100

2. 茶树良种搭配原则

在新茶园建设时，应遵循茶树良种选用的原则，科学选用茶树品种，并对不同类型的品种进行合理搭配种植。茶树良种选用应注意以下几点：

（1）根据新建茶园气候、土壤、茶类的安排，有目的地选用茶树优良品种，形成茶园品质特色。采用的茶树品种，要有目的地合理搭配，一般选用一个当家品种，其面积应占种植面积的60%左右，其他搭配品种占40%左右。

（2）在选用品种时可将不同品质特色的品种，按一定的比例栽种，以便能将香气特高的、滋味甘美的、颜色浓艳的不同品种的鲜叶，分别加工后进行拼配，可以提高茶叶品质。

（3）选用品种时注意早、中、晚生品种搭配，既可以错开茶叶采摘、加工高峰期，缓解动力不足的问题，还可以充分利用加工厂房和机械设备，减少闲置和浪费。在栽种时注意同一品种要相对集中栽培，以便于管理。

（五）标准化茶园茶树种植

1. 种植规格和茶行布置

种植规格是指专业茶园中的茶树行距、株距（丛距）及每丛定苗数。进行茶行布置时必须注意：一要确定种植规格。合理的种植规格，能提高茶树对光能的利用率，加速茶树封行成园，使投产期提早；二要有利于水土保持，同时要考虑适合机械化作业；三要方便经常性的田间作业，使茶树充分利用土地面积，利于茶树正常生长发育。实践表明，合理的种植密度，可使茶树速生快长，实现"第一年种植、第二年开采、第三年达到高产"的目标。

具体的种植规格有以下几种：

（1）单行条植　大行距 150~180cm，丛距 30~35cm，每丛栽 1~2 株茶苗，每亩（667m²）栽种茶苗 2000~3000 株。

（2）双行条植 大行距 150~180cm，小行距 40cm，丛距 30~35cm，每行种植2排茶苗，每丛种植 1~2 株茶苗，每亩栽种茶苗 4000~5000 株。双条植茶园的排列方式，应使两小行的茶丛间形成品字形交错排列。

种植规格确定以后，还要确定茶行在园地中的具体布置方式。按种植规格测出一条种植行为基线，平地茶园一般以干道或支道作为依据，基线与之平行，留 1m 宽的边画出第一条线作为基线，以此基线为准，按种植规格的行距，依次用石灰画好种植沟线，原则上在每块茶园中整行排列，中间不断行。坡地茶园的茶行按等高线排列，内侧留水沟，外边留坎埂。

2. 开种植行施基肥

新茶园在种植茶苗前，要对新开垦的土地进行整理，根据种植密度统一整理成行，深挖开沟施基肥。一般以种植沟轴线为中心，沿茶行开种植沟，沟宽 50cm、深 50cm。在种植沟内施入基肥，单行条植茶园每亩施腐熟有机肥 2000~3000kg，复合肥 80kg 左右；双行条植茶园每亩施腐熟有机肥 3000~4000kg，复合肥 80~100kg。施肥后覆土，并将其平整，盖土厚 15~20cm。施基肥后间隔一段时间再种植茶苗。

3. 定植时间

确定移栽适期的依据，一是看茶树的生长动态，二是看当地的气候条件。当茶树进入休眠阶段，选择空气湿度大和土壤含水量高的时期移栽茶苗最适合。在长江流域一带的广大茶区，以晚秋或早春（10~11 月或翌年 2~3 月）为移栽茶苗的适期。

4. 定植方法

（1）拉绳开窝 根据种植规格，按规定的行窝距拉绳开好定植窝，现开现栽规范开挖定植穴（品字型），如图 1-16 所示。

图 1-16 茶园建设拉绳开窝示意图

（2）泥浆蘸根　先用心土与水按 3∶1 比例混合制作成黏性强的泥浆，然后将每小捆茶苗的茶笾逐一放在泥浆池（泥浆桶）内搅动，使根系充分蘸泥如图 1-17 所示。

图 1-17　茶苗泥浆蘸根示意图

（3）茶苗定植　定植前，应做好移栽所需的准备工作，开好种植沟，准备好茶苗，然后进行定植，茶苗要求尽量带土并勿伤根系，这样可提高成活率。

茶苗移入沟内，应保持根系的原来姿态，使根系舒展。茶苗放入沟中，边覆土边踩紧，使根与土紧密相结，不能上紧下松。待覆土至 2/3～3/4 沟深时，即浇定根水，水要浇到根部的土壤完全湿润，边栽边浇，待水渗下再覆土，填满踩紧，并高出茶苗原来入土痕迹（泥门）处 2cm 左右。覆成小沟形，以便下次浇水和蓄积雨水如图 1-18 所示。

图 1-18　茶苗移栽示意图

（六）标准化茶园幼苗期管理

1. 抗旱保苗

1~2 年生的茶苗，既怕干，又怕晒，要使其加速生长，必须抓住除草保苗、浅耕保水、适时追肥、遮阳、灌溉等相关工作。

2. 查苗补苗

秋末冬初或早春，对新植茶园进行查苗补苗，一般每丛已有 1 株茶苗成的就不必补苗，缺丛的，则每丛选用同品种同龄壮苗及时补植缺株，保证茶园全苗。一般 3 年以后不要再补苗，以免造成茶树参差不齐，严重的会造成不能成丛。

> 任务知识思考

1. 什么是标准化茶园？标准化茶园的建设标准是什么？
2. 标准化茶园规划园地选择时，要考虑哪些因素？如何科学选址？
3. 标准化茶园规划时，如何规划道路网系统？
4. 标准化茶园建设时，如何进行茶苗种植？
5. 如何进行标准化茶园初期管理？

> 任务技能训练

任务技能训练一　茶园规划建设情况调查

（一）训练目的

茶园规划是为了满足农业技术和机械化作业的要求（如机械采茶及田间机械耕作），能达到稳产、高产、优质的目的，并能有效保持水土，通过调查及学习能编制新建茶园规划建设实施方案。

（二）训练内容

对已建设好的高产优质茶园实训基地规划情况进行调查分析，判断其规划建设是否标准和科学合理。具体调查内容如下。

（1）茶树品种及比例　指该品种种植的面积及占茶园总面积的比例。

（2）茶园土壤类型　指土壤的质地及酸碱性，土壤质地指壤土、黏土或沙土；酸碱性主要看泥色及指示植物，泥色为黄色或棕黄色，茶园周围生长的作物为映山红、铁芒箕（狼箕）、杉树、油茶、马尾松等指示性植物的土壤一般为酸性。

（3）茶园覆盖率　指茶树覆盖面积与其占地面积的百分比。

（4）茶园生态环境情况　内容包括茶园防护林、地形地势、土壤、气候等。

（5）茶园规划布局情况　主要是指土地利用与建筑物的布局，防护林、区块划分与道路、水利等方面的布局。

（三）场地和工具

（1）场地　高产优质茶园实训基地。

（2）工具　卷尺、小铁铲等。

（四）方法与步骤

（1）通过考察选择规划较合理的茶园进行调查。

（2）面积、品种及种植时间方面的调查咨询茶园使用单位。

（3）其余调查指标进行实地勘测与咨询相结合。

（五）报告内容

（1）将调查相关数据及情况填入调查表（表1-13）。

（2）根据调查结果进行综合分析，撰写茶园规划建设情况调查报告。

表1-13　　　　　　　　茶园规划建设情况调查表

茶园面积/亩	茶园种植时间	种植品种			土壤类型	种植规格	茶园覆盖率	茶园道路规划	茶园水利规划	茶园生态环境情况
		品种名称	面积/亩	比例/%						

注：1亩=667m²。

（六）考核评价

试验结果按表1-14进行考核评价。

表 1-14　　　　　　　　　　茶园规划建设情况调查评价表

考核内容	要求与方法	评分标准	考核结果	考核方法
茶园规划调查地点的选择	选择调查茶园规划中具有代表性，能较为全面茶园规划的相关调查内容	1. 收集全面茶园规划的调查相关内容和数据进行评价（15分） 2. 熟练程度：简述茶园规划的基本程序（15分）		单人考核与答辩结合的方式考核
茶园规划情况调查	要求调查内容详细、准确、清晰，能全面反映茶园的整体规划情况	根据调查内容撰写茶园规划调查报告进行评价（50分）		
与调查对象的沟通表达情况	要求调查过程中，态度谦虚、有礼貌，思路清晰、语言表达流畅	根据调查过程中的沟通表达情况进行评价（10分）		
团队协作精神	要求态度端正，人人动手，分工协作	根据工作态度及团队协作情况进行评价（10分）		
总成绩				

任务技能训练二　新茶园建设土壤选择

（一）训练目的

通过观察茶园土壤颜色、质地，挖土层厚度、速测土壤酸碱度等方法，让学生掌握如何选择合适的茶园建设土壤。

（二）训练内容

（1）观察茶园土壤颜色、质地、周围植被。
（2）用 pH 试纸速测土壤酸碱度。

（三）材料和工具

材料和工具包括锄头、pH 试纸、烧杯、玻璃棒、土壤样品、蒸馏水、记录表等。

（四）训练内容与步骤

（1）观察茶园土壤周围植被、土壤颜色及质地情况并做好记录。

（2）茶园土壤 pH 快速检测。

①称取土样：（刨去表土 5cm 左右，采集深度 25cm 左右的土壤混合样）约 10g（团粒约拇指大小）于一次性塑料杯中。

②加入 25mL 纯净水，用玻璃棒搅拌 1～2min 使其均匀呈糊状，静置 30min，使土样沉淀分层（此时应避免空气中氨或挥发性酸等气体的影响）。

③取 3 片 pH 试纸放在表面皿上（或干净纸上），用玻璃棒蘸取少量土样上层溶液点在试纸上，迅速与标准比色卡对照，记录其 pH，取其平均值作为最终结果。

（五）实训报告

（1）将调查相关数据及情况填入记录表 1-15。

表 1-15 新茶园建设土壤选择记录表

组别	土壤颜色质地	土壤酸碱度（pH）	土地周边主要植被	土壤周边建筑污染情况
1				
2				
3				
4				
5				
6				

（2）根据观察及测定结果进行综合分析，判断该土壤是否适合种植茶树，写出实训报告。

（六）考核评价

试验结果按表 1-16 进行考核评价。

表 1-16 新茶园建设土壤选择评价表

考核内容	评分标准	成绩/分	考核方法
观察茶园土壤周围植被、土壤颜色及质地情况	对土壤环境条件、质地等因子观察仔细全面、判断正确（30 分）		每个考核要点根据训练情况按评分标准酌情评分
茶园土壤 pH 快速检测	土壤测试液制备方法正确，pH 测试数值正确（30 分）		

续表

考核内容	评分标准	成绩/分	考核方法
总结报告	报告内容完整，能够根据调查情况进行综合分析并提出见解（40分）		
总成绩			

任务技能训练三　茶园定植

（一）训练目的

通过训练实施，使学生实践施基肥、拉绳开窝、栽植等工作内容，使学生掌握新茶园定植技术。

（二）训练内容

（1）实训准备。

（2）茶苗定植。

（3）定植效果评价。

（三）材料和工具

（1）材料　肥料、茶苗。

（2）工具　塑料桶（盆）、皮尺、秤、锄头、绳子、推车等。

（3）实训场所　校内或校外基地。

（四）训练内容与步骤

（1）实训准备　须提前根据定植地块的面积、种植规格准备好相应数量的茶苗、肥料、工具等。

（2）整地及施肥　定植茶苗前，按照新茶园建设的要求，进行土地平整，开设好种植行，施足底肥。

（3）拉绳开窝　按照确定的种植规格，在施肥沟上面拉绳开窝。如是双行双株规格，要求双行窝与窝之间交错，呈"品"字形排列。

（4）泥浆蘸根　先用心土与水按3∶1比例混合制作成黏性强的泥浆，然后将每小捆茶苗的茶筏逐一放在泥浆池（泥浆桶）内搅动，使根系充分蘸泥。

（5）茶苗定植　茶苗规格必须一致，切勿同窝搭配大小苗。茶苗移入沟内，应保持根系的原来姿态，使根系舒展。放入沟中，边覆土边踩紧，使根与土紧密相结，不能上紧下松。待覆土至2/3～3/4沟深时，即浇定根水，水要浇到根部的土壤完全湿润，边栽边浇，待水渗下再覆土，填满踩紧，并高出茶苗原来入土痕迹（泥门）处2cm左右。

（6）定植效果评价　茶苗定植结束后，逐行随机抽取一定的苗木轻轻向上提拉，看土壤是否压实，并检查苗木是否保持直立状态等，对不符合定植要求的，重新定植，以提高茶苗成活率。

（五）训练课业

训练结束后撰写实训总结。

（六）考核评价

试验结果按表1-17进行考核评价。

表1-17　　　　　　　　　茶园定植考核评价表

考核内容	评分标准/分	成绩/分	考核方法
实训工具运用	能正确、熟练地应用各种实训工具（10分）		实操部分，根据操作情况按评分标准现场酌情评分
茶苗定植步骤	能按步骤逐步进行茶苗定植，操作方法正确、规范（40分）		
定植效果	定植质量高，符合定植要求（20分）		
实训报告	能按时、认真完成报告。内容全面且能认真分析实训过程中出现的问题（30分）		实训课业根据文字材料按评分标准现场酌情评分
总成绩			

任务二　观光茶园建设

任务目标

1. 知识目标

（1）了解观光茶园的概念、特性及分类。

（2）了解观光茶园的建设模式。

（3）了解观光茶园的设计要求。

（4）掌握观光茶园的规划与设计。

2. 能力目标

（1）会制定简单的观光茶园规划建设方案。

（2）能根据方案指导实施观光茶园建设。

任务导入

观光茶园是一种将农业、茶产业、旅游业等多种产业相结合的新型观光农业发展模式。近年来，随着社会经济的持续飞速发展，国民生活水平不断提高，在人们物质生活已得到充分满足的时候，追求精神上的愉悦便成了当今社会的发展方向，观光茶园作为茶业与旅游业相结合产生的新型产业备受青睐。发展观光茶业实现了茶业从第一、二产业向第三产业的转型，也使得茶文化得以很好地传承与发扬。因此，建设观光茶园，有助于进一步延长茶产业链条、促进茶产业与旅游产业融合发展、提升茶产业综合效益。

任务知识

知识点一 观光茶园概述

（一）观光茶园基本概念

所谓观光茶园，是指以茶叶种植和生产为基础，经过有效的整合，把茶叶生产、观光采摘、科技示范、茶文化展示、茶产品销售和休闲旅游度假融为一体的综合性生态农业观光园，是一种将农业、茶产业、旅游业等多种产业相融合的新型观光农业发展模式。

（二）观光茶园特性

观光茶园一般具有以下五个特性。

1. 生产体验性

茶叶生产是茶园的基本功能，观光茶园在传统的茶树种植与生产过程中强调可参与性，可以让人们体验茶叶种植、采摘、制作以及茶事活动，并从中获得农耕劳作的乐趣，拉近城市与自然的关系。

2. 景观观赏性

茶园的选址通常在自然条件良好的地区，茶园本身就具有一定的美感，通过规划与设计，使得茶园更有艺术观赏性，形成独特的茶园景观，为农业观光旅游提供了发展条件。

3. 休闲娱乐性

观光茶园伴随农业旅游发展而来，在茶文化体验的同时具有休闲、度假、观光、游乐、购物等的综合旅游功能。可以让游客感受田园气息，从农田生活中愉悦身心、陶冶情操，满足游客在高度城市化的现代生活中回归自然的质朴愿望。

4. 文化教育性

观光茶园让人们享受茶园景观风光之余，还感受了茶文化的魅力，是人们对于精神文明追求的体现。通过观光茶园可以学习茶知识，了解茶艺、茶道，传播与弘扬茶文化。

5. 生态可持续性

观光茶园在常规的茶叶种植以外，还重视整体生态环境氛围的营造，其生物多样性更有利于生态平衡，有助于发展绿色经济，从自然环境与社会发展上实现可持续发展。

（三）观光茶园类型

从当前观光茶园发展情况来看，观光茶园主要有体验型、科普型、生态型、综合型四种类型。

1. 体验型茶园

体验型茶园是指在园内开放成熟的茶园区、果园区、菜园区、花圃区和垂钓区，让游客在园内进行采茶、摘果、摘菜、赏花、垂钓等活动，利用游览、采摘、品茗和购买的过程满足游客的多种需求。

2. 科普型茶园

科普型茶园分为文化科普型和技术科普型两种类型。前者以传统茶文化的历史、地域性茶文化背景、茶具种类、制茶技术和工艺等方面的科普为主；后者则以展示现代农业高新科技和现代化的农业生产设施为主，如工厂化育苗、连栋温室、无土栽培和新品种培育等。

3. 生态型茶园

生态型茶园具有丰富的原始植被资源及优美的山水环境。其以茶树为核心，利用光、热、水、土、气等生态条件，科学建立和谐的生态系统。

4. 综合型茶园

综合型茶园是集生产销售、休闲度假、科普教育和观光体验等多种元素于一体的新业态。规模大，目标层次高，综合性强。

（四）观光茶园建设模式

从当前观光茶园建设模式来看，观光茶园可分为休闲观光茶庄园、养生度假茶庄园、综合性旅游观光茶园三种模式。

1. 休闲观光茶庄园模式

休闲观光茶庄园模式是指在茶庄园内修建具有地方和民俗特色的茶楼、茶社、茶馆，构建成可展示各种茶文化活动的中心场所，将茶艺展示、餐饮购物等融为一体，茶产品可以直接对游客进行销售。环境布置力求雅俗共赏，简洁古朴，要有浓郁乡土气息，形成强烈的旅游吸引力。茶园内修建漫步道，有条件的沿路修建休息区、观景亭，游客在信步漫游中观赏茶园景色，在体验丰富多彩的茶文化之余，获得另一种休闲自在的生态体验，享受回归自然的身心愉悦。

2. 养生度假茶庄园模式

养生度假茶庄园模式是指针对特殊的游客群体，突出养生度假功能，依托旅游度假区大环境优势，以生态茶园景观为绿色环境背景，充分发挥山水景观资源优势，遵循功能完善、设施齐全、层高适宜、空间适度、安全便捷、观感舒适的原则，体现"宜人怡人"及"满足需要"的双重功效，实现建筑与景观、休闲养生与文化、设施与功能的多元化组合，构建"一站式"服务区。考虑自主游、自由游是未来旅游的发展趋势，也为满足家庭和自驾游以及一些教师、学者、作家等学术、创作等度假需要，可建设一些含小型厨房、卫生间在内的经济型自助宾馆及其房间，规划设计上力求做到依自然地势，依山就水，顺其自然修建个体建筑或小群体建筑。

3. 综合性旅游观光茶园模式

综合性旅游观光茶园模式是集旅游休闲、度假养生、茶艺展示、餐饮购物等功能为一体的茶园，为游客提供休闲、娱乐、度假等旅游功能，让游客参与丰富多彩的茶礼与茶俗，体验茶文化的独特魅力，享受人与自然和谐之乐。

知识点二　观光茶园规划与设计

（一）观光茶园规划设计原则

1. 可持续发展原则

山地观光茶园在发展的过程中，其最终目标就是要可持续发展。因此，在进行规划设计的过程中，要根据经济发展需要，充分考虑顾客需求，根据不同时期的社会需要种植不同种类的茶叶，从而保证观光茶园在运行的过程中，不会因为无法满足顾客需要而导致客流量减少。

保证山地观光茶园可持续发展的首要前提是要因地制宜发展茶叶，不能违背茶树的生长环境。其次，在山地观光茶园设计时，要做到适度开发。环境的承载力是有限的，在进行开发设计的时候要考虑到环境的承载力，过度开发不但达不到期望的效果，反而适得其反，一时的经济效益导致自然环境遭受严重的破坏着实有些不值。最后，在进行山地观光茶园设计的时候，要做好近期和远期规划。在考虑近期的发展目标的同时，也要关注远期发展目标，并做出设计，为以后的发展铺平道路，从而促进观光茶园的可持续发展。

2. 生态优先原则

山地观光茶园在进行设计的过程中，要考虑生态问题，避免发展旅游业造成环境破坏和污染。在进行规划设计的过程中，要充分考虑如何设计才能将环境破坏降到最低，尽量减少游客环境造成的污染。利用清洁能源作为景区内接送游客观光车辆的燃料，重视水资源的循环利用。

3. 经济性原则

获取经济效益是山地观光茶园设计的又一个重要目标。山地观光茶园的设计除了为获得一定的生态效益之外，更多的是为了获取一定的经济效益。园区中的观光、采摘、餐饮、住宿、交通等活动，都会对园区产生一定的经济效益。园区的服务受到顾客的好评之后，顾客之间再通过口碑，吸引更多的游客来茶园观光游览，从而获取更大的经济效益，这对于园区的发展是非常重要的。

4. 景观设计原则

景观设计的好与坏，直接关系到吸引顾客的数量以及园区的经济效益。在进行园区设计的过程中，应充分把握以下原则：

（1）多样性的原则 山地观光茶园的设计不能过于古板，应该根据园区内的不同地势设计出不同风格的区域，使园区看起来不至于过于单调。在进行场所的设计时，不局限于传统的建设方式，应当别具特色，可以设计成一个场所兼具多种功能，让游客感受到别样的风格，对此产生热爱之情。

（2）整体性的原则 山地观光园区在设计时追求多样性固然重要，但是，也应该考虑设计的过程中，各园区之间的连接处应当自然、连贯、缓慢渐变，不能让游客感到突兀，要突出园区的整体性，突出园区的特色。

（二）观光茶园设计要素

观光茶园设计应因地制宜、综合考虑、统筹规划，在设计时，一般应考虑到地形、水景、植物、生产景观、人工景观、茶文化、地域文化七个方面。

1. 地形设计

观光茶园选址多处于山区、丘陵等地形较为丰富的地区。对于地形起伏较大的地形，因势而就、随势造景，可作为茶叶的生产种植区和自然山体的观赏区。对于地形起伏较小的微地形，通常可以人工改造，如台地可以营造优美的梯田景观。必要的场地需要选择平坦地形，如茶叶加工、运输的场所，集散广场等。

地形改造应尽量减少土方的调动和对周围环境的破坏，同时也要考虑场地排水的需要。

2. 水景设计

"水为茶之母",观光茶园中不能缺少水景的设计（图1-19）。

图1-19 水景设计示例

（1）人工水景 借助人工载体如井台、茶器等来呈现。

（2）自然水景 将原有水体流线做成蜿蜒曲折的形态,或引水制造高差形成动态的跌水、喷泉、瀑布等效果。

3. 植物设计

观光茶园的植物配置可以分成茶田种植区和游憩观赏区两部分来进行植物造景设计（图1-20）。

图1-20 植物设计示例

（1）茶田种植区　合理选择不同高度树种搭配进行互补种植，并按一定间距进行茶树和经济林木的套种，形成复合性茶田生态系统，适合套种的常见阔叶树种如杨梅、柿树、板栗、梨树、白花泡桐等。近年来也有利用复合种植的茶叶种植区进行家禽类养殖的案例，创造了更多的林下经济。

在茶田种植区的坡地间也可配置少量观赏性植物，如红枫、日本晚樱、碧桃、山茶、杜鹃等。

（2）游憩观赏区　多选择与茶文化主题相符合的植物。尽量做到四季有景，季季有花的景观效果。春季可以樱花类、海棠类、碧桃、迎春、玉兰为主，夏季可以芭蕉、紫薇、木槿、含笑、合欢、荷花为主，秋季可以银杏、红枫、栾树、鸡爪槭、枫香、桂花为主，冬季可以茶树观赏为主，搭配松、柏、竹、梅。

4. 生产景观的营建

生产景观的营建以成片的茶田种植为主导，与瓜果蔬菜、经济性花卉等农副产品的种植相结合。根据地形特点营造梯田景观，种植观赏性较好的油菜类、稻、茶类等，有的则利用园区种植的经济性花卉提供采摘、购买、切花、插花艺术观赏等。

5. 人工景观的营建

（1）建筑小品设计　服务性建筑如导游接待中心、餐厅、管理中心等以实用功能为主，建筑风格上与园区的整体风格相统一；茶室、茶博馆的细节上多体现茶的符号元素，来烘托园区的主题；民居建筑以表现当地传统民居的建筑特色为主，体现农家的乡土气息。

（2）景观小品设施　如亭廊、雕塑、文化墙、景墙等构筑物展示与茶有关的历史典故、故事传说、名人茶事、诗词歌赋、科学文化知识等。

（3）园路铺地设计　农业观光园中园路的主干道宽度应在5.5～8m、次干道为2.5～5m，园路为1.5～2m，最小单人通行道路应大于0.7m，主干道的坡度应控制在8%以内，次干道为13%以内，当园路坡度大于10%时，可以考虑设置台阶。此外茶园中茶叶种植生产区的生产道路宽度仅容一人通过即可，按0.3～0.6m的标准进行设计。

6. 茶文化的景观表达

茶文化的景观表达包括物质文化、制度文化、行为文化和心态文化四个方面。

物质文化是从事茶叶生产的活动方式，如采茶制茶、品茗论茶、文物古迹等，可设置茶博馆、展示厅、科普廊、文化墙、茶叶品种资源圃等。

制度文化是茶叶生产消费中产生的社会规范，如茶政、茶法、茶税等。制度文化的表达通常为茶文化历史展示的形式。

行为文化是茶叶生产消费中约定的行为模式，以茶礼、茶俗和茶艺等形式表现出来，如以茶待客、以茶示礼、以茶为媒、以茶祭祀等。可以定期举办茶文化节，展示茶风茶俗。

心态文化是应用茶叶过程中孕育出来的价值观念、审美情趣和思维方式等，代表的如茶德、茶道。观光茶园中营造幽静、怡情的环境氛围，让游客亲自去感知鉴赏。

7. 地域文化的景观表达

地域文化的景观表达是指设置一个民俗文化馆，以多媒体和实物相结合的方式来展示当地特色民俗工艺和特色的农具设备等。一般有实物展示、图片展示、高科技影像展示、景观小品、模型展示、活动表演、游客体验、参观等方式。

（三）观光茶园规划设计

观光茶园的规划设计要因地制宜、科学合理规划，在规划前期，首先，要对规划区域地理位置、地形地貌、气候特征、社会经济概况等方面进行调查分析；其次，在调查分析的基础上，针对规划区域实际情况，确定规划的理念、思路和目标，并对规划的可行性进行深入分析，制定出总体的规划内容，并按功能进行分区，对茶园景观、道路、建筑、植物配置、园林小品、茶文化、地域文化以及停车场、公厕、游客接待中心等相关基础设施建设方面进行统一规划设计，绘制出观光茶园规划设计图纸；最后，还需对规划设计内容进行工程量测算和资金预算，进行投资估算和效益分析，并制定相应的实施规划保障措施。

下面以古丈县坐苦坝生态观光茶园规划报告为例，对观光茶园的规划设计步骤及具体的规划进行详细展示说明。

1. 茶园选址

（1）地形　要求地势有起伏变化，可利用自然地形地貌沿山顺势修筑人工阶梯形平台或依据地形修建独具特色的几何图案。

（2）水体　选择有溪涧、河流、自然式瀑布、水库、鱼塘等自然水体、可改造成自然曲线的园林水景。

（3）建筑　建筑的造型和布局要与地形相结合，个体建筑、建筑群和大规模建筑群可依山傍水，层次错落进行布局。

（4）道路　宜选择道路交通相对便利的区域。

2. 环境选择

生长环境要求茶园种植区遵循"头戴帽、腰绑带、脚穿鞋"的布局，可充分利用茶园步道、机耕道，将不同品种的植物配置在一起，树木配置以不影响茶叶生长为前提，构成生动活泼的自然景观；茶园种植观光规模要在面积1000

亩（1 亩 = 667m²）以上，有多个品种、多色相种植。

3. 道路布局

（1）茶园主干道　主干道设计必须宽敞，路面应该是沥青或者是水泥路，以便游客进入观光。道路硬化，宽度 4m，两侧绿篱、绿障种植以茶树为主，品种可选择水仙、肉桂、白鸡冠、佛手等。行道树种植以具有观赏性的乔木为主，间隔 6~8m，与茶园种植的绿篱、绿障形成复层绿化带。

（2）茶园漫步道　漫步道设计要满足休闲旅游和茶叶生产需要，在茶园内部环山盘旋，宽度 1.6m，采用浆砌石台阶式布设，在道路一侧设蓄排设施，减少地表径流和冲刷力，另一侧栽植行道树，改善茶园生态环境。漫步道设计本着"以人为本，追求生态平衡，道路、人、环境相结合"的理念，按需造路，为景开路，使之成为自然气息浓郁的休闲绿道，如现已建成的武夷山市区小武夷公园漫步道。

（3）茶园生产道　茶园道路宜采用沥青或混凝土，路面宽 3m 左右，与各项水保措施进行设计，道路一侧设排水沟，采用浆砌石结构，梯形断面，道路中、下部设置大的蓄水池，方便在干旱期补充灌溉作用。道路单侧栽植行道树，种植规格 5m/株，树种同茶园绿化、美化树种一致。

4. 水景布局

布局上遵循主次分明，自成系统，水岸溪流曲折有致，做到山水相连，相互掩映，创造出各种形式的水体。同时，根据水面大小设计水体景观，有条件的还可通过对水景园的形、色、光等进行特色设计。

5. 建筑布局

观光茶园的建筑设计需要融合多种元素，如游客的需要、茶园位置、生态环境、艺术美感等。为实现这些元素的融合与协调，休闲观光茶园的建筑设计应坚持以下原则：

（1）因地制宜　根据茶园的自然条件进行建筑规划，确保对自然资源的有效利用，让茶园能够成为当地自然环境中的重要一环。

（2）生态优先　茶园应从长远发展出发，维持生态环境，保证茶园绿色健康的生产流程，为游客提供贴近自然生态的旅游体验。

（3）互动参与　在茶园中，设计者不仅要为游客提供欣赏茶园的路径，更要提供参与当地特色茶文化的机会，让游客能够在自然、幽静的环境中参与茶叶的农事生产，以及各种茶俗活动，以更好地融入到乡村旅游中来。

（4）产业发展　休闲观光茶园的建筑设计应推动茶叶生产的产业化进程，利用乡村旅游打造品牌战略，用优质茶叶提高游客的购买体验，拓宽茶叶市场，提高品牌效益，让茶叶生产进入一个良性循环。

（5）艺术特色　建筑设计应避免在艺术上的千篇一律，挖掘当地茶文化中的特色元素，以呈现出别具一格的艺术美感。

6. 园林植物造景

（1）绿篱造景 植物造景的作用直接影响园林外观，带给游人不同的感觉，造景植物以茶树为主，将茶树修剪成条块状绿篱，按特定几何图形栽植造景。构图方式根据不同地形、地貌灵活设计成条状、块状、茶（花）坛等方式。

（2）茶坛造景 按不同茶树品种的生长习性，色彩特征进行微景观雕塑设计和构图造景。

（3）园林小品 园林小品设计，可利用茶叶生产将茶叶多丛种植、修剪成不同几何图案，地势相对平坦的地区，将茶叶生长的条块形状设计成迷宫，让游客身临其境，体验游玩的乐趣。

任务知识思考

1. 观光茶园的概念是什么？
2. 观光茶园的类型及建设模式有哪些？
3. 观光茶园的设计要求有哪些？
4. 简述如何进行观光茶园的规划与设计。

任务拓展知识

观光茶园规划提纲示例：××生态观光茶园规划设计方案

1 项目概况

1.1 地理位置

1.2 地形地貌

1.3 气候特征

1.4 社会经济概况

2 规划理念与目标

2.1 规划理念

2.2 规划目标

3 规划的必要性及可行性分析

3.1 规划的必要性

3.1.1 适应生态旅游实现可持续发展的要求

3.1.2 可实现产业富民和地方经济发展共赢

3.1.3 实现农业产业化、生态、民俗文化旅游产业的突破

3.1.4 人们更加丰富的文化、生活需求

3.2 规划的可行性分析

3.2.1 符合××重大战略

3.2.2 符合××发展战略

3.2.3 具有独具特色、极具旅游开发潜力的自然资源

3.2.4 丰富的民俗文化资源极具深挖价值

3.2.5 交通条件优势明显

3.2.6 具有得天独厚的区位优势

4 规划原则及指导思想

4.1 坚持可持续发展原则

4.2 坚持独特性原则

4.3 坚持合理布局、协调发展的整体性原则

4.4 要坚持以人为本、方便游客的原则

4.5 凸显当地生态和民俗特征，彰显现代社会生活文明特质

5 生态观光茶园规划

5.1 生态观光茶园功能区规划

5.1.1 茶海石林观光区

5.1.2 采茶体验区

5.1.3 茶叶加工区

5.1.4 茶文化展览区

5.1.5 土家山寨民俗风情观光区

5.2 生态观光茶园建设规划

5.2.1 土地整治工程

5.2.2 道路工程

5.2.3 供水工程

5.2.4 茶叶栽植工程

5.2.5 茶苗培育工程

5.2.6 园林绿化工程

5.2.7 厂房及展示厅建筑工程

5.2.8 村寨民居靓化工程

5.2.9 附属配套设施工程

6 投资估算及效益分析

6.1 投资估算

6.1.1 估算范围及依据

6.1.1.1 估算范围

附表：

投资估算表（略）

附图：

1.××生态观光茶园效果图（略）

2.××生态观光茶园位置图（略）

3.××生态观光茶园布局图（略）

4.××生态观光茶园功能区划图（略）

5.××生态观光茶园基础设施规划图（略）

项目三　茶树养分管理

任务一　茶树营养诊断

任务目标

1. 知识目标

（1）了解茶树酶学营养诊断的相关知识。

（2）掌握茶树的主要营养元素与茶树生长发育的关系。

（3）掌握茶树植株外观形态诊断、茶园土壤和茶树植株的化学诊断的相关知识。

2. 能力目标

（1）会根据茶园长势进行外观形态诊断。

（2）会茶园土壤、茶树植株营养化学诊断。

（3）能根据茶园的实际情况选择茶树营养诊断方法，正确诊断的同时为企业节约成本。

任务导入

矿质营养是茶树生长发育、产量形成和品质提高的基础，矿质营养分析与诊断技术是准确施肥的前提。通过对茶树外观形态、土壤、植株养分进行营养诊断来跟踪茶树营养的亏缺与否，了解其需肥关键时期，从而指导人们适时适量地追施肥料，满足其最佳生长需要，以实现生产施肥按需进行，最终达到环保经济的目的，从而改变茶园粗放管理带来的一系列问题。

任务知识

知识点一　茶树的主要营养元素与茶树生长发育的关系

茶树一方面能够从空气和水中吸取二氧化碳和水分，在体内通过光合作用合成有机物质，另一方面也能从环境（主要是土壤）中吸取各种无机元素，在体内通过同化作用，变成自身所需要的物质。营养是生长发育和其他一切生命活动的物质基础，茶树树势、鲜叶产量、成茶品质，都与营养密切相关。构成茶树有机体的元素有 40 多种，根据茶树生长对养分需求量的多少，将必需的营养元素分为大量元素和微量元素。其在茶树体内的含量虽不尽相同，但它们在茶树生长发育过程中都各自发挥着特殊的作用，任何元素的亏缺都会影响茶树的正常生长发育，进而影响茶叶的产量和品质。

氯元素在一般植物中是必需的元素，但对茶树的生长发育尚不清楚，其需要量甚微，生产尚未发现因缺氯而造成减产的现象，而在一些地方却出现施氯造成氯害的现象。

（一）茶树主要大量元素对茶树生长发育的影响

1. 茶树大量元素的概念

在茶树体内含量较大，一般为千分之几到百分之几的元素，称为茶树大量元素，最主要的有氮、磷、钾、镁、钙、硫、铝等。它们通常直接参与组成生命的物质如蛋白质、核酸、酶、叶绿素等，并且在生物代谢过程和能量转换中发挥重要作用。其中氮、磷、钾消耗最大，常常需要通过施肥而加以补给，故称为肥料三要素。

2. 茶树主要大量元素对茶树生长发育的影响

（1）氮元素　氮是合成蛋白质和叶绿素的重要组成部分，除此之外，作为茶叶重要成分的咖啡碱，构成茶香气、滋味的氨基酸、茶单宁、酰胺等全是含氮化合物。氮素在茶树全株中占干重的 1.5%～2.5%，以叶片含量最高。正常茶树鲜叶含氮量为 4%～5%，老叶为 3%～4%，若嫩叶含氮量降到 4% 以下，成熟老叶下降到 3% 以下，则标志着氮肥严重不足。

氮元素供应充足时，茶树发芽多，新梢生长快，节间长，叶片多，叶面积大，持嫩期延长，并能抑制生殖生长，从而提高鲜叶的产量和质量。茶树缺氮时，首先生长减缓，新梢萌发轮次减少，新叶变小，对夹叶增多，随缺氮严重，叶绿素含量显著减少，叶色黄，无光泽，叶脉、叶柄逐渐显现棕色，叶质粗硬，叶片提早脱落，开花结实增多，新梢停止生长，最后全株枯萎。

施用氮肥能提高茶叶中游离氨基酸的含量，对改善绿茶的鲜爽度有良好作用。但过量施氮肥，往往会降低多酚类物质含量，对红茶品质则有不利影响，若与磷、钾肥适当配合，无论对绿茶还是红茶都可提高品质。

（2）磷元素　磷是细胞中核酸、核苷酸、核蛋白、磷脂类，以及许多辅酶的重要成分，磷元素在茶树全株中占干重的 0.3%～0.5%。茶树各器官中磷含量呈芽高于嫩叶、嫩叶高于根、根高于茎的趋势。如果茶新梢顶端的第三叶含磷量低于 0.9%，或夏、秋茶第三叶含磷量低于 0.5% 时，表明有可能缺磷。

磷元素能加强茶树生殖器官的生长和发育，主要促进花芽的分化，增加开花和结实。茶树缺磷往往在短时间内不易被发现，有时要几年后才表现出来。其症状是：新生芽叶黄瘦，节间不易伸长，老叶暗绿无光泽，进而枯黄脱落，根系呈黑褐色，叶片中花青素含量增高，颜色变紫，制成的茶叶颜色发暗，滋味苦涩，品质低劣。

茶树对土壤中的磷全年都可吸收，6~9月吸收强度较大，7、8月是吸收高峰期。地上部分处于旺盛期间，根部吸收的磷主要分配到新生器官的幼嫩组织中，而秋、冬季吸收的磷主要储存于根系中，供第二年春梢生长用。当发现茶树缺磷时，必须及时施入磷肥。此外，重点改善土壤的理化性质，提高土壤有机质含量，降低土壤对磷的固定能力，防止施入的磷肥被土壤活性铝和活性铁转化成茶树难以利用的闭蓄态磷。此外，多雨地区易缺磷。

（3）钾元素　钾在树体内呈离子状态存在，因此水溶性强。钾并不是茶树有机物的组成部分，但茶树的正常生长需要大量的钾，它是一种酶的活化剂，能催化细胞内多种酶反应。钾还能促进茶树更好地利用光能。钾素在茶树全株中占干重的0.5%~1.0%，土壤有效钾低于50mg/kg，春茶一芽二叶的含钾量低于2.0%，可诊断为茶树初期缺钾。

钾在茶树体内起着维持细胞膨压，对碳水化合物的形成、转化和储藏有积极作用，它还能补充日照不足，在弱光下促进光合同化，促进根系发育，调节水代谢，增强对冻害和病虫害的抵抗力。钾被称为品质元素，对茶叶品质的影响是多方面的，缺钾的茶树，通常生长缓慢，产量和品质下降。主要表现在植株新成熟的叶片上，而未成熟的幼龄叶片症状不明显。缺钾严重时，首先，嫩叶褪绿，逐步变成淡黄色，叶薄而小，对夹叶增多，节间缩短，叶脉及叶柄逐步变粉红色；接着老叶叶尖变黄，并逐步向基部扩大，然后叶片边缘向上或向下卷曲，叶质变脆，提早脱落。在极度缺钾的情况下，植株呈现"枯梢"现象。缺钾的鉴别性症状是近叶缘的叶脉由淡黄色变为黄褐色或褐色，引起"钾焦"。

增施钾肥对红茶、绿茶的品质均有提高，同时能提高茶树抵抗病虫和其他自然灾害的能力。树对钾的吸收全年均有，3~4月最高，以后渐有下降。

（4）镁元素　镁是茶树生长不可缺少的营养元素，是茶树叶子叶绿素的组成部分之一。茶树体内镁含量为0.07%~0.27%，其中叶片含镁量为0.1%~0.18%，茶树缺镁初期生长缓慢，产量降低，进一步发展时老叶主脉附近出现深绿色带有黄边的"V"形小区，形成"鱼骨"形缺素症。严重缺镁时茶树嫩梢黄化停止生长，渐渐失去生产能力。据报道，保证茶树正常生长的茶园土壤有效镁含量为90~100mg/kg，低于这一指标时，茶树就会出现潜在性缺镁，当含量为30~40mg/kg时，茶树就出现缺素症状。因此，把有效镁定为50~60mg/kg作为茶园施镁肥的参数。

缺镁的茶园施用镁肥可显著地提高茶叶中的儿茶素的含量，改善茶叶品质。镁肥的施用时期不同，增产效果不一样。在茶树生长前期施镁肥只增产10%，而在后期施镁肥则可以增产 42%。这可能与茶树生长前期有关，如春茶吸收根和叶片含镁量高，随着生长期延长镁含量下降茶树需要补充镁肥。

（5）钙元素　茶树体内钙的含量仅次于氮、磷和钾，一般含量达 0.5%（CaO）左右，但各器官中的含量差异极大。在地上部分，越是幼嫩组织，含钙量越少，反之，组织越老，含钙量就越多，其中叶子表现最明显。钙在茶树体内一部分结合为有机体的组成成分，大部分与有机酸结合呈钙盐析出，其中以草酸钙结晶最为常见，尤其老叶片中最丰富。钙在茶树体内的生理功能之一，就是中和代谢过程所产生的有机酸，以保证其他生理过程的顺利进行。

（6）铝元素　茶树体内铝的含量远比一般经济作物高，比同是生长在亚热带酸性土上的橘树和桑树高几十倍甚至上百倍，尤其是茶树根部含量更高。铝对一般作物是有"毒害"作用的，称之为作物的"铝毒"现象，因为过量的铝会与磷结合形成难溶性的磷酸铝，在根细胞中沉淀下来，影响其他营养元素的吸收和运输。茶树却未发现铝的毒害作用，相反，土壤中铝的含量高一点对茶树生长有一定的促进作用。据浙江农业大学对杭州茶园的调查，凡是高产茶园，无论是土壤中活性铝的含量，还是茶树中的全铝量，都要比一般茶园高。

据研究，铝不但没有阻碍茶树对磷等营养元素的吸收和运送，相反，一定数量的铝还能促进茶树根系的生长，从而加强它对主要矿质营养元素的吸收进程。关于茶园土壤中铝的营养状况与酸度关系很大，茶园需要酸性土壤的实质是因为土壤中有较高的代换性铝。据资料分析，当茶园 pH 低于 5.0 时，其阳离子代换量中代换性铝占 90% 以上，因此茶园土壤含有丰富的活性铝是一个重要特征。

茶树体内大量元素较多，最重要的元素为氮、磷、钾，被称为茶树营养三要素，与鲜叶的产量和品质极为密切，配合使用对茶叶的产量和品质的提高十分有利。

（二）茶树主要微量元素对茶树生长发育的影响

1. 茶树微量元素的概念

在茶树体内微量元素的含量很低，只有万分之几到十万分之几，茶树生长对它们需要相当少，故称为微量元素。主要微量元素有铁、锰、铜、锌、钼、硼等。

2. 茶树主要微量元素对茶树生长发育的影响

（1）铁元素　铁是茶树必需的营养元素之一，铁在茶叶中的含量较为丰富，茶树鲜叶中 Fe_2O_3 的含量为 0.01%~0.02%。茶树各部位中铁的含量一般是根>茎>成熟叶>新叶>芽。铁的主要功能是参与叶绿素的合成、光合作用与呼吸作用。此外，铁还与核酸、蛋白质的代谢有关。茶树缺铁失绿症首先在幼嫩部分表现出来。缺铁初期，顶芽淡黄，嫩叶花白色，但叶脉仍呈绿色，老叶不受影响；缺铁中期，整个新梢呈白色，叶脉也失绿；缺铁后期，嫩芽嫩叶开始枯萎，但不焦黄，缺铁影响茶叶幼嫩部分的生长发育，从而影响茶叶品质。土壤中的铁常以低价铁形态存在，对植物的有效性高。一般茶园不会缺铁。

常用的铁肥有硫酸亚铁、硫酸铁、硫酸亚铁铵、碳酸铁和螯合铁等。铁肥最常用的施用方法是喷施，一般采用 0.05%~3% 硫酸亚铁或 0.1%~0.2% 螯合铁。

（2）锰元素　茶树是典型的"聚锰"植物，其含量比一般植物高得多，一般可达 1000mg/kg。锰对茶树的生理功能主要是参与茶树光合作用和呼吸作用，促进氧化还原反应，促进多酶的活性。茶树对锰比较敏感，缺锰时表现为"立枯病"，即叶子发黄、先是刚开展的嫩叶出现失绿黄化，从叶尖扩展到叶片前半部，稍微向下弯曲，最后叶尖和边缘呈枯焦现象，嫩叶和芽生长萎缩变化明显，对茶叶品质影响较大。锰过量则会造成"锰害"，嫩叶出现焦尖、焦边，呈褐色，叶片失绿、变薄、呈黄绿色，叶脉呈绿色，叶肉出现网斑，有褐色斑点，叶绿素含量降低，幼叶受害状况最严重。

常用的锰肥有硫酸锰、氧化锰和碳化锰等，可采用土施或叶面喷施的方法。每亩土施 2.5~3.0kg，肥效约可保持 5 年，叶面喷施浓度以含 0.3~0.5mg/kg 为宜。

（3）锌元素　锌是茶树生长的重要营养元素之一，其主要生理作用是作为茶树许多酶的组成成分，参与茶树光合作用的全过程，可促使芽叶对 CO_2 的吸收和同化，参与茶树生长素（吲哚乙酸）、蛋白质的合成，促进茶叶氨基酸、儿茶素和香气物质等品质成分的形成，增强茶树根系对氮和磷的吸收，从而促进茶树萌芽及旺盛生长，增加茶树生长势。茶树缺锌时，新梢生长严重受抑制，光合作用和氮代谢受阻，成叶出现花斑，称为"花叶病"。

适用于茶树施用的锌肥有硫酸锌和氧化锌，施用方法宜采用叶面喷施。硫酸锌喷施浓度一般为 0.1%~0.5%。茶园长期施用生理酸性肥料或过量施用磷肥会导致土壤缺锌。

（4）铜元素　茶树含铜量较一般作物高，含量为 10~30mg/kg。其中，新叶的铜含量（60~100mg/kg）比老叶稍高，枝条、根系比叶片多。铜是植物体内一些氧化酶的组成成分，参与光合作用，促进氨基酸合成蛋白质。茶树缺铜主要表现在叶片失绿而成黄色或深黄色，初期叶间出现黄色斑块，进而扩大至全叶，缺铜严重时全株大量落叶，新叶生长缓慢，叶薄色浅。砂质茶园和长期施铵的茶园容易缺铜。

常用的铜肥是硫酸铜（含铜 25%）。铜肥可以土施和喷施，但多采用叶面喷施。喷施浓度一般为 0.02%~0.05%，约需 $2kg/hm^2$ 硫酸铜。

（5）钼元素　茶树对钼的需求量不多，钼是硝酸还原酶的组成成分，与氮元素吸收和蛋白质合成有关，对维生素 C 的生成也有关系。钼元素能促进茶树体内硝酸的还原和含氨物质的合成，也与叶绿素含量有关。有试验表明，缺钼时，茶叶的叶绿素含量减少，氮代谢和氨基酸形成受阻，叶绿素和脂型儿茶素含量降低。

常用的钼肥有钼酸铵、钼酸钠、钼酸钙和三氧化钼等，叶面喷施钼酸铵的浓度一般为 0.05% ~ 0.10%。茶树施用钼肥后，茶叶中的茶氨酸含量显著增加，丝氨酸和天门冬氨酸的含量也有所提高。

知识点二 茶树营养诊断法

植物营养诊断技术是指导施肥的重要技术手段，目前常用的诊断方法有植物外观（目测）诊断法、土壤分析诊断法、植株化学诊断法（生理生化分析诊断法）酶学诊断法等。各种方法各有利弊，实际生产中必须结合具体情况，综合应用几种诊断方法，才可得出正确的诊断结果。

（一）茶树植株外观形态诊断技术

各种类型的营养失调症，一般在植物的外观上有所表现，如缺营养素植物的叶片失绿黄化，或呈暗绿色、暗褐色，或叶脉间失绿，或出现坏死斑，果实的色泽、形状等异常等。因此，生产中可利用植株的特定症状、长势长相及叶色等外观特性进行营养诊断。

植株外观形态诊断法的优点是直观、简单、方便，不需要专门的测试知识和样品的处理分析，可以在田间立即做出较明确的诊断，给出施肥指导，所以在生产中普遍应用，这是目前我国大多数农民习惯采用的方法。但是这种方法只能等植物表现出明显症状后才能进行诊断，因而不能进行预防性诊断，起不到主动预防的作用，且由于此种诊断需要丰富的经验积累，又易与机械及物理损伤相混淆，特别是当几种元素缺乏造成相似症状的情况下，更难做出正确的判断。再加上茶树的外观形态还受到土壤、气候和病害等因子的影响，如叶片失绿既可能是缺营养素的症状表现，也可能是由于土壤水分过多或气温低等所造成，所以在实际应用中有很大的局限性和延后性。

为检验茶树植株形态营养诊断的准确程度，还可采用缺素补给法进行辅助诊断，即当发现某种症状时，可采用喷施、涂抹、注射和叶脉浸渍等补给方法，使植株获得引起生理障碍的元素后，观察植株形态特征的变化。若障碍症状消逝，可能是缺乏该种元素，而若障碍症状加重，则可能是由其他原因所引起的。

（二）茶园土壤和茶树植株的化学诊断技术

1. 茶园土壤化学诊断

（1）茶园土壤养分状况评价标准 国内外相关学者对土壤的养分及肥力状

况作了大量的研究工作，张小琴、孙云南等对茶园土壤养分进行调查分析并根据 NY/391—2000《国家绿色食品产地环境质量标准》提出划分茶园土壤肥力的三级标准，比如茶园土壤三要素标准（表 1-18）、部分微量元素指标（表 1-19），韩文炎、阮建云等通过研究茶园土壤主要营养障碍因子，提出优质高效高产茶园土壤养分诊断指标（表 1-20，表 1-21）。

表 1-18　　　　　　　　茶园土壤肥力分级标准（三要素）

分级	有机质/%	全氮/（g/kg）	有效磷/（mg/kg）	速效钾/（mg/kg）	备注
I	>1.5	>1.0	>10.0	>120.0	优良
II	1.0~1.5	0.8~1.0	5.0~10.0	80.0~120.0	尚可
III	<1.0	<0.8	<5.0	<80.0	较差

表 1-19　茶园土壤有效硼、有效铁、有效铜含量分级标准（微量元素）

分级	有效硼/（mg/kg）	有效铁/（mg/kg）	有效铜/（mg/kg）	备注
I	>1.0	>10.0	>2.0	丰富
II	0.5~1.0	4.5~10.0	1.0~2.0	中等
III	<0.5	<4.5	<1.0	缺乏

表 1-20　　　　　　优质高效高产茶园土壤营养诊断指标

项目	有机质/%	全氮/（g/kg）	有效磷/（mg/kg）	速效钾/（mg/kg）	pH
指标	≥2.0	≥1.2	≥20.0	≥100.0	4.5~5.5

表 1-21　优质高效高产茶园土壤有效硼、有效铁、有效铜含量指标

项目	有效硼/（mg/kg）	有效铁/（mg/kg）	有效铜/（mg/kg）
指标	>0.5	>4.5	>1.0

（2）茶园土壤营养诊断方法　茶园土壤化学诊断是了解某一时期内养分的动态变化及供肥水平的方法之一，是用化学测定法分析茶园土壤中有机质、全氮、有效磷、速效钾等大量元素和有效铁、有效硼、有效铜等微量元素的养分含量，然后与经验或者拟定的标准（茶园土壤养分状况评价标准）进行比较，以诊断营养元素的丰缺，亦可分别测定正常植株与异常植株所生长的土壤中的养分含量进行比较判断。具体诊断方法如下：

①诊断单元的划分：同一个茶树品种，相同树龄、管理制度，相似的地理条件为一个诊断单元。每个区域的土壤状况应该是基本一致的，每个区域的面积可根据实际情况确定，土壤均匀性较差时，面积可适当增大，反之，面积可

以减小。根据测土配方施肥的技术标准，平均每个采样单元为 100~200 亩（平原区每 100~500 亩采一个混合样，丘陵区每 30~80 亩采一个混合样）。为便于田间示范追踪和施肥分区需要，采样集中在位于每个诊断单元相对中心位置的典型地块，面积为 1~10 亩（一亩为 667m^2）。

②土壤采样点数目与分布：在所划分的区域内，每个区域取一个混合样品。从每个区域内正确选择 15~20 个点，用土钻或土铲从每个样点取同量的土混合均匀。如若选点不当或区域划分不合理，所取的土壤混合样品代表性差，根据土壤样品测试结果所推荐的施肥量也不正确。要求土壤样点分布均匀，不可集中，避免在地边、路旁、沟旁、堆肥点、施肥点等地方设置样点。样点的数目根据区域的面积大小确定，但最少不能低于 10 个点；面积大于 40 亩的，要设 20 个点以上，取样区域的面积最大不宜超过 50 亩，否则土壤样品的代表性较差（一亩为 667m^2）。

③采样点布置方式：采样时应沿着一定的线路，按照"随机""等量"和"多点混合"的原则进行采样，要避开路边、田埂、沟边、肥堆等特殊部位。采样点的布置方式可分为三种，一种是对角线式，适用于面积小、正方形的地块，5 个采样点即可；一种是棋盘式，适合面积较大、地形平坦、土壤肥力差异较小的茶园；"S"形适用于地形复杂、地势不平坦、土壤肥力不均匀的长条形地块茶园，由于茶园多处于高山丘陵地区，最好采用"S"形布点采样。具体示意图如图 1-21 所示。

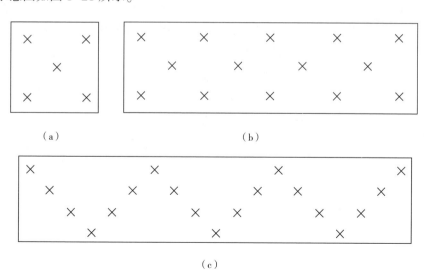

（a）　　　　　　　　　（b）

（c）

图 1-21　采样点布置方式

（a）对角线式　（b）棋盘式　（c）"S"形式

④样品采集时间与周期：样品采集时间一般是春茶、夏茶、秋茶采摘期进行。同一采样单元，无机氮每季或每年采集 1 次，进行茶树氮营养快速诊断；土壤有效磷、速效钾 2~3 年，中、微量元素 3~5 年，采集 1 次。

⑤采样方式：土壤样品采集的深度一般根据茶树根系在土壤中分布的深度进行取样。幼龄茶园，根系主要分布在 0~20cm 以内，因此采样深度一般以 0~20cm 为宜；茶树在青壮年时期，大部分根系集中在 20~30cm 土深处，因此土壤样品的采集深度可适当加深，在 0~40cm 以内即可。取样点建议设在离根茎30~35cm 处，在已确定的采样点，清除土壤表面枯枝落叶，最好采用土钻取样，因为土钻的直径是固定的，只要各点取土深度一致，所取的土样体积基本相同。有些丘陵地区的茶园土壤砂石含量较高，因此用土钻取样有一定难度，可采用土铲取样，首先在确定的位点上挖一个"V"字形的坑，坑的深度与规定的采样深度一致，注意同一区域内所有采样点坑的深度是一致的，然后用小土铲倾斜向下切去一片土壤样品，用取样刀取中间 5~10cm 宽，自下而上 40cm 的长条，即为一个采样点的土样，每个采样点切下的土样厚度、宽度和长度都应基本一致，然后把采集各点的土样充分混匀，反复按四分对角取舍的方法，保留约 1kg 土壤样品。注意测定微量元素的土壤样品必须用不锈钢取土器采样。样品采集后，用四分法将过多的样品弃去，保留的土壤样品放入通气性较好的化纤袋中，以保证土壤样品不会发霉。同时填写"采样标签"和"土样登记表"。"采样标签"一式两份，袋内外各一份。登记时必须用铅笔填写，不要采用圆珠笔或钢笔填写，以免标签在遇水时会字迹模糊，不易辨认。"土样登记表"包括茶园地点、代表农户姓名、代表土壤面积、土壤类型、茶树品种及产量、茶园类型、种植年限、地理位置、海拔、采样人姓名、采样日期等相关信息。

土壤采样标签

采样编号：_____ 邮政编码：_____

采样时间：_____年_____月_____日_____时

采样地点：_____省_____市_____县_____乡（镇）_____村（组），农户

名：_____

地块在村的（中部、东部、南部、西部、北部、东南、西南、东北、西北）_____米

采样深度：_____厘米

该土样由_____点混合而成

经度：_____度_____分_____秒

纬度：_____度_____分_____秒

采样人：_____联系电话：_____

注：土壤采样标签的填写要求参照测土配方施肥技术规范。

⑥样品的处理与保存：从野外采回的土壤样品要及时放在样品盘上，摊成薄薄的一层，置于干净整洁的室内通风处自然风干，严禁暴晒，并注意防止酸、碱等气体及灰尘的污染。风干过程中要经常翻动土样并将大土块捏碎以加速干燥，同时去除土壤以外的枯枝落叶、作物根系、石块等其他杂物。将风干后的样品平铺在制样板上，用木棍或塑料棍碾压，并将植物残体、石块等侵入体和新生体剔除干净，细小已断的植物须根，可采用静电吸附的方法清除。压碎的土样要全部通过2mm孔径筛。未过筛的土粒必须重新碾压过筛，直至全部样品通过2mm孔径筛为止。过2mm孔径筛的土样可供pH、盐分、交换性能及有效养分项目的测定。将通过2mm孔径筛的土样用四分法取出一部分继续碾磨，使之全部通过0.25mm孔径筛，供有机质、全氮、碳酸钙等项目的测定。用于微量元素分析的土样，要特别注意在处理的过程中不要接触金属制品。某些土壤的成分如二价铁、硝态氮、铵态氮等在风干过程中会发生显著变化，必须用新鲜样品进行分析。为了能真实地反映土壤在田间自然状态下的某些理化性状，新鲜样品要及时送回室内进行处理分析，用粗玻璃棒或塑料棒将样品混匀后迅速称样测定。

新鲜样品一般不宜储存，如需要暂时储存，可将新鲜样品装入塑料袋，扎紧袋口，放在冰箱冷藏室或进行速冻保存。制备好的风干样品要妥为储存，避免日晒、高温、潮湿和酸碱等气体的污染。全部分析工作结束，分析数据核实无误后，试样一般还要保存三个月至一年，以备查询。少数有价值的样品，如需长期保存可放入带有螺纹盖的玻璃瓶中保存，用蜡封好瓶口。

⑦样品的化学检测与分析：有条件的企业采用土壤养分速测仪测量土壤肥力，无条件的企业送科研院所检测，将检测结果与对照指标进行比对分析，从而诊断土壤养分的丰缺。

2. 茶树植株营养化学诊断技术

（1）茶树植株主要营养化学诊断指标　茶树植株主要营养化学诊断指标，因受气候、地形、地势、品种特性的影响，目前国内尚无统一的标准，主要是与正常生长的茶树植株养分状况作比较，或者参考专家研究的成果，比如，有关专家研究认为茶树若嫩叶含氮量降到4%以下，成熟老叶下降到3%以下，可诊断为缺氮；茶新梢顶端的第三叶含磷量低于0.9%，或夏、秋茶第三叶含磷量低于0.5%时，表明有可能缺磷；土壤有效钾低于50mg/kg，春茶一芽二叶的含钾量低于2.0%，可诊断为茶树初期缺钾。个别地方根据本省的土地养分条件、品种特性等制定了地方叶片营养诊断指标，见表1-22。

表 1-22　　　　　　　　山东省主要茶树品种叶片营养诊断指标

元素种类	叶片养分含量/%			元素间比值（正常值）
	缺乏	正常值	丰富	
N	<1.89	1.89~3.23	>3.23	
P	<0.18	0.18~0.26	>0.26	
K	<0.67	0.67~0.90	>0.90	
Ca	<0.55	0.55~2.01	>2.01	N∶P=10.5~14.2
Mg	<0.14	0.14~0.57	>0.57	N∶K=2.8~3.6
S	<0.67	0.67~1.04	>1.04	K∶P=3.7~3.9
Mn	<0.13	0.13~0.38	>0.38	
Zn	<0.006	0.006~0.019	>0.019	
Fe	<0.001	0.001~0.007	>0.007	

叶片养分含量以"%"表示的均为质量分数。

（2）茶树植株营养化学诊断方法　茶树植株营养化学诊断是根据在规定时间对茶树指示器官（或部位）的营养元素含量进行化学分析，与营养条件最适茶树进行对照，确定缺素内容，一般主要是分析芽或叶片的养分含量，进行比较，以诊断营养元素的丰缺。植株养分化学分析结果对判断养分的丰缺具有更直接、更可靠的意义。具体诊断步骤体现在以下几个方面。

①诊断单元的划分：以土壤类型、茶树品种、树龄、生长状况、施肥管理和采摘制度等基本相同的茶园作为一个诊断单元。一个诊断单元的适宜面积为 1~2hm^2，其面积大小取决于茶树品种、土壤类型的均一程度和工作量的大小。一个基层管理单位（例如茶场或合作社）的茶园划分为若干个诊断单元。其步骤是：划分出不同的土壤类型；在相同的土壤类型上，划分出不同品种的茶树；在相同品种的茶树里，划分出不同树龄段的茶树；再依据同一树龄段内茶树的生长状况、施肥管理和采摘制度是否一致，如果不一致的则将茶树分别划分。

②采样时间：根据不同季节茶树养分吸收规律，采用"茶树叶片营养三段诊断模式"，即第一段为秋季全营养诊断阶段；第二阶段为春茶末夏茶初；第三阶段为夏茶末至秋茶初。在天气晴朗的上午 8~11 时采集样品。雨天或强风影响后不宜采样。

③采样路线：采样路线依地形而定，在平地或坡度小于 30% 的地方，采用"S"形或"V"形采样路线，也可用"X"形采样路线；在坡度大于 30% 的或修梯田的茶园，在上、中、下的茶行中分别按上述方法采样。采用随机取样的

方法，在一个诊断单元内选择 5~6 株生长正常的茶树作为采样树。旱涝树、冻害树、病害树、边行树均不宜作为采样树。采集茶树当年生新梢上的成熟叶片（顶端当年生新梢第 3 叶）。在每行茶蓬的两侧及中间各采集成熟叶片 4~5 片，合在一起，作为该诊断单元的分析样品。

④标签和送样：每个样品采集完毕后，应立即放入样品袋中，并做好标签。标签内容包括样本编号、采集地点、日期、茶树品种、定植时间和采样人姓名等。应于当天将样品送到实验室处理，并避免样品受到污染。

⑤样品化学检测与分析：样品按要求处理好之后，大部分茶企不具备分析条件，基本上是将样品送到有检测设备的科研院所进行检测，并将检测结果进行比对分析。如果某一养分含量低于正常指标（对照），表明该诊断单元的茶树亏缺该养分，修正的方法是在原施肥种类和施肥量的基础上，增施含有该养分的肥料；某一养分含量在正常指标范围内（与对照比），表明该诊断单元的茶树该养分含量正常，继续按原来该养分的施用量进行施肥；某一养分含量高于正常指标，表明该诊断单元的茶树该养分丰富或过剩，可能存在下面两种情况：

如果茶树的立地土壤中该养分含量丰富（高于正常值指标）或叶片中该养分与其他养分的比值高于正常值，可不施含有该养分的肥料，但需施用含其他养分的肥料来调节，如氮过高时要增施钾肥，磷过高时要增施氮肥，钾过高时要增施氮肥和镁肥，钙、镁过高时要增施钾肥；

如果茶树的立地土壤中该养分含量不高或叶片中该养分与其他养分的比值在正常范围内，且茶树也施用了一定量的含该养分的肥料，则应减少施用含该养分的肥料。

（三）茶树酶学诊断

许多营养元素，尤其是微量元素，是酶的组成成分或活化剂，若缺少某种元素，那么与该元素关系密切的酶的数量和活性等就会发生变化，所以可根据最敏感的酶的变化来诊断植株的营养状况，判断某元素的丰缺。酶学诊断灵敏度高，并且酶的变化远早于植株的外部形态的变化。酶学诊断有利于缺素症的早期诊断或潜性缺乏的诊断。一般情况下，植株缺乏氮时，磷酸还原酶和谷氨酸脱氢酶的活性降低。缺磷时，中性及酸性磷酸酯酶活性提高。缺铜时，多酚氧化酶的活性提高。缺铁时，会使过氧化物酶的活性降低；当缺锌时，碳酸酐酶活性会降低，而当柠檬酸脱氢酶活性降低时，则意味着缺锰。但由于酶学诊断技术条件要求高且严格，使其在实际中应用受到限制，一般情况下大生产中应用较少。

任务知识思考

1. 茶树营养三要素：氮、磷、钾对茶树的生理作用主要体现在哪些方面？缺乏时，茶树常表现的症状是什么？

2. 镁对茶树主要的生理作用有哪些？缺乏时，茶树常表现的症状是什么？

任务技能训练

任务技能训练一　茶树植株外观形态营养诊断

（一）训练目的

让学生通过观察茶树长势、叶片颜色、特定症状、植株高矮等外观特性，利用"茶树主要营养元素与茶树生长发育关系"的相关知识进行茶树植株外观形态营养诊断，学会理论联系实际，能够运用所学的相关知识，根据茶树具体的外观形态正确诊断其营养状况。

（二）训练内容

利用茶树植株外观形态营养诊断方法诊断茶园养分丰缺情况

（三）场地与工具

（1）场地　一片长势良好的茶园、一片长势有问题的茶园。

（2）工具　尺子、记录本、笔、橡皮擦等。

（四）训练方法与步骤

（1）选点与布点　开展实训前1~2天，老师带领1~2名学生（学习委员、班长）前往离学校较近的生产茶园进行选点与布点，并和茶园管理人员取得联系，聘请其为实训临时兼职老师，给学生介绍茶园的基本情况。有条件的学校最好能选择不同类型的茶园2~3片，增加训练素材。

（2）划分训练小组　每组学生3~5人，分组的目的在于同学们有一个相互讨论的过程，相当于会诊，可以提高结论的准确性及客观性。

（3）开展茶树植株外观形态营养诊断

①调查拟诊断茶园基本情况：开展茶树营养诊断前，需向企业管理人员了解茶树品种名称（用于查阅品种特征，如叶色、叶肉厚度、叶片大小、植株高矮、需肥特点等）、施肥情况（比如施什么品种的肥料、施肥量、施肥方法

等）、茶园管护情况（比如病虫发生危害情况、防治情况、水分情况、耕作除草情况等方面）等方面的资料，为后面形态诊断做参考。

②观察拟诊断茶园长势情况：根据提前选好的点，仔细查看茶树植株叶色、叶肉、品相，根系、树势等，并做详细记录。

③综合诊断茶园的营养状况：结合茶树品种特征，茶园管护情况、茶树形态目测情况进行综合分析，确定茶园养分的丰缺。

（五）训练课业

编写植株外观形态营养诊断茶园营养诊断报告。编写提示：结合诊断环节所取得的数据，分析编写茶园营养诊断报告。具体内容包括诊断茶园基本情况（品种、面积、地形、地势、管理情况）、茶园形态诊断情况（植株叶色、叶肉、品相，根系、树势等）、茶园诊断结果分析（主要养分丰缺情况、可能存在的原因等）、收获与体会等。

（六）考核评价

试验结果按表1-23进行考核评价。

表1-23　　　　　茶树植株外观形态营养诊断训练考核评价表

考核内容	评分标准	成绩/分	考核方法
调查拟诊断茶园基本情况	调查全面、细致、正确（20分）		每个考核要点根据训练情况按评分标准酌情评分
观察拟诊断茶园长势情况	观察全面、细致、正确（40分）		
编写茶树植株外观形态营养诊断报告	综合诊断分析结果正确、报告完整、全面、分析透彻（40分）		
总成绩			

任务技能训练二　茶园土壤农化样品采集与制备

（一）训练目的

茶园土壤农化样品的采集与制备，是茶园土壤分析工作的重要环节。土壤样品采集与制备过程中，必须重视样品的代表性。通过实训，学生应掌握茶园土壤农化样品采集的原则，耕层土壤混合样品的采集和制备方法，为土壤各项分析工作奠定基础。

（二）训练内容

训练内容为耕作层土壤混合样品的采集与制备。

（三）场地与工具

（1）场地　茶园。

（2）工具　布袋或塑料袋（能盛装 1~2kg 土样）、标签、土壤筛（2mm、1mm、0.15mm）、广口瓶（500mL、250mL）、小铁铲、圆木棍、牛角勺、铅笔、卷尺、研钵、盛土盘等。

（四）训练方法与步骤

（1）划分训练小组　每组学生 3~5 人，分组的目的在于使同学们有一个相互讨论学习的过程。

（2）选点与布点　应根据不同的土壤类型、地形、前茬以及肥力状况，分别选择典型地块，以减少土壤差异，提高样品的代表性。

①布点原则：耕层混合样品的采集必须按照一定的采集样品的路线和"随机、多点、均匀"的原则进行。

②布点形式：以"S"形较好，只有在地块面积小、地形平坦、肥力比较均匀的情况下，才采用对角线或棋盘式采样。一般可根据采样区域大小和土壤肥力差异情况确定布点形式。

（3）采集土样　每个土壤样品由 8~10 个样点的土壤组成混合样，每个样点按照行间位置取 3 个土钻：行中间位置（0~10cm 宽度内随机选择）、偏中位置（离行间中线 10~30cm 范围随机选择）和靠茶行位置（离行间中线 30~60cm 范围随机选择）；取样深度 40cm（分二次取，第一次到 20cm 深度，第二次接着到 40cm），各样点、深度所取土壤混合。

（4）缩分土样　将采集的各点样品集中起来，混合均匀。每个混合样品的质量，一般 1kg 左右即够。土样过多时，可将全部土样放在盘子或塑料布上，用手捏碎混匀后，再用四分法将多余的土弃去，直至达到所需数量为止。采好的土样可装入布袋或塑料袋中，应立即用铅笔书写标签一式两份放在袋口内、外，并做详细记录。

（5）土壤样品的制备

①风干：田间采回的土样，应立即捏成碎块，剔除侵入体和新生体后，在阴凉、通风、干燥的室内进行阴干。要严禁暴晒或受到酸碱等气体及灰尘的污染。

②磨细过筛：将风干后的土样用粉碎机粉碎或者平铺在木板上或塑料板

上，用木棍或塑料棍碾碎，边磨边筛，直到全部通过 1mm 筛为止。可用以测定速效性养分、pH 等。测定全磷、全氮和有机质含量时，可将通过 1mm 筛的土壤样品，进一步研磨，使其全部通过 60 号筛（孔径 0.25mm）。测定全钾时，应将全部通过 100 号筛（孔径 0.149mm）。

③装瓶保存：过筛后的土样经充分混匀后，应装入具磨口的广口瓶或塑料瓶中，样品装瓶后，填写标签一式 2 份，写明土样编号、采样地点、土壤名称、采样日期、深度、采样人、筛号等。一份放入瓶内，一份贴在瓶外。并详细记录，用石蜡涂封。制备好的土样应避免阳光、高温、潮湿或酸、碱气体的影响与污染。土样至少要保存一年。

（五）训练课业

编写实训报告。编写提示：根据土壤采集与制备的实训操作过程，总结关键技术要点、注意事项、收获及体会等。

（六）考核评价

试验结果按表 1-24 进行考核评价。

表 1-24 　　　　　　　茶园土壤农化样品采集与制备考核评价表

考核内容	评分标准	成绩/分	考核方法
选点与布点	根据选点与布点要求完成情况进行评分（30 分）		每个考核要点根据训练情况按评分标准酌情评分
土样采集	根据取样要求的完成情况进行评分（30 分）		
土壤样品的制备	按土壤分析样的制作要求，根据完成情况进行评分（30 分）		
实训报告	总结全面、重点突出（10 分）		
总成绩			

任务二　茶园施肥管理

【任务目标】

1. 知识目标

（1）了解茶园主要肥料的种类及特点。

（2）掌握不同标准茶园肥料的选择原则。

（3）掌握茶园合理施肥的相关知识。

2. 能力目标

（1）能根据不同标准茶园制订施肥计划。

（2）会合理施肥。

（任务导入）

茶树是我国重要的经济作物之一，合理施肥是保证茶叶高产优质的重要措施，受茶树品种、采摘模式、栽培水平的影响，我国不同地区茶园间施肥量存在较大的差异。学习茶园施肥管理相关知识，进行合理施肥，对实现我国茶园化肥减施增效、促进茶产业可持续发展具有重要意义。

（任务知识）

知识点一　茶园主要肥料的种类及特点

（一）有机肥的种类及特点

有机肥料是农业生产的重要肥源，也是农业、畜牧业生产的副产物，农业、畜牧业发展程度越高，有机肥资源就越丰富。据调查，目前使用的有机肥料就有 14 类 100 多种。常用的主要有以下几类。

1. 动物粪肥

粪肥中含有丰富的有机质和作物所需要的各种营养元素，对增加作物产量和提高土壤肥力具有良好的作用，一直以来都被广泛应用于农业生产中。但是近年来粪肥不合理的施用现象也明显增多，粪肥用错了地，不仅起不到好的效果，还会适得其反，所以必须了解粪肥的特点，下面主要介绍常见的畜禽粪肥，如猪粪、牛粪、马粪、羊粪、禽粪。

（1）粪肥的种类及特点

①猪粪：含有机质 15%、氮 0.5%、磷 0.5%~0.6%、钾 0.35%~0.45%。猪粪的质地较细，成分较复杂，含蛋白质、脂肪类、有机酸、纤维素、半纤维素以及无机盐等。因含氮素较多，故碳氮比例较小，约为 14∶1，一般容易被微生物分解，释放出可以被作物吸收利用的养分。猪粪腐殖质含量最高，阳离子代换量最大，保肥力最强，但含水量较多，纤维素分解菌较少，混合少量马粪施用，以接种纤维素分解菌，能够大大增加肥效。

②牛粪：含有机质 14.5%、氮 0.30%~0.45%、磷 0.15%~0.25%、钾 0.10%~0.15%。有机质和养分含量在各种家畜中较低，质地细密，含水较多，分解慢，发热量低，属迟效性肥料。牛粪中由于含水量较高，通气性较差，有机质部分较难分解，是冷性肥料。

③马粪：含有机质 21%、氮 0.4%~0.5%、磷 0.2%~0.3%、钾 0.35%~0.45%。马粪成分中以纤维素、半纤维素含量较多，此外，还含有木质素、蛋白质、脂肪类、有机酸及多种无机盐类。马粪中水分易于蒸发，同时含有较多的纤维分解菌，是热性肥料，施用马粪可以改善黏土的性质。

④羊粪：含有机质 24%~27%、氮 0.7%~0.8%、磷 0.45%~0.6%、钾 0.4%~0.5%。羊粪含有机质比其他畜粪多，粪质较细，肥质浓厚。羊粪发热介于马粪与牛粪之间，也属热性肥料，也被称为温性肥料，在砂质土和黏质土上施用，效果好。

⑤禽粪：含有机质 25.5%、氮 1.63%、磷 1.54%、钾 0.85%、碳水化合物 11%、纤维 7%，新鲜禽粪含水量较高。禽粪（鸡粪、鸭粪、鹅粪、鸽粪等）中氮素以尿酸态为主，尿酸不能直接被作物吸收利用，而且对作物根系生长有害，同时，新鲜禽粪容易招引地下害虫。

（2）粪肥的使用方法　粪肥既有优点，也有缺点，需合理施用。

优点：所含的养分比较全面，肥效稳定而持久。不但含有各种大量元素和中、微量营养元素，而且含有一些能刺激根系生长的物质以及各种有益土壤的微生物。粪肥含有丰富的腐殖酸，能改善土壤结构，促进土壤团粒结构的形成，使土壤变得松软，改善土壤水分和空气条件，利于根系生长；增加土壤保肥保水性能；提高地温，促进土壤中有益微生物的活动和繁殖等。粪肥有热性、温性和凉性之分，具有调节土壤温度的功效。

缺点：未腐熟粪肥，特别是禽粪含盐分较重、易使土壤盐化，升高土壤盐浓度，严重时会导致种子不发芽、烧苗、烧根。还会产生有害气体，毒害植物。禽畜粪便中较多病菌、虫卵、杂草种子等，不经高温发酵，很容易给植物带来不良影响，同时还易引起病虫害。部分粪肥由于来源问题，可能微量元素含量超标，甚至是含有重金属、抗生素等，会毒害植物，影响农产品安全。粪肥因杂质较多，纯度偏差极大，含量极不稳定，单一施用时无法保证施用养分含量及效果。那么粪肥究竟该怎么用呢？

一是粪肥使用要彻底腐熟。粪肥腐熟后分解快，有利于植物吸收，同时在60~70℃的高温厌氧环境下，有害虫卵、杂草种子大部分会死亡。粪肥的腐熟目前有三种常用方法：①结合高温闷棚进行粪肥腐熟。夏季棚室休闲期长，可结合高温闷棚进行粪肥腐熟，腐熟发酵的过程也是改良土壤的过程。在发酵腐熟过程中，土壤中的微生物非常活跃，能够促进土壤团粒结构的形成；②棚外堆闷。有足够的时间可以自然堆沤发酵，而时间较短时可以在堆闷腐熟时使用生物腐熟剂；③使用菌剂快速发酵。常用的有 ETS 菌群等，能缩短发酵腐熟时间。

二是根据不同土质选择不同粪肥。有些大棚土壤沙性大，漏水漏肥的情况严重，因此粪肥应选择纯鸡粪或纯猪粪，这种粪肥纯度较高，养分含量也高，因为粪质比较黏重，对漏肥漏水的沙土地有良好的改良作用。黏性土应施用有机质含量高而矿质元素含量少的粪肥，如羊粪、牛粪，或者是含有沙子、稻壳、秸秆的鸡粪、猪粪等，能够改善黏性土壤的物理性状，提高其透水透气能力。这样的粪肥也非常适合改良土壤盐渍化板结较为严重的棚室土壤。

三是粪肥使用后要深翻。大量的粪肥集中在地表 10~15cm 的土壤当中，虽然与土壤进行了混合，但粪肥仍然比较集中，即使已经腐熟的粪肥，在用量如此之大、翻耕深度较浅的情况下，也会影响根系生长。所以施用粪肥以后应进行深翻，一般翻耕深度要超过 30cm。

四是注意配合使用。粪肥中虽然含有的养分全面，但是总量达不到作物的吸收利用量，所以粪肥与化学肥料配合使用可以降低化学肥料残留对土壤造成的影响，同时保证化学肥料中的养分能够及时被作物吸收利用。粪肥与生物菌肥配合使用可以加快粪肥的分解，加快土壤改良的速率。粪肥中的物质可促进生物菌的繁殖，巩固有益菌对根系产生的保护和促生效果。

2. 堆沤肥

（1）堆肥　堆肥是用各种作物秸秆、垃圾、泥炭、绿肥、山表、草皮等有机物与人畜粪尿共同堆积腐熟而成的一种有机肥料。堆肥的养分含量，与所用材料、用量和堆积方法有密切关系。一般堆肥含有机质 15%~25%，氮（N）0.4%~0.5%，磷（P_2O_5）0.18%~0.26%。钾（K_2O）0.45%~0.70%，碳氮比（C/N）16~20。高温堆肥有机质 24%~42%，氮（N）1.1%~2.0%，磷（P_2O_5）0.30%~0.82%，钾（K_2O）0.50%~2.53%，碳氮比（C/N）9.7~10.7。

堆肥制作方法如下：

①材料的配合：秸秆 100 份、马粪 10~20 份、人粪尿 10~20 份、石灰 2 份、水适量。

②堆积方法：有半坑堆积和平地堆积两种。半坑堆积指挖一个圆形坑，深 1m，直径约 2m，坑口比坑底略大，坑底挖一个十字形通气沟，沟深、宽约 18cm。堆时先用玉米秆、油菜秆或树枝斜铺在通气沟上，秸秆沿坑壁伸出场面，坑壁上的通气沟也要铺好，以免堆肥时堵塞通气沟，然后在坑底铺一层经切碎和浸泡的秸秆或鲜嫩茎叶，厚约 60cm，再把人粪尿混合，泼一层在堆积材料上，并撒上一些石灰，以后每加秸秆 30~40cm 厚，照样泼一层人粪尿和撒一些石灰，直堆到超出坑面 1m 左右，危重淋一定量的水，一般堆内水分占原材料湿生的 50% 左右，最后盖上 5cm 厚的碎土。半坑堆积适合低温季节进行。

平地堆积：直接在平地上堆积，方法同半坑堆积。如材料多，可堆成梯形，即上窄下宽，底宽约 2m，高约 1.5m，长度视材料多少而定。

③堆积后的管理：堆积 3~4d 后坑内温度可达 70℃，这样的高温维持3~4d 开始下降，停留在 60~70℃ 一段时间，两三个星期后温度可逐渐降到 40℃ 上下，当肥堆下塌的深度约为原来的 1/4 时，已达到腐熟程度，即可取出施用。在堆积过程中要检查坑内温度是否上升，如达不到高温，可能通气或水分不够。堆肥腐熟的标准是看不见原来的堆积物，开始有臭气，堆肥呈暗褐黑色，堆积材料柔软腐烂，用手拉捏极易断碎，含水量增大，碳氮比缩小到 20 以下，堆肥呈中性至微碱性。

堆肥为迟效肥料，宜作基肥，不宜作追肥。作基肥时一般在翻土整地时施入，使其在土壤中继续分解释放养分，供作物吸收利用。堆肥的用量，一般施 2000~2500kg/亩。堆肥是富含氮、磷、钾及有机质的完全肥料，适用于各种作物，且施入土壤中能使土壤疏松。

（2）沤肥　也称凼肥，就是在屋旁或在田头地角挖一个坑，把草皮、杂草、稻薁、粪尿、污水等倒入坑内经沤制腐熟的一种肥料。沤肥的养分含量比厩肥稍低，一般含氮（N）0.30%~0.45%。

沤肥的制作方法：在屋旁或田角挖一个坑，坑深 1m 左右，将坑底加些石灰粉捶紧，或铺一层水泥，以免肥分从坑里渗透，坑的大小根据原料而定，如果在水田沤制，坑要浅些，比田面低 20~30cm，坑的四周要做 12~16cm 高的土埂，以免田里的水流入坑内，然后把草皮、杂草等原料倒进坑里，倒满以后浇些稀粪水和污水，材料要灌水淹没，让原料在厌氧条件下分解，以后每隔 7~10d 翻动一次。要把沤肥制好，最好把以前沤制好的沤肥留一部分作引子，加粪引子的作用，好比做面包时加一点面种，能使面发得快的道理一样。除此之外，还要加些含氮多的肥料，如人粪尿、饼肥等，以加速肥料的腐烂，提高沤肥的质量。

3. 饼肥

饼肥是油料的种子经榨油后剩下的残渣，这些残渣可直接作肥料施用。饼肥的种类很多，其中主要的有豆饼、菜籽饼、麻籽饼、棉籽饼、花生饼、桐籽饼等。

茶园中常用的饼肥是菜籽饼，是油菜籽经榨油后留下的副产物，我国菜籽饼粕年产量都在 500 万 t 以上，居世界首位，是一种极为丰富的蛋白质资源。其中含有高于 40% 的蛋白质，含有机质 75%~80%，氮（N）2%~7%，磷（P_2O_5）1%~3%，钾（K_2O）1%~2%。饼肥中的氮、磷多呈有机态，氮以蛋白质形态为主，磷以植素、卵磷脂为主，钾大多是水溶性的。这些有机态氮、磷必须经过微生物分解后才能被作物吸收利用。

菜籽饼有机肥适用于各类土壤和多种作物，尤其是在果树、瓜果类、块根类蔬菜，小麦以及烟草、棉花等作物的栽培生产中。长期施用菜籽饼肥并在茶树行间覆盖稻草，可有效增加茶园土壤有机碳和氮含量，为土壤微生物活动提供足够的碳源、氮源，使土壤微生物数量持续增加，活性增强，土壤养分有效性提高。

4. 绿肥

茶园绿肥可以增加土壤有机质，从而提高土壤肥力；可以保坎护梯，防止水土流失；可以遮阳、降温并改善茶园小气候，从而提高茶叶的产量和质量；绿肥饲料还可以饲喂家畜，促进农牧结合。绿肥按生物学特性可分为豆科绿肥和非豆科绿肥。按生长季节可分为春季绿肥、夏季绿肥和冬季绿肥。按生长年限可分为一年生绿肥和多年生绿肥。我国茶区辽阔，茶园类型复杂，土壤种类繁多，气候条件不一。因此，茶园绿肥必须根据本地区茶园、土壤、气候和绿肥品质的生物学特性等，因地制宜地进行选择。归纳起来主要从以下几个方面进行选择：

一是根据茶园类型选择绿肥种类。热带及亚热带红黄壤丘陵山区的茶园，由于土质贫瘠理化性差，在开辟新茶园前，一般宜种植绿肥作为先锋作物进行改土培肥。茶园的先锋绿肥作物一般选用耐酸耐瘠的高秆夏绿肥，如大叶猪屎豆、柽麻、田菁、决明、羽扇豆等。在一、二年生茶园中，由于茶苗幼小覆盖度低，土壤冲刷和水土流失严重。这类茶园宜选用矮生匍匐型绿肥，如黄花耳草、苕子、箭舌豌豆、伏花生等。作为幼龄茶园的遮荫绿肥，通常选用夏季绿肥如木豆、山毛豆、柽麻、田菁等。为了防止幼龄茶园的冻害，一般选用抗寒力强的一年生金花菜、肥田萝卜、苕子等。在三、四年生茶园中，为了避免绿肥与茶树争夺水分和养分，应选择矮生早熟绿肥品种如乌豇豆、早熟绿豆和饭豆。对于刈割改造的老茶园，由于台刈后茶树发枝快、生长迅速，对肥水要求比幼龄茶树强烈，因此要选择生长期短的速生绿肥，如乌豇豆。山地、丘陵的坡地茶园或梯级茶园，为保梯护坎可选择多年生绿肥如紫穗槐、铺地木蓝、知风草等。

二是根据茶园土壤特性选择绿肥种类。茶园土壤为酸性土，故茶园绿肥首先得是耐酸性的植物。山东茶区认为伏花生在北方砂性土茶园中是最好的夏季绿肥。在我国的中部茶区如浙江、江西、湖南等省第四纪红土上发育的低丘红壤茶园，酸度大土质黏重，土壤肥力低。夏季绿肥的选用中，大叶猪屎豆和满圆花（肥田萝卜）可以先种，以后逐步向其他绿肥过渡。

三是根据茶区气候特点选择绿肥种类。我国茶区分布广泛，各区气象条件千差万别，故茶园绿肥必须根据各地的气候特点进行选用。北方茶区由于冬季气温低，土壤较旱，因此要选用耐寒耐旱的绿肥品种。一般选择毛叶苕子、豌豆。坎边绿肥铺地木蓝、木豆、山毛豆等通常只能在广东、福建、台湾茶区种植。而紫穗槐和草木樨等绿肥由于具有一定的抗寒抗能力，故可作为北部茶区的护堤保坎绿肥。长江中下游茶区，因为气候温和，雨水充沛，适宜作茶园绿肥的品种很多。冬季始终如一肥中主要有紫云英、金花菜、苕子、肥田萝卜、豌豆、绿豆、饭豆、红小豆、黑毛豆、黄豆等；多年生绿肥主要有各种胡枝子、葛藤、紫穗槐等。而西南的高原茶区，由于冬春干冷少雨，冬绿肥最好用毛叶苕子和满圆花，夏季绿肥以大叶猪屎豆和柽麻最好。

四是根据绿肥本身的特性来选择茶园绿肥的种类。如铺地木蓝与紫穗槐可作为各茶区的梯壁绿肥，但不能与茶树间作。再如矮秆速生绿肥由于生长快、生长期短而根系较浅，与茶树争水争肥能力差，适合于三、四年生的茶园或台刈改造茶园间作。而匍匐型的绿肥则宜间作于新垦坡地茶园的行间，既可肥土又能防止水土流失。山毛豆、木豆由于高分枝多，且叶少而稀，适合作南方茶园的遮阳绿肥。

（二）微生物肥料的种类及特点

微生物肥料因其养分齐全、成本相对较低、购买施用方便等特点，现在茶园及其他农作物中广泛施用。

1. 生物肥料的分类

狭义的生物肥料，是通过微生物生命活动，使农作物得到特定的肥料效应的制品，也称为接种剂或菌肥，它本身不含营养元素，不能代替化肥。广义的生物肥料是既含有作物所需的营养元素，又含有微生物的制品，是生物、有机、无机的结合体，它可以代替化肥，提供农作物生长发育所需的各类营养元素。生物肥料从其作用上可分为：生物固氮菌（如根瘤菌），分解土壤有机物菌剂（有机磷细菌肥、综合细菌肥，分解土壤难溶性矿物的菌剂（硅酸盐细菌肥料、无机磷细菌肥料），抗病与刺激作物生长的菌剂（抗生菌肥料）；从其成分上可分为：单纯生物肥，它本身基本不含营养元素，而是以微生物生命活动的产物改善作物的营养条件，活化土壤潜在肥力，刺激作物生长发育，抵抗作物病虫危害，从而提高作物产量和质量。因而单纯生物肥不能单施，要与有机肥、化肥配合施用才能充分发挥它的效能。如大豆根瘤菌、磷素活化剂、生物钾肥等；有机-无机-生物复合肥，它是有机肥、无机肥、生物菌剂三结合的肥料制品，既含有作物所需的营养元素，又含有微生物，它可以代替化肥供农作物生长发育。如目前市场销售的生物有机复合肥、绿色食品专用肥等。都是在制造过程中，添加生物菌剂，缩短有机肥的生产周期、增加其速效成分。生物有机肥与传统有机肥的区别在于工厂化、专业化生产，有人也将这类肥料称为精制商品有机肥。

2. 生物肥料的特点

生物有机复合肥是汲取传统有机肥料的精华，结合现代生物技术，加工而成的高科技产品。其营养元素集速效、长效、增效为一体，具有提高农产品品质、抑制土传病害、增强作物抗逆性、促进作物早熟的作用。

其主要特点是：

（1）无污染、无公害　生物复合肥是天然有机物质与生物技术的有效结合。它所包含的菌剂，具有加速有机物质分解的作用，为作物制造或转化速效养分提供"动力"。同时菌剂兼具有提高化肥利用率和活化土壤中潜在养分的作用。

（2）配方科学、养分齐全　生物有机复合肥料一般是以有机物质为主体，配合少量的化学肥料，按照农作物的需肥规律和肥料特性进行科学配比，与生物"活化剂"（如 EM 菌）完美组合，除含有氮、磷、钾大量营养元素和钙、镁、硫、铁、硼、锌、硒、钼等中、微量元素外，还含有大量有机物质、腐殖酸类物质和保肥增效剂，养分齐全，速缓相济，供肥均衡，肥效持久。

（3）活化土壤、增加肥效　生物肥料具有协助释放土壤中潜在养分的功效。对土壤中氮的转化率达到 5% ~ 13.6%；对土壤中磷、钾的转化率可达到 7% ~ 15.7% 和 8% ~ 16.6%。

（4）低成本、高产出　在生育期较短的第三、四积温带，生物有机复合肥可替代化肥进行一次性施肥，降低生产成本。一次性作底肥施入，不需追肥，既节省投资，又节省投工。

（5）提高产品品质、降低有害积累　由于生物复合肥中的活菌和保肥增效剂的双重作用，可促进农作物中硝酸盐的转化，减少农产品硝酸盐的积累。与施用化学肥料相比，可使产品中硝酸盐含量降低 20% ~ 30%，维生素 C 含量提高 30% ~ 40%，可溶性糖可提高 1 ~ 4 度。产品口味好、保鲜时间长、耐储存。

（6）有效提高耕地肥力、改善土壤供肥环境　生物肥中的活菌所溢出的胞外多糖是土壤团粒结构的黏合剂，能够疏松土壤，增强土壤团粒结构，提高保水保肥能力，增加土壤有机质。

（7）抑制土传病害　生物肥能促进作物根茎有益微生物（EM 菌）的增殖，改善作物根茎生态环境。有益微生物（EM 菌）和抗病因子的增加，还可明显地降低土传病害的侵染，降低重茬作物的病情指数，连年施用可大大缓解连作障碍。

（8）促进作物早熟。

3. 使用注意事项

（1）选用质量合格的微生物肥料　质量低下、有效活菌数达不到规定指标、杂菌含量高或已过有效期的产品不能施用。

（2）施用时尽量减少肥料中微生物的死亡　应避免阳光直射菌肥，施用后立即覆土。一般菌肥不可与有害农药、化肥混合施用。

（3）创造适宜的土壤环境　在酸性土壤上施用应先中和土壤酸度后再施。土壤过分干燥时，应及时灌浇。大雨过后要及时排除田间积水，提高土壤的通透性。

（4）因地制宜推广应用不同的微生物菌肥料　如根瘤菌肥料应在豆科作物上广泛施用，解磷、解钾类微生物肥料应施用于养分潜力较高的土壤。

（5）避免开袋后长期不用　开袋后长期不用，其他细菌就可能侵入袋内，使肥料中的微生物菌群发生改变，影响其使用效果。

（6）避免在高温、干旱条件下使用　微生物肥料中的微生物在高温干旱条件下，生存和繁殖就会受到影响，不能发挥良好的作用。因此，应选择阴天或晴天的傍晚施用，并结合盖土、盖粪、浇水等措施，避免微生物肥料受阳光直射或因水分不足而难以发挥作用。

（7）避免与未腐熟的农家肥混用　与未腐熟的有机肥混用，会因高温杀死微生物，影响微生物肥料的发挥。

（三）无机肥的种类及特点

化肥就是无机肥。品种繁多，在茶园中广泛使用的，归纳起来就是氮、磷、钾肥或复合肥。

1. 无机肥的种类

（1）氮肥　即以氮素营养元素为主要成分的化肥，包括碳酸氢铵、尿素（酰胺态氮）、硝铵（由于安全性问题较少使用）、氨水、氯化铵、硫酸铵等。茶园中不允许施用氯化铵，常用尿素。

（2）磷肥　即以磷素营养元素为主要成分的化肥，包括普通过磷酸钙、钙镁磷肥等。

（3）钾肥　即以钾元素营养元素为主要成分的化肥，目前施用不多，主要品种有氯化钾、硫酸钾、硝酸钾等。茶园中不允许施用氯化钾。

（4）复混肥料　即肥料中含有两种肥料三要素（氮、磷、钾）的二元复、混肥料和含有氮、磷、钾三种元素的三元复、混肥料。其中混肥在全国各地推广很快。

（5）微量元素肥料和某些中量元素肥料　前者如含有硼、锌、铁、钼、锰、铜等微量元素的肥料，后者如钙、镁、硫等肥料。

2. 无机肥的特点

（1）优点　见效迅速，补充及时，且肥力强劲。且容易根据种类针对施肥，施用方便，施用量相对较少。

（2）缺点　长期使用，元素单一，容易使植物出现缺素症状，且容易碱化土壤，破坏土壤微生态系统。还会造成土壤单一元素大量沉积，在水分长期不足的情况下施用，毒化土壤，这是最严重的情况。

基于以上原因国家严控化肥施用，推行有机肥代替化肥的一系列相关政策。

知识点二　不同标准茶园肥料的选择

（一）有机认证茶园肥料的选择

有机茶园土壤培肥过程中允许和限制使用的物质应符和 NY/T 5197—2002《有机茶生产技术规程》标准中的规定（表1-25）。禁止使用化学肥料和含有毒、有害物质的城市垃圾、污泥和其他物质等。有机肥指无公害化处理的堆肥、沤肥、厩肥、沼气肥、绿肥、饼肥及有机茶专用肥，但有机肥料的污染物质含量应符合 NY/T 5197—2002 标准中的规定，并经有机认证机构的认证。矿物源肥料、微量元素肥料和微生物肥料，只能作为培肥土壤的辅助材料。微量元素肥料在确认茶树有潜在缺素危险时作叶面肥喷施。微生物肥料应是非基因工程产物，并符合 NY 410—2000《根瘤菌肥料》、NY 411—2000《固氮菌肥料》、NY 412—2000《磷细菌肥料》、NY 413—2000《硅酸盐细菌肥料》的要求。

表1-25　有机茶园允许和限制使用的土壤培肥和改良物质（NY/T 5197—2002）

类别	名称	使用条件
有机农业体系生产的物质	农家肥	允许使用
	茶树修剪枝叶	允许使用
	绿肥	允许使用
非有机农业体系生产的物质	茶树修剪枝叶、绿肥和作物枯杆	限制使用
	农家肥（包括堆肥、沤肥、厩肥、沼气肥、粪尿等）	限制使用
	饼肥（包括菜籽饼、豆籽饼、棉籽饼、芝麻饼、花生饼等）	限制使用
	充分腐熟的人粪尿	限制使用
	未经化学处理木材产生的木料、树皮、锯屑、刨花、木灰和木炭等	限制使用
	海草及其用物理方法生产的产品	限制使用
	未掺杂防病剂的动物血、肉、骨头和皮毛	限制使用
	不含合成添加剂的食品工业副产品	限制使用

续表

类别	名称	使用条件
非有机农业体系生产的物质	鱼粉、骨粉	限制使用
	不含合成添加剂的泥炭、褐炭、风化煤等含腐殖酸类的物质	允许使用
	经有机认证机构认证的有机茶专用肥	允许使用
矿物质	白云石粉、石灰石和白坚	用于严重酸化的土壤
	碱性炉渣	限制使用，只能用于严重酸化的土壤
	低氧钾矿粉	未经化学方法浓缩的允许使用
	微量元素	限制使用，只作叶面肥使用
	天然硫黄粉	允许使用
	镁矿粉	允许使用
	氯化钙、石膏	允许使用
	窑灰	限制使用，只能用于严重酸化的土壤
	磷矿粉	镉含量≤90mg/kg 的允许使用
	泻盐类（含水硫酸岩）	允许使用
	磷酸岩	允许使用
其他物质	非基因工程生产的微生物肥料（固氮菌、根瘤菌、确细菌和硅酸盐细菌肥料等）	
	经农业部登记和有机认证的叶面肥	
	未污染的植物制品及其提取物	

（二）绿色食品认证茶园的肥料选择

绿色食品（茶叶）生产可使用的肥料应按照 NY/T 394—2013《绿色食品肥料使用准则》执行（表 1-26）。A 级绿色食品茶园可使用表 1-25 中规定的肥料，AA 级绿色食品茶园可使用表 1-26 中农家肥料、有机肥、微生物肥料规定的肥料，不应使用化学合成肥料。有机肥料或农家肥中的重金属限量指标和应符合 NY 525—2012《有机肥料》的要求，粪大肠菌群数、蛔虫死亡率应符合 NY 884—2012《生物有机肥》的要求；微生物肥料应符合 GB 20287—2006《农用微生物菌剂》或 NY 884—2012《生物有机肥》、NY/T 798—2015《复合微生物肥料》的要求。

表 1-26 绿色食品可使用肥料（NY/T 394—2013）

分类	名称	简介
农家肥料	秸秆	以麦秸、稻草秸、玉米秸、豆秸、油菜秸等作物秸秆直接还田
	绿肥	新鲜植物体作肥料就地翻压还田或异地使用。主要分为豆科绿肥和非豆科绿肥
	厩肥	圈养的牛、马、羊、猪、鸡、鸭等畜禽的排泄物与秸秆等垫料发酵腐熟而成的肥料
	堆肥	以动植物的残体、排泄物等为主要原料，堆制发酵腐熟而成的肥料
	沤肥	动植物的残体、排泄物等有机物料在淹水条件下发酵熟腐而成的肥料
	沼肥	动植物的残体、排泄物等有机物料经沼气发酵后形成的沼液和沼渣
	饼肥	含油较多的植物种子经压榨去汁的残渣制成的肥料
有机肥		主要来源于植物和（或）动物经发酵熟腐的含碳有机物料，其功能是改善土壤肥力，提供植物营养，提高作物品质
微生物肥料		含有特定微生物活体的制品，应用于农业生产，通过其中所含微生物的生命活动，增加植物养分供应量或促进植物生长，提高产量，改善农产品品质及农业生态环境的肥料
有机、无机复合肥		含有一定量有机肥料的复混肥。（注：其中复混肥是指氮、磷、钾三种养分中，至少有两种养分标明的由化学方法和（或）掺混法制成的肥料
无机肥		主要以无机盐形式存在，能直接为植物提供矿质营养的肥料
土壤调理剂		加入土壤中用于改善土壤的物理、化学和（或）物理性状的物料，其功能包括改善土壤结构、降低土壤盐碱危害，调节土壤酸碱度，改善土壤水分状况，修复土壤污染

（三）合格品茶园的肥料选择

根据农质发〔2016〕11 号《农业部关于开展食用农产品合格证管理试点工作的通知》，无公害农产品认证将停止，推行农产品合格证管理，合格的依据是符合《中华人民共和国农产品质量安全法》的相关规定，《茶叶生产许可证审查细则》依据 GB 2762—2017《食品安全国家标准 食品中污染物限量》和 GB 2763—2019《食品安全国家标准 食品中农药最大残留限量》对企业进行 SC 市场准入认证，相当于产品合格认证。建议在肥料选择方面参考无公害茶园宜使用的肥料（NY/T 5018—2015《茶叶生产技术规程》）。多施有机肥料、茶树专用肥；化学肥料与有机肥料应配合使用，避免单纯使用化学肥料和矿物源肥料，允许使用的肥料应符合 NY/T 5018—2015《茶叶生产技术规程》标准中的规定（表 1-27）；农家肥等有机肥料施用前应经无害化处理，有机肥料中污染物质含量应符合 NY/T 5018—2015《茶叶生产技术规程》标准中的规定；微生物肥料应符合 NY 410—2000《根瘤菌肥料》、NY 411—2000《固氮菌肥料》、NY 412—2000《磷细菌肥料》、NY 413—2000《硅酸盐细菌肥料》的要求。

表 1-27 生态茶园宜使用的肥料

分类	名称	简介
农家肥料	堆肥	以各类秸秆、落叶、人畜粪便堆制而成
	沤肥	堆肥的原料在淹水条件下进行发酵而成
	家畜粪尿	猪、羊、马、鸡、鸭等畜禽的排泄物
	厩肥	猪、羊、马、鸡、鸭等畜禽的粪尿与秸秆垫料堆成
	绿肥	栽培或野生的绿色植物体
	沼气肥	沼气池中的液体或残渣
	秸秆	作物秸秆
	泥肥	未经污染的河泥、塘泥、沟泥等
	饼肥	菜籽饼、棉籽饼、芝麻饼、花生饼
商品肥料	商品有机肥	以动植物残体、排泄物等为原料加工而成
	腐殖酸类肥料	泥炭、褐炭、风化煤等含腐殖酸类物质的肥料
	微生物肥料	根瘤菌肥料 能在豆科作物上形成根瘤菌的肥料
		固氮菌肥料 含有自生固氮菌、联合固氮菌的肥料
		磷细菌肥料 含有磷细菌、解磷真菌、菌根菌剂的肥料
		硅酸盐细菌肥料 含有硅酸盐细菌、其他解钾微生物制剂
		复合微生物肥 含有两种以上有益微生物，它们之间互不抵抗的微生物制剂
	有机无机复合肥	有机肥、化学肥料或（和）矿物源肥料复合而成的肥料
	化学和矿物源肥料	氮肥 尿素、碳酸氢铵、硫酸氨
		磷肥 磷矿粉、过磷酸钙、钙镁磷肥
		钾肥 碳酸钾、氯化钾
		钙肥 生石灰、熟石灰、过磷酸钙
		硫肥 碳酸铵、石膏、硫黄、过磷酸钙
		镁肥 硫酸镁、白云石、钙镁磷肥
		微量元素肥料 含有铜、铁、锰、锌、硼、钼等微量元素的肥料
		复合肥 二元复合肥、三元复合肥
	叶面肥料	含各种营养成分，喷施于植物叶片的肥料
	茶树专用肥	根据茶树营养特性和茶园土壤理化性质配制的茶树专用的各类肥

知识点三　茶园施肥技术

氮（N）、磷（P_2O_5）、钾（K_2O）称为肥料三要素，镁、锌、硼等为微量元素。茶树生育期不但需要大量元素，同时也需要微量元素。在不同生育期三要素的施用量以及是否合理搭配，都直接影响茶树的生长发育，也直接影响茶叶的产量与质量。例如：幼龄茶树是树冠和根系生长发育最旺盛的阶段，对磷、钾肥的需要量比成年茶树高，而成年茶树由于新梢的旺盛生长与采摘，对氮肥的需要量则比幼龄茶树高。目前，大部分茶园存在缺磷、钾、镁和锌元素的现象。因此，根据不同类型的茶园，全年氮、磷、钾三者的配合施用比例不同，建议幼龄茶园 $N:P_2O_5:K_2O$ 施用比例为（1.5~2.0）∶1∶1，成年茶园 $N:P_2O_5:K_2O$ 为（3~4）∶1∶（1.5~2.0），达到茶园平衡施肥。同时，应增施有机肥，配合施用含镁、锌元素的肥料。

（一）茶园追肥施用技术

在茶树地上部处于生长时期所施给的肥料称为追肥。茶园追肥的作用主要是不断补充茶树生长发育过程中对营养元素的需要，保证茶树健康生长，达到持续高产稳产的目的。因此，追肥必须适时、及时，以免造成茶树生长过程中养分供应脱节，主要从肥料选择、施肥时间，施肥方式等方面进行。

1. 追肥的种类及质量

追肥应选用速效性肥料为主，以速效氮肥为主，适当配合速效性的磷、钾肥。氮肥中尿素、碳酸氢铵、硝酸铵等都是茶树的好追肥，可作为各种茶园追肥首选；另外腐熟的人粪尿、沤肥水、沼气池中的肥水也是春季选用的好追肥；复合肥也是茶园较好的追肥，氮多在夏、秋季节使用，选用时需注意三要素中的比例和含氯量，最好选含氮量高，不含氯的复合肥。为了减少化肥的施用量，尽量选择有机肥，适当选配速效化肥。

2. 施肥的数量与时间

春季茶园施肥因树龄、树势、土壤等不同而不尽相同。一般幼年期茶树应掌握水肥结合、少量多次、先稀后浓，多施磷、钾肥，随着树龄增加逐渐加大用氮量；成年茶园施肥量随着茶树鲜叶采摘量的增加而增大，并结合茶树对养分的吸收率而确定。正常情况下每施入 1kg 纯氮可增加 4.5~12kg 干茶。一般成龄茶园以每亩干茶 100kg 计，年需施入纯氮 10~15kg（折合 46% 的尿素 22~33kg），并配之合理比例的磷、钾肥施，配比以 N∶P∶K=4∶1∶1 或 4∶2∶2 来计；用 60∶25∶15 的比例分三次施，即春季占全年追肥总量的 60%。但生产中由于受各种自然、人为等因素的影响，肥料的养分利用率往往不到 100%，实践中实际使用量通常比理论值大一定的量。春茶追肥多以每亩用尿素 15~

25kg。具体施肥时间一般以春茶正式开采前15~20d施下效果最好，长江中下游地区以2月中、下旬施下最佳，最迟需在3月10日前施完。夏、秋茶上季茶采摘结束，配合茶园管理施入。

3. 施肥方法

幼龄茶园采用穴（塘）施或浅沟施；成龄茶园沿树冠边缘垂直处地面开沟施，沟深10~15cm，施肥后覆盖土。如用碳酸氢铵、复合肥应适当深施，尿素、硝酸铵等可浅一些施。若在阴雨天气条件下（尤其是施后有小至中雨能使肥料溶化融入土层内时）可以撒施。

（二）茶园基肥的施用技术

茶园基肥是指地下部分停止生长施用的肥料，主要为茶树根系活动和第2年春茶萌发提供充足的营养物质。基肥一定要施深、施足、施好，一般在新开垦茶园种植沟内或改种换植行间施入，可以提高土壤理化性质，增加茶园土壤中有机质含量，有利于土壤熟化。底肥的深度至少在30cm以上。

1. 基肥的品种和施用量

一般基肥用饼肥和堆肥或厩肥的混合肥，以有机长效肥为主，根据不同标准的茶园要求进行肥料选择。一方面可以缓慢地为茶树提供营养，另一方面可以改良土壤。土壤有机质含量高的茶园以施用饼肥为主，施肥量为饼肥1500~2250kg/hm^2，硫酸钾225kg/hm^2，过磷酸钙375kg/hm^2。土壤有机质含量低的茶园，以混合施用饼肥和堆肥、厩肥为好，施肥量为饼肥750~1125kg/hm^{2}堆肥或厩肥22.5t/hm^2，适量磷、钾肥。

2. 施肥时期

施肥时期，长江中下游茶区在9月上旬至10月下旬，南方茶区在9月下旬至11月下旬。不采秋茶的茶园，可以提早施入，有利于当年秋季茶树的生长。

3. 施肥方法

基肥要深施，对于幼年茶树来说，距根颈5~10cm，深15~20cm，基肥要施在根系集中层以下；对于成年茶树，距根颈15~20cm，深20~30cm，基肥要深施到30cm以下，施肥后覆盖土。茶季雨量较大的茶区，要适当浅施。基肥的位置应在树冠边缘垂直下方开沟，沟深20cm。

(任务拓展知识)

知识点一　测土配方施肥技术

我国盲目施肥和过量施肥现象较为严重，不仅造成肥料资源严重浪费，农业生产成本增加，而且影响农产品品质，污染环境。开展测土配方施肥有利于推进农业节本增效，有利于促进耕地质量建设，有利于促进农作技术的发展，是促进农民持续增收、生态环境不断改善的重大举措。具体依据、原理、方法按照农业部农农发〔2006〕5号《测土配方施肥技术规范》执行。这里简单介绍测土配方施肥的概念及方法。

（一）测土配方施肥的概念

测土配方施肥技术是在土壤肥力化学基础上发展起来的计量施肥技术。是以土壤测试和肥料田间试验为基础，根据作物需肥规律、土壤供肥性能和肥料效应，在合理施用有机肥料的基础上，提出氮、磷、钾及中、微量元素等肥料的施用数量、施肥时间和施用方法。

（二）测土配方施肥的主要方法

测土配方施肥的方法很多，这里主要介绍茶园施肥常用、大生产易操作的两种方法。

1. 土壤、植株测试推荐施肥法

根据氮、磷、钾和中、微量元素养分的不同特征，采取不同的养分优化调控与管理策略。氮元素推荐根据土壤供氮状况和作物需氮量，进行实时动态监测和精确调控，包括基肥和追肥的调控；磷、钾肥通过土壤测试和养分平衡进行监控；中、微量元素采用因缺补缺矫下施肥策略。

2. 土壤养分丰缺指标法

通过土壤养分测试结果和田间肥效试验结果，建立土壤养分丰缺指标。土壤养分丰缺指标可根据田间试验收获后，不同处理的产量对比计算土壤养分的丰缺情况。相对产量低于50%的土壤养分为极低、相对产量50%~70%为低、75%~95%为中、大于95%为高，从而确定出适用于某一区域、某种农作物的土壤养分丰缺指标及对应的肥料施用量。对该区域其他田块，通过土壤养分测定，了解土壤养分的丰缺情况，就可以提出相应的优化施肥配方。

知识点二　有机肥替代化肥方案

为贯彻中央农村工作会议、中央1号文件和全国农业工作会议精神，按照"一控两减三基本"的要求，深入开展化肥使用量零增长行动，加快推进农业绿色发展，农业部制定了《开展果菜茶有机肥替代化肥行动方案》农农发〔2017〕2号。要以果菜茶生产为重点，实施有机肥替代化肥，推进资源循环利用，实现节本增效、提质增效，探索产出高效、产品安全、资源节约、环境友好的现代农业发展之路。具体方案内容，请查阅文件农农发〔2017〕2号。

(任务技能训练)

任务技能训练一　茶园施肥

（一）训练目的

通过实训，学生应理解茶树需肥的规律和特点，熟练掌握茶树的追肥、基肥施用技术，为茶树丰产、丰收奠定基础。

（二）训练内容

（1）追肥施用。

（2）基肥施用。

（三）材料与工具

（1）材料　茶园、肥料（厩肥、堆肥、粪尿、绿肥、饼肥、尿素、过磷酸钙、钙镁磷、复合肥等根据具体情况进行选择）。

（2）工具　桶（盆）、铁锹、耙子、施肥机、运输工具等。

（四）训练方法与步骤

（1）制订施肥计划　开展实训之前，以组为单位前往目标茶园调查茶树长势、土壤营养状况、茶园管理标准（有机、合格），来制定切实可行的施肥计划，计划核心内容包括肥料品类、追肥施用量、基肥施用量、肥料名称、单位面积施用量 kg/亩，大致施用时间、施用方法等内容。

（2）肥料及工具准备　根据施肥计划，施肥前 3 天准备好相应的肥料及工具。

（3）施肥训练

①基肥施用：一般在 9~11 月施用，要求幼龄茶园离茶树根颈部为 10cm 左右，成龄茶园离茶树根颈部 15cm 左右，在茶园大行开沟施肥，沟宽，深 20~30cm，肥料均匀施入沟中后，覆土、盖实。

②追肥施用：根据施肥计划进行追肥施用，追肥深度要按肥料性质而定，不易挥发而易流失的化肥要浅施，一般 3~5cm 即可；而易挥发的肥料要适当深施，10~15cm 方可。肥料离茶树根颈部的距离与施基肥一样。追肥不管施什么肥料尽量沟施或者窝施（幼龄茶园）盖土，不提倡撒施。

③注意事项：早晨露水未干，施化肥时要注意避免将肥料撒在叶子上。尽量不在干旱季节施肥，以免开沟覆土加速水分蒸发，在雨过天晴，土壤湿润时

施肥，效果最佳。要注意在茶行的两侧轮番施肥，以保持根系均衡发展。

（五）训练课业

编写实训报告。编写提示：总结茶园施肥过程中茶园养分评估、肥料选择、施肥适时期、施肥技术等的关键技术要点，经验及注意事项。分析总结通过该项任务的实施有什么样的体会。

（六）考核评价

试验结果按表 1-28 进行考核评价。

表 1-28　　　　　　　茶园施肥训练考核评价表

考核内容	评分标准	成绩/分	考核方法
施肥计划制定	计划因地制宜、全面、细致、操作性强（20分）		每个考核要点根据训练情况按评分标准酌情评分
工具及肥料准备	肥料和用具准备能保质保量完成训练（10分）		
茶园施肥	能根据施肥计划，园地的基本状况，按照技术要求，并能保质保量按时完成（50分）		
实训报告	报告完整、各项内容技术要点、注意事项总结全面（20分）		
总成绩			

技能训练二　茶园肥效试验设计

（一）训练目的

通过训练，培养学生的科研能力，学会肥料田间试验设计的方法、数据采集及分析，从而科学选择肥料。

（二）训练内容

选择一种新型速效肥料与常规使用的速效肥料，开展田间肥效对比试验。

（三）材料与设备

（1）材料　试验茶园、新型速效肥、常用速效肥（尿素）。

（2）工具 桶（盆）、铁锹、锄头等。

（四）训练方法与步骤

（1）试验地选择及试验方案编制 3~5人一组，每个组在茶树生长季节选择一块试验茶园，要求试验茶园长势及管理水平相对一致，同时选择一款新型速效肥料与当地常用速效肥料，并编制试验方案。

（2）试验田间布置 每个组设计空白、新型速效肥、常规速效肥3个处理，3次重复，每个处理为一行茶园，长度根据茶园情况定，组与组之间的试验地，相隔3行以上。施肥量根据肥料品类的建议施用量结合茶园情况确定。

（3）数据采集

①长势观察：采用随机取样的方法，每个处理抽取3~5个点，从施肥开始，每隔5~7d调查茶树发芽密度、整齐度、芽长、百芽重等长势指标，并记录。

②土样采集：按要求采集每个处理试验前后的土样，在本校土肥室进行速测养分，用于对比分析养分状况。

（4）试验结果及讨论 根据试验过程及采集的数据情况，对本肥效试验进行分析，并讨论。

（五）训练课业

按论文格式编写试验总结。

（六）考核评价

试验结果按表1-29进行考核评价。

表1-29 茶园肥效试验设计考核评价表

考核内容	评分标准	成绩/分	考核方法
试验方案编制	肥料选择有前瞻性、实用性、方案因地制宜、全面、细致、操作性强（20分）		每个考核要点根据训练情况按评分标准酌情评分
试验田间布置	试验田间布置符合试验设计要求、规范，技术操作要点正确（30分）		
试验数据采集	数据采集及时、准确、细致、完整（25分）		
试验报告	报告结构完整、条理清楚，结果分析全面、准确、透彻（25分）		
总成绩			

任务知识思考

　　1. 幼龄茶树和成年茶树三要素的配合比例的异同点？说明理由。
　　2. 茶园施肥技术主要包括哪些技术环节？

任务三　茶园水分管理

任务目标

　　1. 知识目标
　　（1）了解水分对茶树的影响及茶树需水规律的相关知识。
　　（2）掌握茶园水分调控技术相关知识。
　　2. 能力目标
　　（1）会指导茶园水分管理。
　　（2）会制定茶园水分管理技术方案。

任务导入

　　俗话说："有收无收在于水，收多收少在于肥"。因为水不仅是茶树有机体的构成物质，也是各种生理活动所必须的溶剂，是生命活动和代谢的基础。如何有效地进行茶园水分管理，是实现"高产、优质、高效"的关键技术之一。

任务知识

知识点一　水分对茶树生长发育及品质的影响

　　（一）水分对茶树生长发育的影响

　　水是茶树的重要组成部分，占茶树总重的60%左右；是茶树进行光合作用，制造有机物质的原料；是茶树吸收与运输各种物质的媒介，这些物质都要先溶解于水，才能被茶树吸收和运转；植株的直立借细胞含水而支撑；可供茶树蒸腾，调节茶树树体温度。总之，茶树只有在足够的水分条件下，才能进行正常的生命活动。

　　茶树新梢水势是茶树生命活动的反映。上午随日照加强，气温上升，叶片蒸腾加强，至中午，茶树新梢水势下降；午后，随温度下降，日照减弱，水势上升，此间，光合有机物转化，二级代谢进行，茶叶细胞分裂，新梢不断生长，新梢生长强度均受水势的制约。

茶树体内细胞含水量又决定于土壤持水量。当土壤相对含水量80%～90%时，根系吸收旺盛，新梢叶大质厚，叶主脉形成层细胞分裂快，新梢生长迅速；当土壤含水量低于70%时，叶片瘦小，叶质薄，细胞分裂慢，对夹叶形成多。另外，水分缺乏时能导致茶树体内许多酶活性下降，体内合成代谢变慢而水解活动加强，不利于有机物的积累，进而影响茶叶产量和品质。当然，如土壤水分长期处于饱和状态，则茶树根系不能正常生长，从而影响茶树的生长发育。

（二）水分对茶叶品质的影响

蛋白质和咖啡碱含量是茶叶嫩度和品质的重要标志，在水分充足的条件下，含氮化合物合成较多，茶叶嫩度好，持嫩性强。据王泽农等的研究显示，水分含量与蛋白质合成量呈线性关系，这是由于细胞原生质保持较好的幼嫩亲水状态，糖类缩合及纤维素形成缓慢，蛋白质合成多，代谢产物咖啡碱合成量也较高，这是茶树在一定荫蔽条件下氮代谢旺盛的原因。

知识点二　茶园水分管理技术

（一）茶园保水技术

1. 茶园保水技术

我国的绝大多数茶区有明显的降雨集中期，如长江中下游地区集中在春季和夏季，即4～6月、7～9月常是少雨高温，12月至第二年2月冬季干旱现象常有发生，贵州的气候也是如此。这使得茶园保水任务繁重。又因为茶树多种植在山坡上，一般缺少灌溉条件，且未封行茶园水土流失现象较严重，因而保水工作显得特别重要。据研究，茶树全年最大耗水量为1300mm，在我国大部分茶区年降水量并不低于此水平，一般多在1500～2000mm。可见只要有做好茶园本身的保蓄水工作，积蓄雨季之余为旱季所用，就基本上能满足茶树生长的需要。广大茶农在长期的实践中积累了许多关于茶园保持水土的经验，如茶园铺草、挖伏土，筑梯式茶园等。随着科技的发展，也给茶园保水提供了新的手段，主要保水技术体现在以下两个方面。

（1）扩大土壤的蓄水能力，减少散失途径　一是选择适宜的土壤建设茶园。不同土壤具有不同的保蓄水能力，黏土和壤土的有效水范围大，砂土最小。建园应选择相宜的土类，并注意有效土层的厚度和坡度等，为今后的茶园保水工作提供良好的前提；二是进行合理耕作与施肥。凡能加深有效土层厚度和改良土壤质地的措施（如深耕、加客土、增施有机肥等），均能显著提高茶园的保蓄水能力；三是健全保蓄水设施。坡地茶园上方和园内加设截水横沟，并做成竹节沟形式，能有效地拦截地面径流，雨水蓄积于沟内，再徐徐渗入土壤中，是有效的茶园蓄水方式。新建茶园采取水平梯田式，且能显著扩大茶园蓄水能力。另外，山坡坡段较长时适当加设蓄水池，对扩大茶园蓄水能力也有一定作用；四是控制土壤水的散失，比如地面覆盖、合理布置种植行、合理间套作、造林保水等方法，均能减少日光直射时间，从而减弱地面蒸发。

（2）合理选择灌溉方法，适时补水　合理的茶园灌溉，既要做到按茶树需要均匀供水，又要使土壤的水分、空气和小气候等都得到合理的调剂，以达到节约用水，适时灌溉，促进茶树生长的目的。

①茶园灌溉适时期：茶园灌溉的效果高低，虽然与灌水次数与灌溉水量有关，但更重要的还要看是否适时，也就是说要掌握好灌水的火候。我国茶农历来对灌溉有"三看"的经验：一看天气是否有旱情出现，或已有旱象，是否有发展趋势；二看泥土干燥缺水的程度；三看茶树芽叶生长与叶片形态是否缺水。现在人们已在"三看"经验的基础上制定了茶园灌溉的技术指标，进行综合分析，从而科学地确定茶园灌溉的适宜时期。茶园灌溉的生理指标、茶树水分的生理指标能在不同的土壤、气候等生态环境下直接反映出体内水分的实际水平。例如细胞液浓度、新梢叶水势（可用 MPa 表示）等对外界水分供应很敏感，与土壤含水量和空气温、湿度之间具有较高的相关性。如果上午 9 时前测定，细胞液浓度低于 8%~9%，叶水势高于 -0.5MPa，表明茶树树体内水分供应较正常，若细胞液浓度达到 10% 左右，叶水势低于 -1.0MPa，表明树体水分亏缺，新梢生育将会受阻，这时茶园需要灌溉，及时给土壤补充水分。茶园灌溉的土壤温度指标、土壤含水量多少是决定茶园是否需要灌水的主要依据之一。由于茶园土壤质地的差异，其土壤的持水特性和有效水分含量变化较大，因此，为使不同质地土壤的湿度值具有可比性，一般土壤的湿度指标值应采用两种方法表示：一是采用土壤绝对含水量占田间持水量的相对百分率表示，例如当茶园土壤含水量为田间持水量的 90% 左右时，茶树生长旺盛；降到 60%~70% 时，茶树新梢生长受阻；低时 60% 时，新梢将受到不同程度的危害，因此以茶园根系层土壤相对含水量达到 70% 时，作为开灌指标；二是采用土壤湿度的能量值，即土壤水势来表示，它可以直接反映土壤的供水能力大小，要比以土壤含水量表示更加适当。当土水势在 $-0.08~-0.01$MPa 时，茶树生长较适宜。茶园土壤水势可用土壤张力计直接测知，当土水势值达到 -0.1MPa 以上时，表示土壤已开始缺水，茶树生长易遭旱热危害，应进行茶园灌水。在生产实践中，更多的是根据经验判断，应密切关注天气的变化与当地常年的气候特点，尤其是在高温季节，参照茶树物候学观察进行综合分析，监视旱象的发生。近年研究认为，当日平均气温接近 30℃，最高气温达 35℃ 以上，日平均水

面蒸发量达 9mm 左右，持续一星期以上，这时对土层浅的红壤丘陵茶园，就有旱情露头，需要安排灌溉。

②灌溉方法：衡量茶园灌溉方法的优劣，主要有三个标准：一是看灌溉水的均匀程度，以及能否做到经济用水；二是能否做到有利于茶园小生态的改善；三是能否达到提高茶叶产量、品质与经济效益的目的。目前茶区主要的灌溉方式有喷灌、滴灌、流灌等几种，其中以喷灌最为常见。

喷灌：茶园喷灌系统主要由水源、输水渠系、水泵、动力、压力输水管道及喷头等部分组成，并按组合方式分为移动式、固定式和半固定式三种类型。移动式喷灌系统由动力设备、有压输水管道和喷头组成，设置在有水源的茶园。机组可用手抬，也可用手推车式，具有使用灵活，投资少，操作简便，利用率高等特点。但转运搬动多，较费时。固定式喷灌系统，除喷头外，均固定不动，其干、支管道常埋设在茶园土层内，由水源、动力机和水泵构成泵站，或利用有足够高度的自然水头，与干、支管道组成一套全部固定的喷灌系统。喷头装在与支管连接的竖管上，可作圆形或扇形旋转喷水。如果面积较大，需要配备几组喷头，循环分组轮灌。它操作简便，节省劳动，生产效率高，便于配套自动控制灌溉。适于灌期长的茶园和苗圃应用，但所需设备管材较多，投资较高。半固定式喷灌系统，干管埋设地下，采用固定的泵站供水或直接利用自然水头。支管、竖管与喷头可以移动，用支管的接头与干管的顶留阀门连接，进行田间喷灌作业。在茶园喷灌中，多采用低压和中压喷头，其中以旋转式的摇臂喷头应用较多。因为这些喷头都属于中、近射程，消耗能量少，与茶园所要求的喷灌技术较适合，喷灌质量较好。茶园喷灌虽优点较多，但要发挥它的优势，必须精心规划，因地制宜地做好技术设计，在选用与确定各类型的喷灌系统时，既要根据当地的水力资源和动力设备条件，又要考虑经济效果。在具体运用中除了做到适时、适量外，还要掌握如下的技术要求：首先，喷水的雾化程度要适中，水滴直径以 2mm 为宜，可不致对茶叶与土壤产生过强的冲击；其次，喷灌面上的水量分布要力求均匀，这就要求喷头的组合喷洒均匀系数应在 80% 以上；再次，各种喷灌系统在使用中应制定必要的规章制度，遵守操作规程，定期维修保养。

滴灌：所谓滴灌，顾名思义即滴水灌溉。将灌溉水（或液肥）在低压力作用下通过管道系统，送达滴头，由滴头形成水滴，定时定量地向茶树根际供应水分和养分，使根系土层经常保持适宜的土壤湿度，能提高茶树对水分与肥料的利用率，从而达到省水增产的目的。滴灌系统主要由枢纽、管道和滴头三部分组成。枢纽包括动力、水泵、水池（或水塔）、过滤器、肥料罐等。管道包括干管、支管、毛管以及一些必要的连接与调节设备。干、支管多采用高压聚氯乙烯塑料制成，管径为 25~100mm，毛管是最末一级管道，一般用高压聚乙烯加炭黑制成，内径为 10 ~ 15mm，其上安装滴头。滴头是滴灌系统中的重要组成部分，用量最多。茶园滴灌系统的设计，枢纽部分应尽量高，并处于中心位置，这有利用缩短输水距离与控制较大的滴灌面积。采用移式滴灌系统，即将枢纽部分和主管道固定，而将毛管与滴头移动，轮流灌溉，可提高设备利用率，降低投资成本。在有条件的地方，可以利用自然水头落差或在高处修建水池、水塔进行滴灌。滴灌管道的布置，一般支管道与主管道垂直，毛管分布在支管两侧。茶园滴灌有利于节省用水量，在旱热季节，滴灌水的有效利用率可达90%以上，比沟灌省水 2 倍左右。同时，茶叶增产效果明显，有利于品质改善的内含物成分增加，另外滴灌消耗能量少，适用于复杂地形，又能提高土地利用率。滴灌的主要缺点是滴头和毛管容易堵塞；材料设备多，投资大，田间管理工作较烦琐。目前我国茶园滴灌应用较少，尚处试验阶段，有待总结提高。

流灌：就是在茶园中修筑水渠，利用地形，让水从高处按一定的坡度比流向低处，让其自然渗透。流灌的水利用率低，灌溉均匀度也差，一般适用于水资源比较丰富的地区。

（二）茶园排水技术

大多数茶园建在山坡或低山台地上，通常不存在土壤积水、湿度过大的问题，故对这些茶园只是一个如何及时排除过量降水、防止水土流失的问题。一般来说只需建园时设置好截洪沟、泄洪沟、园内纵横水沟和蓄水池等即可。坡脚、坝下或塘基下的茶园易发生湿害，要因地制宜地做好排湿工作。排湿的根本方法是开深沟排水，降低地下水位。茶园排水还必须与大范围的水土保持工作相结合。被排出茶园的水还应尽可能收集引入塘、坝、库中，以备旱时再利用或供其他农田灌溉以及养殖业用。

任务拓展知识

水肥一体化应用技术

茶园水肥一体化技术是在一定区域茶园范围内，借助压力系统（或地形自然落差），利用可控管道系统将可溶性固体或液体肥料与灌溉水一起相融后，配兑成水肥液并通过管道和滴头形成滴灌，均匀、定时、定量输送到茶树，并浸润根系发育生长区域，为茶树提供水分、养分的现代化农业节水新技术。不仅可以缓解水资源短缺现状，又节减少了化肥的使用。目前水肥一体化技术已在世界上许多国家得到广泛应用，在未来必将是中国农业由传统迈向现代化的一次具有深远意义的革命，是农业发展的重要途径，发展前景十分广阔。

1. 水分调控技术有哪些方面？比较各自优缺点。
2. 茶园哪些地块易积水？如何解决积水问题？

任务四　茶园间套种

1. 知识目标
（1）了解茶园套种的作用。
（2）掌握茶园套种模式、套种物种选择及套种技术相关知识。
2. 能力目标
（1）能够根据茶园的具体情况，合理选择套种模式。
（2）会制定茶园套种方案。

为实现茶产业可持续发展，提升和改善茶叶品质，提高茶叶质量安全系数，可靠的种植模式是解决茶产业可持续发展的主要方法。茶园间套种既能保温、保湿，改变茶园小气候，又能改善茶园土壤肥力，且绿色、环保、安全，是茶叶达到高产、优质的可持续发展的栽培措施之一。

知识点一　茶园间套种的作用

通过套种，将茶园中的土地、生态、气候、昆虫等多因子组合，使茶园各种要素更加适合茶叶生产。朱能茶等在研究茶果幼林山地套种过程中发现在茶园中套种大豆，茶叶产量从原来的 $200\sim300kg$ 增长至 $600kg$，产量增加达一倍以上；林伟城等的研究表明，在橡胶和八仙茶套种时，八仙茶的产品畅销，质优价好，经济效益高。可见，套种对于茶树高产优质具有很好的效果，其优势非常明显，主要作用体现在以下几个方面。

（一）增加茶园的系统多样性，改善茶园小气候，提高产量

茶园中的茶树与其他生物以及环境因子共同构成一个小的生态系统，纯茶

园的系统中，生物多样性相对比较单一，增加一些作物，可以增加系统内部的相互作用，使生态系统多样性增加，增强系统抵抗病虫害的能力，从而提高产品质量，增加产量。同时套种能够改善茶园的水、气、热等，使茶园具有减风、降温、增湿、减少光照和增强自我调节能力，增强系统的抗逆性，并改善茶园内部的小气候，使茶园环境更加适宜茶树生长和新梢发育。由于茶园的生态因子得以改善，使芽叶能够提早开采和推迟封园时间，增加新梢的生长轮次和茶叶的采摘次数而达到高产。

（二）提高光能利用率，改善茶叶品质

由于茶树具有喜湿、耐阴的特性，夏季，在烈日的暴晒中，茶树容易过度进行碳代谢而减少氮代谢，影响茶叶品质，并且容易失水过多而使茶树受到伤害，造成减产。为了降低这个因素对茶树的影响，人们常常通过遮阳网来保护茶树，然而这样做成本高，而通过在茶园中间种一些树型高大的植株，则可以起到适度的遮阳作用，有效提高光能利用率，而减少阳光对茶树的暴晒，同时可以抑制茶树叶片的碳代谢，减少含碳物质的过度积累，降低茶叶的苦涩感，增强品质。

（三）对于台风大雨、低温冻融等有一定的保护作用

由于茶树芽叶新梢较嫩，并且茶树具有枝叶较小、分枝密等特性，非常容易受到干旱、大雨、强烈台风的伤害，造成茶叶的减产。所以，在沿海或者高山多风茶区，适当套种一些其他作物，可以形成防护林带，强风来临时可抵挡强风，而避免茶树受到过于严重的伤害，确保茶叶的产量和质量。此外，在冬季低温和冻害影响时，套种的作物可以对茶树起到较好的保护作用。

（四）改良土壤理化性质，增强土壤肥力，防止水土流失

茶树容易受到水土流失的影响而受损，而在其中种植一些根系发达的作物，可以固定土层，防止水土流失而殃及茶园，保证茶树的正常生长；土壤冲刷量减少的同时减少了茶园固有土壤肥力的损耗。因此，在茶园间种林木可以改善茶园土壤水、热状态，有利于茶树营养物质的积累，在提高茶叶品质的同时改造了生态环境。同时，套种林木时，其落叶积累可作为茶园土壤表层的保护物，又可以经过微生物的降解作用，重新利用有效物质成分，特别是氮、磷、钾等重要元素，开发茶园有效物质的循环利用，减弱对土壤肥力破坏。

知识点二　茶园套种技术

（一）茶树间套种的模式

我国生态茶园的建设模式主要有三大类型：复合生态型模式、循环型模式、综合型模式。

1. 复合生态型模式

复合生态型模式指根据茶树与其他生物种群互利共生关系，合理建设的农业生态系统。在我国应用最为广泛包括以下几种模式：

（1）"茶-草"模式　适用于各类茶园，特别是新垦幼龄茶园、茶林嵌合型茶园（指茶园面积较小、四周林木环抱，生物多样性较丰富的茶园）和已封行的土坡茶园等。常见的草本绿肥作物主要有印度豇豆、平托花生、圆叶决明、苕子、黄豆、花生和爬地兰等；草本药用植物主要有太子参、白术、浙贝、半夏、百合等。套种密度通常为一年生茶园种植2~3行，2年生茶园种植1~2行，行距在1.2m以上的3年生茶园可种植1行，4年生以后的茶园不宜套种。注意禾本科吸肥力强大，会与茶树争肥，不宜在茶园中种植。

（2）"茶-林"模式　适用于地块面积较大的连片茶园、低海拔专业（纯）茶园（一般指树种单一，生态系统较为脆弱的茶园）。在茶园路旁、沟边、空闲地块和场（厂）区周围种植香樟、桂花树、台湾相思、银杏、罗汉松、天竺桂、山茶花、杉木、任豆树、降香黄檀、海南花梨木、杨梅和杧果等，以常绿树种为主，一般3~5m种植一株，乔灌结合；可选择一些高大落叶的深根系乔木，如银杏、楝树、泡桐和香椿等，一般种植50~100株/hm² 为宜；树种和种植株数等具体情况依树种特性、茶树品种、茶园位置（包括海拔、坡向、坡度等）及耕作习惯等而定。

2. 循环型模式

循环型模式是一种按照农业生态系统内能量流动和物质循环的农业生态系统。充分利用系统中的废弃物质（畜禽粪便、沼液等），提高能量的转换率和资源利用率，防止污染，采取无公害栽培技术措施；典型的有"茶—牧（禽）—沼"模式。

3. 综合型模式

综合型模式是复合生态型模式与循环型模式的有机结合，本模式是建设节能减排循环农业和节约型社会，走茶业可持续发展道路的一种较好的选择，它适用于茶叶企业的基地建设。主要有茶-畜-草型、林-茶-牧-沼型和茶-药-牧草-禽（畜）-沼型。选择交通便利，生态基础较好的茶园基地，利用其得天独厚的自然资源优势，结合养殖业、畜牧业和沼气能源等开发利用，以满足茶园基地的生产生活的基本需求，进而达到节能减排和降低生产成本的目的。

（二）茶树间套种应注意的问题

1. 合理配置生态位

生态位是指各物种在空间所处的位置，有垂直结构和水平结构两方面；垂直结构可形成群落的层次，即成层现象，包括地上部和地下部，决定地上部分层的环境因素主要是光照、温度和湿度等，而决定地下部分层的主要因素是土壤的物理和化学性质，特别是水分和养分；地上部大致可安排三层，即乔木层、灌木层和草本层。除在茶园四周和风大的开阔地设置防护林带外，茶园内也可适当种植林、果等乔木层，这一层在创造群落内小气候环境起主要作用，它既是接触外界大气候变化的作用面，遮蔽强烈阳光照射，且保持茶园内温度和湿度不会有较大幅度的变化，起到调控下层生态因子的作用；中层为茶树，属灌木层，下层为绿肥或饲料等草本植物。地下部分层情况是和地上部分相应的，草本植物根系分布在土壤的最浅层，茶树根系分布较深，乔木根系则深入到地下更深处，它们在土壤中的不同深度，吸收面比种植单一物种增大很多。这样可使光能得到充分利用，土壤营养也可在不同层次上被利用，提高环境资源的利用率。

2. 确定适宜的间套密度

在水平结构上要避免过多的重叠，茶树虽是耐阴作物，但遮阳过度，光照不足，也会影响光合作用进程，而使茶叶减产，然而过少重叠会削弱生态效益，因此要根据间作物种的生物学特性，合理的配置行株距，使通过上层树木的直射、透射和漫射光能满足下层茶树的需要，保证系统有较长时期的稳定性和互补性。茶树上层树木的郁闭度控制在 0.30~0.35 较为适合。所谓郁闭度即树冠垂直投影面积与园地总面积之比，用 1.0 表示树冠投影遮住整个园地为高度郁闭，0.7~0.8 为中度郁闭，0.5~0.6 为弱度郁闭，0.3~0.4 为极弱郁闭。

3. 合理选配间套物种

要合理选择生物，增加到茶园生态系统中的物种要利于系统的稳定。最好选择前期生长快、叶片多、深根性、冬季落叶的速生树种，最好有根瘤的豆科，不宜间套与茶树激烈竞争水分和养分、与茶树无相同的病虫害，对茶树无明显化感抑制作用的植物。

总之，套种是茶树栽培使茶园成为复合茶园的一个发展方向，特别是目前正在发展的有机茶生产，更强调自然环境因素，用自然因素来提高茶园系统内的自然生态调控能力，遏制一些有害虫类的繁殖，减少病虫害的发生，少用或不用人工合成的化肥和农药，减少对茶叶的污染，达到生物防治的效果，最终实现无公害、优质茶叶的生产。当然，不同的地区由于气候、地理等条件不同，套种模式和方法以及达到的效果也有所差异，所以在考虑套种时要注意根据地区的实际情况，合理选用套种模式和方法，达到高产优质的效果。从长远角度来看，套种对发展有机茶生产，达到高产优质的目标具有重要意义。

任务知识思考

1. 幼龄茶园套种绿肥有哪些好处？
2. 如何选择成年茶园套种植物？举例说明。

任务技能训练

任务技能训练　幼龄茶园套种试验

（一）训练目的

让学生学会根据茶园状况，因地制宜，恰当选择茶园套种作物，给茶树生长提供一个良好的生态环境，同时提高茶园的附加值；让学生学会制定茶园套种实施方案，并能指导实施。

（二）训练内容

按随机区组排列田间试验法在幼龄茶园大行内套种花生，并采集茶苗长势相关数据。

（三）材料与工具

（1）材料　幼龄茶园、桐油、花生。
（2）工具　锄头、盆、笔、记录本等。

（四）训练方法与步骤

（1）试验地选择　根据花生的播种季节（4月中旬），开展训练前，老师安排学生前往试验目标茶园选择地势相对平坦，长势一致的幼龄茶园，按一个小区2行，随机区组法3次重复（长度最好不低于5m）选择试验地面积。

（2）试验地布置与人员安排　试验设置花生套种和不套种（对照）2个处理，小区布置按随机区组排列，重复3次，每2行为1个小区，小区两边分别设置1行保护行。试验实施按3~5人为一组，每组负责1个小区。

（3）花生种子处理　播种前将花生壳去掉，选择籽粒饱满的花生仁，用少许桐油拌花生，以花生仁沾满桐油为度，然后待播。

（4）花生播种　每条大行播种行1行花生，株距20cm，每穴播2~3粒，出苗后留双，播种深度 3~5cm，种子在窝内保持一定距离，播后细泥盖种 3~5cm，平窝。

（5）后期管理　按试验茶园常规管理方法进行管理。

（6）数据采集　花生采收时，调查茶苗长势、苗高、茎粗等长势因子填入表 1-30。

表 1-30　　　　　幼龄茶园套种花生茶苗长势情况调查表

处理	茶苗长势	茶苗叶色	茶苗高/cm	茶树茎粗/cm	茶树分枝数/(个/株)
套种花生					
不套种花生					

（五）训练课业

按要求编写实训报告，写出实训小结（包括原理，过程、结论与收获等）。

（六）考核评价

试验结果按表 1-31 进行考核评价。

表 1-31　　　　　幼龄茶园套种试验训练考核评价表

考核内容	评分标准	成绩/分	考核方法
试验布置	随机区组排列，方法正确，布置合理（20分）		每个考核要点根据训练情况按评分标准酌情评分。
花生播种	播种按技术要求完成又快又好（30分）		
数据采集	试验数据采集方法正确、数据准确（20分）		
实训报告	报告完整、各项内容技术要点、注意事项总结全面（30分）		
总成绩			

任务五　茶园耕作与除草

任务目标

1. 知识目标

（1）掌握茶园土壤生产季节、非生产季节及茶园机械化耕作相关知识。

（2）掌握茶园主要杂草的生长特性及防除的相关知识。

2．能力目标

（1）会指导茶园耕作。

（2）会指导茶园除草。

（3）会制定茶园耕作及除草技术方案。

> **任务导入**

土壤是提供水、肥、气、热的场所，是茶树赖以生存的物质基础。茶树所需的营养和水分大多是从土壤中获取，土壤肥力状态、酸碱度、温度和质地对茶树地上部分和根系生长具有极其重要的作用，能否保持土壤良好的气体交换和养分供应，对搞好土壤耕作是一项关键环节。

> **任务知识**

知识点一　茶园耕作技术

茶园土壤耕作是指用农机具对土壤进行耕翻、整地、中耕、培土等田间作业活动。茶园耕作首先是疏松土层，改变土壤中的水分和空气状态，有利于好气性微生物的生长繁衍，加速土壤中有机物质的转化，提高土壤肥力；其次是通过耕作翻埋杂草和枯枝落叶，以增加茶园中的有机质含量，将深土层土壤翻至土表，有利于增厚活土层和熟化改良土壤；第三是通过茶园耕作不可避免地伤害一部分茶树根系，对于复壮树势、衰老茶园的改造可起到根系更新作用。

茶园耕作根据耕作的时间、目的、要求可把它分为生产季节的耕作和非生产季节的耕作。

（一）生产季节的耕作——中耕与浅耕技术

1．生产季节耕作注意事项

生产季节茶树的地上部分，处于旺盛生长发育阶段，芽、叶不断分化，新梢不断发育和采摘，所以需要地下部分不间断、大量供应水分和养分。这就要求茶园耕作管理必须注意以下几点。

（1）**适时保蓄水分**　综合各地茶区的降水情况来看，茶树生产季节是降水最多的季节，也是土壤蒸发和植物蒸腾散失水分最多的季节，特别是"伏旱"和"秋旱"时期更为显著，它是矛盾的两个方面，通过耕作可以使土壤承蓄的降水与茶园地面蒸发、茶树蒸腾失水达到相对的平衡。要求降水前土壤的透水性良好，而降水后土壤中的毛细管被及时的切断，有效地降低地面蒸发作用，同时清除杂草，减少其他植物不必要的蒸腾作用的耗水。

（2）及时除草，减少土壤中养分、水分消耗 茶树生产季节也是杂草生长茂盛的季节，杂草的发生必然要消耗大量的水分和有效态养分，而施入土壤中的肥料就会被杂草争夺吸收，减少了茶树可以吸收利用的养分，对生产不利。所以生产中提出锄草要"除小、除早、除了"。

（3）避免伤害根系 根系是茶树赖以吸收水分和养分的主要器官，生产季节由于地上部分的活跃生长，根系的吸收机能也是最旺盛的时期，如果耕作中损伤根系较多，就会严重妨碍茶树的吸收机能，而且受伤的根系呼吸作用加强，伤口愈合和重新生根都会消耗大量的营养物质，这样必然影响新梢的发育，降低产量。

（4）减少土壤板结，提高土壤通透性 在生产季节除了降雨促使土壤表层板结外，主要是人们不断地在茶园中采摘，土壤表层被踩板结，结构被破坏，尤其是雨天采茶，影响更大，使土壤的通透性变差（尤其是 0~10cm 表土更板结）；同时雨水也不易渗透到土壤下层中去，土壤中空气与大气的气体交换困难。行间土壤在长期的踩压下，土壤结构变环，茶树根系发育不良。

2. 中耕与浅耕技术

生产季节的耕作有中耕或浅锄（2~5cm），避免损伤吸收根系。耕锄的次数主要根据杂草发生的多少和土壤板结程度、降水情况而确定。一般专业性茶园每年应进行 3~5 次，其中必不可少的有春茶前的中耕、春茶后及夏茶后的浅锄三次。但要从实际出发，因地因树而异。

（1）春茶前中耕 这次耕作是增产春茶的主要措施，早春土温较低，此时耕作既可以疏松土壤，使表土易于干燥，土温升高，又可削除早春杂草；结合施催芽肥，有利于促进春茶提早萌发。一般在 2 月下旬至 3 月中旬结合施春肥时进行。即使同一地区，由于地形、地势的影响，气温和杂草生长情况也不一样，一般说早芽种茶园可以早耕，迟芽种茶园可以稍晚一些。由于这次中耕主要是为了积蓄雨水，提高地温，所以中耕深度稍深一些，为 15cm 左右。群众有"春山挖破皮"的经验，说明不能太深，否则损伤根系，不利于春季根系对养分的吸收，该时期地上部分即将进入活跃生长阶段，养分供应不足，肯定会减产。在中耕时要把秋冬茶树根颈部防冻时所培高的土壤扒开，并平整行间地面，结合清理排水沟。

（2）春茶后浅锄 这次浅锄是在春茶采摘结束后进行的，长江中下游茶区多在 4 月中、下旬进行，此时，气温较高，地面蒸发量大，也正是夏季开花植被旺盛萌发的时期，又正值要施追肥。耕作深度约 10cm，以能达到锄去杂草根系、切断毛细管作用、保蓄水肥为限，不宜太深，过深反而会使下层土壤水分被蒸发。此次浅锄，由于春、夏茶间采茶间隔的时间很短，另外，在许多茶区此时也正值作物夏种忙季，时间紧、任务重、劳力紧张，要合理安排、组织、调配劳力，将农茶生产妥善安排好。

（3）夏茶后浅锄 这次浅锄是在夏茶结束后立即进行的，时间大致在6月下旬，有的地区是在三茶期间进行，在7月中旬左右，此时天气炎热，夏季杂草生长旺盛，土壤水分蒸发量大，杂草生长消耗大量的水分和养分，江南茶区时值干旱季节，为了切断毛细管减少水分蒸发，消灭杂草，同时促进土壤中硝化细菌的活动，要及时浅锄，深度约5cm为宜。

除了上述三次必不可少的耕锄，由于茶树生产季节长，还应该根据杂草发生情况，必要时可增加1~2次浅锄，特别是8、9月份，气温高，杂草开花结籽多，一定要抢在秋季植被开花之前进行一次浅锄，以彻底削除、减少第二年杂草发生。此外，我国长江以北茶区常在11月份浅锄一次，主要目的是除去秋、冬季生长的杂草，并结合进行培土，保护茶树越冬，培土高度视茶树大小和冬季冻害发生情况而定，一般只在根颈附近塞土围护即可，翌年春茶前中耕时再把土扒平。

我国茶区耕锄次数及时间，各地差异大，有的地区全年均未进行耕锄（云南勐海地区），有些地区全年耕锄2~3次，而有些地区每年多达7~10次，这主要是由于各地茶园条件不同，长期形成的。茶园行间松土或除草，深度应以3~4cm为宜；行间铺草，可显著提高茶叶产量，耕锄亦可省去；修剪枝叶留在行间，对产量有利；幼年茶园行间种植绿肥，对提高产量有益。幼年茶园，由于茶树覆盖度小，行间空隙大，容易滋生杂草，而且茶苗也容易受到杂草的侵害，故耕锄的次数应比成年茶园、特别是覆盖度大的茶园次数多，否则形成草荒，导致茶苗生长不健壮。但应指出，耕锄应尽量结合施肥进行。

（二）非生产季节的耕作——深耕技术

耕作深度超过15cm即可称为深耕。深耕对改善土壤的物理性状有良好的作用，可以提高土壤的孔隙度，降低土壤容重，对改善土壤结构、提高土壤肥力有促进作用。深耕后土壤疏松，含水量提高，而且土壤通透性提高，促进好气性微生物活跃生长，加速土壤中有机物的分解和转化，提高土壤肥力水平。但是深耕对茶树根系损伤较大，对茶树生长会带来影响，因此，在进行深耕时要根据具体情况分别对待，灵活掌握。

茶树种植前的深耕，按照常规即可；种植后的深耕，由于茶园类型不同，深耕要求也有差异。下面分别就幼龄茶园、成年茶园、衰老茶园的深耕方法加以说明。

1. 幼龄茶园深耕技术

种植前深垦过的茶园，一般结合施基肥进行深耕。深耕深度初期在离茶树根部20~30cm以外，开沟30cm左右深度。茶树长大后，开沟的部位向茶行中间逐步转移。

2. 成年茶园深耕技术

过去已深垦过的，如土壤疏松可不再深耕；若土壤黏性较重，在尽量减少伤根的前提下，适当缩小宽度深耕 30cm 左右，以后不再深耕。深耕时期，北方茶区宜在 8~9 月，长江中、下游茶区宜在 9~10 月，华南茶区还可适当推迟。对于成年茶园的深耕，对茶叶产量的影响相对复杂，有增产也有减产，或是当季减产，而隔季增产，综合各地的经验看，深度不超过 30cm 有增产作用。

3. 衰老茶园深耕技术

通常结合低产茶园改造同步进行，在秋末冬初离开茶根 30cm 进行 50cm 深耕；深耕时要结合施用有机肥料，将肥料与土壤混合，使土肥相融。

总之，深耕是花费劳力多、需要有机肥多的作业。通常在开垦前进行一次，如果土壤黏重，可在开采初期缩小宽度再进行一次。在正常情况下，待 20 年左右茶园产量大幅度下降时再深耕改土一次，其他时期不再深耕。

（三）机械耕作技术

农业机械化是实现农业现代化的一项重要内容。目前各地的茶园管理用工，除了采茶以外，耕作是需用农业劳力最多的管理措施，实现茶园管理耕作机械化，是今后的方向。

我国茶园耕作机械早在 20 世纪 50 年代就开始试制，并在群众性大搞科学实验中，涌现出不少半机械化或机械化的机具，目前我国农村的小型农机具发展很快，可望不久用于茶园耕作的机械也会迅速发展。比如国家茶叶产业技术体系茶园机械研究室岗位专家肖宏儒研究员研究的高地隙茶园管理机（单行单犁）、小型茶园中耕机、手扶式茶园耕作机（单行双犁）用于茶园耕作、施肥效果对比试验，效果良好，正处于推广阶段。

今后发展机械耕作，除了不断改进机具、研制新的机具以适应茶园的要求外，茶园也必须进行改造，以适应机械耕作要求。由于茶树是多年生作物，不易改变现状，今后新植茶园和原有茶园的改造都必须考虑以下几方面：一是园地选择尽量集中连片；二是坡度 10° 以上园地最好（修）筑梯级茶园；三是修建 1.5m 地头路，以便机具调头之用；四是茶树行距适当放宽至 1.5m 以上；茶树不能培育过高，以 70~80cm 为宜；五是必须配备一套完整的作业机械，使茶园的主要管理措施都能实现机械化，并且进一步研究栽培技术措施，使茶树适应机耕的条件，同时机具设计也应适应茶树的生长情况。

知识点二 茶园除草技术

茶园杂草是在长期适应茶园栽培、耕作、土壤和气候等生态环境下生存下来的非栽培植物，对茶叶生产的影响十分明显。例如茶园杂草与茶树争夺土壤水分和矿物质养分、遮蔽阳光、助长病虫害的滋生蔓延，从而干扰茶树的生长，影响茶叶的产量和品质。此外，杂草还给茶叶采摘、农药喷施等田间作业带来不便。因此，在茶园栽培管理中，常把杂草纳入有害生物控制之列。茶园杂草防除方法有农业措施、人工机械措施、生物防治措施和化学防除措施等。目前，部分幼龄茶园为了降低劳动成本，仍然采用化学防除措施，但是化学除草剂防治容易导致杂草产生抗药性，同时伴随环境污染、农药残留等问题。因此，茶叶生产过程中应当尽可能地减少或禁止化学药剂使用。

（一）茶园杂草的主要种类

1. 四大茶区茶园杂草种类

我国茶园面积广阔，按照各产茶地的生态环境、茶叶生产、茶树栽培方式和茶树种植历史等特点，我国四大茶区"自南向北、自东向西北"分布，热量、降雨量等自然条件存在规律性的变化，因而导致各茶区杂草发生的种类及数量存在较大差异。

华南茶区是我国最南的茶区，地处中热带和边缘热带，常年高温多雨，水热资源丰富，同时也是我国茶园杂草发生种类最多的一个茶区。据调查，在福建安溪发现茶园杂草多达 35 科 94 属 140 种，主要有禾本科、菊科、豆科等，其中有严重危害性的有鬼针草、胜红蓟、杠板归、马唐、丛枝蓼、野塘蒿、小飞蓬等。

西南茶区地处我国西南地区，具有海拔高、纬度低的特点，该茶区地形、地势复杂，有盆地、山地、高原，地势起伏大，因而区内不同区域性气候差异大。西南茶区大部分地区均属于亚热带季风性气候，其南部少部分地区为热带季风性气候，水热条件较好。茶园杂草主要以旱地杂草类型为主，有禾本科、莎草科、菊科、蓼科等；主要杂草有蟋蟀草、碎米莎草、马唐、喜旱莲子草、早熟禾、碎米荠、通泉草、婆婆纳、鳢肠（旱莲）、野艾蒿、野苋菜、牛膝菊等。

江南茶区地处亚热带季风气候，冬季温暖干燥，夏季高温多雨。肖润林等对湖南长沙县茶园的研究表明，发现共有杂草 31 种，其中有禾本科 11 种；菊科 3 种；茜草科、苋科和鸭趾草科 2 种；豆科、莎草科、千屈菜科、酢浆草科、十字花科、百合科、石竹科、玄参科、蓼科、报春花科和伞形科 1 种。

江北茶区地处亚热带季风性气候带边缘，区内地形复杂。同其他茶区相比，该茶区气温低，积温少。通过对河南省信阳市 300 多个点的茶园进行调查，发现该地区茶园杂草共有 30 科 87 种，主要以禾本科和菊科种类最多。其中禾本科 22 种，占 25.3%；其次是菊科 17 种，占 19.5%；此外还分布有蓼科、苋科、石竹科、莎草科、玄参科、豆科等。马唐、牛筋草、千金子、水花生等的发生最普遍、危害最严重。

从茶园杂草发生情况来看，一般平地茶园多于山地茶园，幼龄茶园多于成龄茶园。茶园杂草的共同特点，一是生命力强，能耐寒暑、耐干湿、耐酸瘠，适应范围广；二是传播方式多；三是繁殖快，种子数量多；四是寿命长。杂草种子遇到不良条件，能处于休眠状态，待条件成熟后，再发芽生长。了解几种主要杂草的生物学特性，掌握其生育规律，有利于杂草发生采取有利的措施。

2. 茶园主要杂草的生物学特性

（1）马唐　禾本科，一年生草本植物，茎部匍匐于地面，每节都能生根，分生能力强，6~7月抽穗开花，8~10月结籽，以种子和茎繁殖（图1-22）。

图1-22　茶园杂草马唐

（2）狗尾草　禾本科，一年生草本植物，茎扁圆直立，茎部多分支，7~9月开花结籽，穗呈圆筒状，像狗尾巴，结籽数量多，繁殖量大，而且环境条件较差时也能生长（图1-23）。

图1-23　茶园杂草狗尾草

（3）蟋蟀草 禾本科，一年生草本植物，茎直立，6~10月开花，有2~4个穗枝，集于杆顶，以种子、地下茎繁殖。

（4）狗牙根 禾本科，多年生草本植物，茎平铺在地表或埋入土里，分枝向四方蔓延，每节下面生根，以根茎繁殖，两侧生芽，3月发新叶，叶片形状像犬齿。

（5）辣蓼 蓼科，一年生草本植物，茎直立多分枝，茎通常呈紫红色，节部膨大，以种子繁殖。

（6）香附子 又名回头青，莎草，莎草科，多年生草本植物，地下有匍匐茎，蔓延繁殖，叶窝生，细长质硬，3~4月间块茎发芽，5~6月抽茎开花，以种子和地下茎繁殖。

（7）菟丝子 旋花科，一年生寄生蔓草，全株平滑无毛，茎细如丝，无叶片，缠绕寄生，用茎上吸盘吸收寄主养分，夏天开花，以种子繁殖。

（8）白茅 又名丝茅草、茅草、茅草根，禾本科，多年生草本植物，根茎密生鳞片，杆窝生，直立，高30~90cm，叶多窝集基部；花期夏、秋季。多生长于路旁、山坡、草地上。

（二）茶园杂草防治技术

1. 人工除草

（1）传统人工除草 传统人工除草主要有拔除、割除、锄头耕除等方法，将杂草深埋入土中或晒死在行间，以免复活。对于以根、茎繁殖为主的杂草，必须彻底拣净，运出园外烧毁。人工除草具有方法简便、易为人们所掌握、安全、无副作用等优点，但除草不易彻底，费工费时，效果差。在大量农村劳动向外转移、劳动力数量少、报酬大幅提高的情况下，使用人工除草，极大地提高了茶园生产成本。

（2）人工覆盖除草 人工覆盖能很好地改变土壤表层的光、热、空间等，使得杂草生长的环境受限，从而达到杂草防控的效果（图1-24）。人工覆盖主要有秸秆覆盖、地膜覆盖等。员学锋等以秸秆作为覆盖物进行研究，结果表明，随着秸秆覆盖量的增加，田间杂草发生数、干重以及单株草质量等均呈现下降趋势，并且杂草的发生情况与秸秆覆盖量呈现高达0.95以上的负指数相关性。现在广泛推行的有机防草地布，对杂草的防控效果也较好。

2. 机械除草

目前在我国茶园除草机械类型主要有两类：一类是集合耕、翻、耙、中耕松土等措施将杂草或草籽深埋的耕作—除草多功能集合的机械，另一类是茶园割草机，其通过高速旋转的特制打草绳把地面上的杂草切断。二者均能良好地控制茶园杂草的生长，且大大提高工效。然而我国茶园地形复杂，使得机械除

图1-24 茶园铺草示意图

草在很多茶园的应用受到一定程度的限制。

3. 化学除草

茶园化学除草技术具有田间使用简便、防除效果佳、人工投入量少、管理成本低、经济效益高等优点。然而，自1999年欧盟扩大农药残留检测的幅度以来，我国茶叶产品农残问题成为茶叶质量安全问题的核心问题，茶叶应以安全、健康、无污染的天然饮料展现在人们面前。因此，茶园化学防除杂草技术的研究在2000年后较为鲜见。在实际茶园生产中，虽然优先考虑以农业防治、物理防治、生物防治等措施来防控杂草生长，但仍然有部分茶园使用化学除草剂。因此，应严格按照农药的防治对象、使用方法、施用适期等合理使用除草剂，保证茶叶的质量安全。

4. 生物除草

研究表明，人工除草、机械除草、化学除草等传统措施容易造成茶园水土流失、生态环境受到污染、生物群落多样性遭到破坏。因此，研究生态可持续发展的控草方法，对茶园的优质、安全、高效生产具有重要意义。

(1) 植物源除草 在生态系统中，有些植物会利用相生相克原理，通过向外界环境释放某种次生代谢产物从而对邻近的其他植物生长发育产生有益或者有害的影响。植物源除草主要有两种形式，一种是通过人工间作某种植物来抑制或者防除其他杂草，另一种是以某种植物为原料通过简单人工提取有效成分并制成药剂，经使用该药剂以达到杂草防控。通过采取茶园间作的方式，或者寻找、培育抗草除草的作物，充分利用作物本身的除草特性进行草害防治。有研究表明，白三叶草的花、叶能挥发某些物质，这类物质能影响稗草、苘麻种子萌发及幼苗生长；肖润林等将白三叶草引入茶园，研究发现，间种白三叶草可以降低杂草优势集中性指数，使杂草群落趋于稳定，且杂草群落优势种不明显，有效控制了茶园中生长快、植株高和生物量大的恶性杂草的发生。罗旭辉等在茶园中套种圆叶决明，结果表明茶园套种圆叶决明可以很好地控制杂草的生物量，特别是对马唐等杂草的控制。

（2）动物源除草 动物源除草主要是利用动物食性的差异达到除草的目的。有人通过对空心莲子草叶甲的食性进行研究测试，表明空心莲子草叶甲只以空心莲子草为食。因此，该种方法能有效地控制多年生恶性杂草空心莲子草，且安全性较高。近年来，我国有些茶园通过放养鸡、鹅等方法来达到茶园除草的目的。

（3）微生物源除草 微生物源除草是利用能快速繁殖的杂草病原菌活体感染杂草发病或由微生物产生的具有杀（抑）杂草的毒性代谢产物影响杂草生长的方式。近些年我国科研工作者筛选出了一批用于杂草防控的菌株。山东省农业科学研究院筛选出的由胶孢炭疽菌制成的"鲁保一号"菌剂在菟丝子的防治上得到应用，效果显著。目前，微生物源除草技术在茶园的应用报道还较为鲜见。随着生态茶园和有机茶园的建立，微生物源除草技术有着广阔的应用前景。

> 任务知识思考

1. 比较春茶前中耕、春茶后浅耕、夏茶后浅耕技术的异同点。
2. 怎样才能提高深耕的效果？
3. 是否所有茶园都提倡伏耕？为什么？

> 任务技能训练

任务技能训练 茶园杂草识别

（一）训练目的

茶园杂草识别是一项应用性很强的技能。通过实训，让学生了解掌握茶园常见杂草的种类、主要杂草的形态特征、生物学特性及识别要点，并能指出杂草的分类地位，为茶园化学除草奠定基础。

（二）训练内容

训练内容为识别供试茶园的杂草种类，并以图片的方式按科分类。

（三）材料与工具

材料与工具包括茶园杂草、相机、记录本，形色识别植物软件、参考资料等。

（四）训练方法与步骤

（1）识别供试茶园杂草名称　通过田间调查、形色识别等方法识别供试茶园主要杂草名称，并采集标本或图片。

（2）查阅供试茶园主要杂草生物学特性　将茶园田间采集的标本或者照片，利用形色软件、工具书等，查阅其形态特征及生物学特性。

（3）制定供试茶园主要杂草防除措施　根据杂草的生物学特性，制定防治措施。

（五）训练课业

编写实训报告。编写提示：总结茶园主要杂草的种类、生物学特征、防治措施、注意事项、收获及体会等。

（六）考核评价

训练结果按表1-32进行考核评价。

表1-32　　　　　　茶园杂草识别训练考核评价表

考核内容	评分标准	成绩/分	考核方法
杂草识别及分类	名称识别正确、分类正确（30分）		各考核要点根据训练情况按评分标准酌情评分
查阅杂草生物学特性	形态特征及生物学特性描述全面、正确（30分）		
制定防除措施	措施制定得当、操作性强（20分）		
实训报告	实训报告、总结全面、重点突出（20分）		
总成绩			

项目四 茶树树冠管理

任务一 茶树修剪

任务目标

1. 知识目标

（1）了解茶树修剪基本原理。

（2）掌握茶树高产优质树冠模式。

（3）掌握茶树修剪相关知识。

（4）掌握茶园修剪后管理的相关知识。

2. 能力目标

（1）具备茶园机械化修剪技术操作技能。

（2）具备制订茶树修剪计划及实地示范的能力。

（3）具备编制低产茶园改造方案的能力。

任务导入

在茶园管理工作中，茶树修剪作为一项重要的技术措施，对茶树的生长发挥着重要的作用。茶树修剪方法有定型修剪、轻修剪、深修剪、重修剪和台刈五种。不同品种的茶树具有独特的生长发育特点，生长环境也存在差异，针对不同的茶树要合理运用不同的修剪方法和技术，才可以达到增产和高效的目的。

任务知识

知识点一 茶树修剪的作用

（一）控制顶端优势

植物在生长过程中，顶端枝梢或顶芽的生长总是比侧枝或侧芽旺盛迅速，呈现出明显的生长优势，这就叫顶端优势。其生理原因有很多学说，主要是生长素说，其主要观点是当用人为的方法剪去顶芽或顶端枝梢时，剪口以下的侧芽就会迅速萌发生长。修剪反应最敏感的部位是剪口以下，也常常是第一个芽最强，此后依次递减，一般定型修剪能刺激剪口以下 2~3 个侧芽或侧枝生长。而台刈可刺激根颈部的潜伏芽萌发。

（二）相对平衡地上部与地下部

茶树树冠与其根部构成相互对立而又统一的整体，它们之间既表现了相互矛盾，又表现出相互对立而平衡关系，通过茶树修剪，就可以打破其地上部与地下部的相对平衡；同时茶树具有再生能力强的特性，修剪能使休眠芽或潜伏芽萌发出新的芽梢，通过修剪或采摘打破平衡，又与地下部生长达到新的平衡，使茶树一生中地上与地下之间始终处于动态平衡。

（三）诱导新芽发育

同一枝条上，从基部到顶端的各叶腋间着生的芽，由于形成时期、叶片大小以及营养状况的不同，质量上存在一定的差异，叫作芽的异质性；当树冠枝条的育芽能力减退时，根颈部的潜状芽就能迅速萌发，因此，在实践中用台刈或重修剪的方法更新茶树。

（四）抑制生殖生长

营养生长与生殖生长也是茶树系统发育中的对立统一体。当采取修剪措施时，就能抑制生殖生长，促进营养生长。

知识点二　高产优质茶树树冠要求

高产优质的树冠结构是在强大的根系作为生长基础的前提下，树冠高有利于发挥生长优势，叶面积大和叶位分布合理有利于光合作用和积累，树冠对土地的覆盖有利于采集光能。"宽、密、壮、茂"是优质高产茶树树冠的基础，其指标体现在骨干枝和生产枝、树冠高度、树冠覆盖度、叶面积指数等方面，具体要求如下。

（一）分枝结构要合理

分枝层次多而清楚，骨干枝粗壮而分布均匀，采面生产枝健壮而茂密，有强壮的骨干枝，才能构成上层生产枝的依托，只有上层健密的生产枝，才能育成较多的新梢，茶芽萌发才能多而重；未修剪的茶树枝稀芽少，修剪程度重的芽少而重，修剪程度轻的芽多而轻。由于茶树的生长是有限度的，保持在最佳生长值的限度时分枝最壮，育芽力最强，而且分枝到一定层次后不再增加，只是进行上层枝的更新，所以保持 10~14 层分枝时茶叶产量最高。

（二）树冠高度要适中

茶树树冠应控制在适当的高度，使其有利于茶树水分和养料的输导，提高茶树新陈代谢水平，又便于采摘和茶园管理。虽然有的茶树品种枝条生长势强，达 1m 以上仍属于优势生长阈值内，但树冠过高，使枝条内碳水化合物和水分、矿物元素向上运输削弱，顶端枝条的强度也随之削弱。为培养高产优质的树冠和有利于茶树体内液体流动的旺盛度，茶树树冠高度应控制在 70~80cm 为好，即使是南方茶区栽植的乔木型大叶种，树冠亦以不超过 90cm 为宜，在有严重冻害的北方茶区，树冠宜矮，可培养成 60cm 左右的低型树冠，以御寒冻。

（三）树冠覆盖度要大

树冠幅度过宽不便于采摘，也不能孕育粗壮芽叶；过窄则土地利用率低，采摘面小，难以实现高产。在控制适当高度的前提下，尽可能扩大树冠幅度，使茶树具有宽大的绿色采摘面，是高产优质的基本条件之一。一般要求高幅比达到 1：2，至少也要达到 1：1.6，才能使骨干枝斜向、粗壮，绿色面广阔，两行树冠间留 20~30cm 宽度，作为采摘人员通道或操作机械的轮道。弧形采摘面幅度大，发芽数较多，但芽叶较小，适合中等纬度中、小叶种，以显示其芽密型优势，该采面适于采制绿茶和名茶；水平形采摘面幅度较小，芽数亦少，但新梢体质重，适合于南方茶区乔木型大叶种，以显现其芽重型优势。

（四）叶层厚度和叶面积指数要适当

叶片是光合作用的基地，光合产物的运转、水分的蒸腾、矿物元素的利用、呼吸作用等，都离不开叶片。高产优质的茶树树冠，应有一定的叶层厚度，以维持强盛的新陈代谢。一般中小叶种高产树冠应有 10~15cm 的叶层厚度，大叶种枝叶较稀，应有 20~25cm 的叶层厚度；叶面积指数应以 4~5 为宜。

知识点三 茶树修剪技术

培养树冠的方法和程序主要是三个方面：一是奠定基础的修剪——定型修剪；二是冠面调整、维持生产力的修剪——轻修剪、深修剪；三是树冠再造的修剪——重修剪和台刈。

（一）定型修剪

定型修剪是培育健壮骨干枝的前提，一般进行 3~4 次定型修剪，以达到促进侧芽萌发和侧枝生长、增加有效分枝的级数、培育树形结构、打好树冠骨架质量的基础、扩大茶树采摘面以及使茶树拥有良好树势的目的。

　　第一次定型修剪茶苗要达到以下标准，即茎粗（离地表5cm处测量）超过0.3cm（生长在北纬20°以南茶区茶苗粗度应超过0.4cm），苗高达到25~30cm，有1~2个分枝，在一块茶园中达到上述标准的茶苗占80%以上，如图1-25所示。符合第一次定型修剪的茶苗，用整枝剪，在离地面12~15cm处剪去主枝，侧枝不剪，剪时注意选留1~2个较强分枝。凡不符合第一次定型剪标准的茶苗不剪，留待第二年，高度粗度达标准后再修剪。

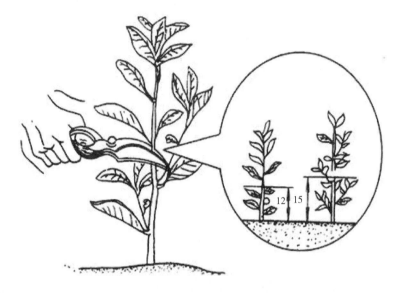

图1-25　第一次定型修剪后的茶园面貌

第二次定型修剪在第一次修剪一年后进行，树高应达40cm左右，修剪高度应从前一次剪口往上提高15cm左右，在离地面25~30cm处，使用整篱剪剪去以上部分枝条（图1-26）。

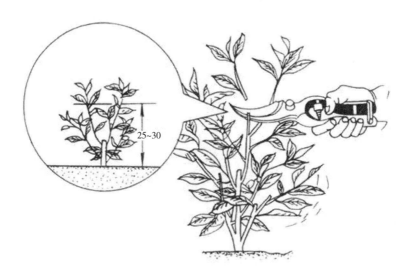

图1-26 第二次定型修剪后的茶园面貌

第一、二次定型修剪是关系到一、二级骨干枝是否合理的问题，因此，工作必须细致，除了用整枝剪逐株逐枝修剪外，还要选择剪口下的侧芽向外的部位修剪，使侧枝向外扩展，形成披张的树型。另外，要注意修剪后留下的小桩不能过长，以免消耗养分和提高分枝部位。

第三次定型修剪是在第二次定型修剪后一年左右进行，视茶苗长势而定。

修剪高度是在第二次剪口的基础上，提高 10cm 左右，在离地面 35~40cm 处，使用整篱剪剪去以上部分枝条，由于这次修剪的目的主要是建立上层骨干枝，并在此基础上铺开分枝，故用修剪机按高度要求剪平，同时用整枝剪剪去细弱的分枝和病虫枝，以减少养分消耗（图 1-27）。

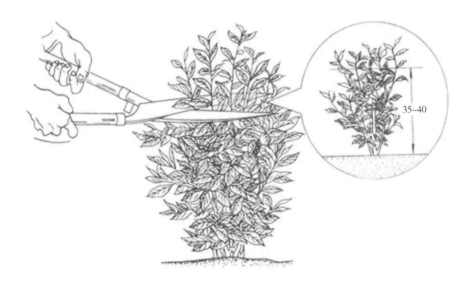

图 1-27　第三次定型修剪后的茶园面貌

若进行第四次定型修剪，可再在第三次定型修剪后的一年进行，修剪高度在第三次剪口的基础上，提高 10cm 左右。

灌木型茶树在 3 次定型修剪后，一般高度达 45~50cm，幅度达 70~80cm，可以开始轻采留养，待树高达 70cm 以上时，按轻修剪要求培养树冠。

定型修剪高度以低为好，如果剪口偏高，分枝虽略多，但很细弱，剪口低分枝虽略少，但粗壮，有利于骨干枝的形成。定型修剪不能"以采代剪"，由于采摘的对象是嫩梢，修剪的对象是木质枝，如以采代剪，就会形成过密而不壮的分枝层，不能建造粗壮的骨干枝，所以定型修剪期应严禁采摘，更不能以采代剪。

（二）轻修剪

茶树采面分枝状况是构成产量的重要因素。成年茶树因年龄和采摘的关系，采面分枝细密，为了保持生产枝的生长活力，必须每年或隔年进行一次轻修剪。轻修剪的程度视树冠结构和枝条生长情况而定，故在实践中还可更细地分为轻修平、轻修剪和整枝等不同名称。

修剪的高度是在上次剪口上提高 3~6cm，轻剪程度必须根据茶园所在地的气候和采摘状况酌情增减高低，如气候温暖、肥培管理好的茶园，生长量大，轻剪应剪得重一些，留桩浅一些；如采摘留叶少，叶层较薄的茶园，应剪得轻一些，以免骤减叶面积。生长势较强、蓬面枝梢分布合理而气候较冷的可剪得轻一些，将受冻叶层、枯枝剪去即可。

轻修剪时必须考虑树冠面保持一定的形状，以最大限度地利用环境条件，得到最佳的茶园覆盖度。一般应用最多、效果较好的是水平型、弧型两种。纬度高、发芽密度大的灌木型茶树，以弧型修剪面为好；生长在纬度较南的乔木、半乔木茶树，发芽密度稀，生长强度大，由于顶端优势强，若不控制树冠中央部位枝梢的生长量，就会形成中央高、两侧低的树型，造成芽位分布不平衡，新梢稀少、侧芽弱的状况，影响产量，以修剪成水平采面为好。

轻修剪的最佳时间为停采封园后的 9 月底至 10 月中旬，其次为春茶结束后的 4 月下旬至 5 月。

（三）深修剪

深修剪是一种改造树冠的措施。因为树冠经过多次的轻剪和采摘以后，树高增加，树冠面上的分枝越分越细，并形成环状的肿胀形结节，阻碍营养物质的输送，在其上生长的枝梢细弱而密集，形成鸡爪枝，枯枝率上升。这些枝条本身细小，所萌发的芽叶瘦小，不正常新梢增加，育芽能力衰退，新梢生长势减弱，产量、品质显著下降。这种情况，需用深修剪的方法，除去鸡爪枝，使之重新形成新的枝叶层，恢复并提高产量和品质。

深修剪的深度，一般是剪去树冠绿叶层的 1/2～2/3，为 15～25cm，但最重要的依据是细弱枝、枯枝、鸡爪枝的深度作为剪位，以剪除这些枝条为基准。

深修剪几年进行一次，视各地茶园条件而异。国内大体上每隔 5 年左右进行一次深修剪。深修剪虽然能起恢复树势的作用，但由于剪位深，对茶树刺激重，因而对当年产量略有影响，没有必要时，可延长间隔期，尤其不要在产量刚出现下降时就进行深修剪。因为对产量水平变化的影响因子较多，如水肥条件，管理是否适时，剧烈的气候变异等，都会使产量曲线波动，所以只有在茶园处于正常管理条件下，气候无剧烈变动，而茶叶产量又连续下降，树冠面处于衰老状况下，才实施深修剪。

在深修剪的同时，常常同步进行清兜亮脚（疏枝）及边缘修剪，这样可使茶树通风透光，减少不必要的养分消耗，促进茶树健康生长。边缘修剪是剪除两茶行间过密的枝条，保持茶行间 20～30cm 的通道，并可剪除边侧枝中长势较差的部分。

深修剪的时间与轻修剪相同，应注意剪后有较长的恢复生长时间，有充裕的水肥供给，而且不要选在旱季，以免影响产量和树势。

（四）重修剪

重修剪的对象是未老先衰的茶树和一些树冠虽然衰老但骨干枝及有效分枝仍有较强的生长发育能力、树冠上有一定绿叶层的茶树，以及旧茶园中树龄虽老，但管理水平尚高、主枝和一二级分枝尚壮而上层分枝枯枝多、枝干灰白、新梢细小、对夹率高，采取深修剪已不能恢复生长势的茶树。改造后能使新梢增重，鲜叶提质，产量提高。

重修剪程度要恰当掌握，常用的深度是剪去树高的 1/2 或略多一些，留下 30～45cm 的主枝分枝高度（图1-28）。在重修剪前，应对茶树进行全面调查分析，找出园中大多数茶树的细弱枝、枯死枝部位，确定大多数茶树的留桩高度标准，同一块茶园中就高不就低，同时加强剪后的肥培管理。对个别的衰老茶树，可以采取抽刈的方法，在离地 10～15cm 处进行台刈。

重修剪时机对于剪后生长关系很密切，又对产量影响大，但重修剪的主要目的是重组树冠，应兼顾产量，需注意以下两个方面：一是修剪时间在 6 月份以前进行，保证剪后有较长生长期，使当年新萌枝长壮，在停止生长前的后期，配合打顶以加速枝梢木质化，避开冬寒；二是重修剪不宜在高温季节进行。

图1-28 重修剪茶园标准示意图

（五）台刈

台刈是彻底改造树冠的方法。由于台刈后都是从根颈部萌发的新梢，所以具有旺盛的生命力，可以形成整齐的树冠和健壮的树势，在加强肥培管理条件下，能使茶树迅速增产。但台刈后影响一、二年产量，所以台刈的茶树必须是树势十分衰老，采用重修剪方法不能恢复树势，即使增强肥培管理后产量仍然不高，茶树内部都是粗老枝干，枯枝率高，地衣苔藓多，芽叶稀少而轻，枝干灰褐色，不台刈不足以改变树势的茶树。台刈后的产量会比台刈前逐年增加，而且品质好，嫩度高，内含物丰富。

台刈时期在3~8月均可进行，但为了考虑尽量减少产量损失和茶树生育健壮，最佳时间是春茶前，其次是春茶后。

台刈一般采取离地面高度5~10cm处剪去全部枝干。如果留桩过高，会严重影响树势恢复，更新后不旺长。

台刈要求切口平滑、倾斜，应选用锋利的弯刀斜劈或拉削，避免树桩破裂，滞留雨水，使树桩枯死影响发芽。对于树桩特别粗大的应用锯片锯断如图1-29所示。

图 1-29　台刈茶园标准示意图

知识点四　茶树修剪配套管理措施

要想发挥出茶树树冠培育和修剪的理想效果，就离不开良好的水肥条件、病虫害科学综合防治、采摘留养、越冬防护等其他相关措施的配合。

（一）茶树修剪与水肥管理相配合

经修剪的茶树，不论是其剪口愈合还是新梢萌发，都需要为其补充水分及养分。因此，应根据茶树实际情况，为其供水并在修剪前施用适量的肥料，主施有机肥，辅施化肥。针对长期干旱的茶园应及时浇水，涝渍茶园应及时排水。

（二）茶树修剪与病虫害防治相配合

茶树修剪后新生的嫩芽和叶片极易受到茶尺蠖、茶蚜、茶假眼小绿叶蝉、芽枯病、茶饼病等病害和虫害的影响。所以，应关注茶园病虫害的发生情况，及时针对病害和虫害进行科学综合防治。

（三）茶树修剪与采摘留养相配合

茶树修剪后，新梢需要在一定的时间段里保持蓄养状态，不能随意采摘。采摘时，应实行"采高留低、采密留稀、采中留侧、打头轻采"的原则，以积蓄培养茶树树冠。对于幼龄茶园和台刈后的茶园，更应注重树冠的培育。

（四）茶树修剪技术与越冬防护相配合

针对茶园的越冬防护，可通过茶园铺草、良种选配等方法来进行。铺草一般在"霜降"左右进行，茶行之间所铺的草，厚度以 5~10cm 为宜。在常出现冻害的地区，建立新茶园时，应充分了解各茶树品种的抗寒性，如早生品种易受冻害，就不适宜选择引进种植；选择引进抗寒品种种植可有效防止茶树冻害，品种抗寒性越强，越利于安全越冬。

任务知识思考

1. 修剪对培养高产优质树冠的作用有哪些？
2. 各种修剪方式分别在什么情况下应用？
3. 如何确定合适的修剪时期？

任务技能训练

任务技能训练　茶园修剪

（一）训练目的

让学生掌握高产优质树冠的培养方法；学会根据目标茶园的长势情况选择合适的修剪方式；掌握不同修剪方式的技术要点，能够因地制宜进行修剪训练，保质保量完成修剪任务。

（二）训练内容

（1）茶树的定型修剪训练。
（2）茶树的轻修剪训练。
（3）茶树的重（深）修剪、台刈训练。

（三）场地与工具

（1）场地　茶园。
（2）工具　篱剪、平型修剪机、整枝剪、台刈剪、砍刀、锯等。

（四）训练方法与步骤

（1）确定修剪方式　实施修剪之前，前往目标茶园调查茶园长势情况确定修剪方式，若是幼龄茶园或是更新改造茶园，确定实施第几次定型修剪；若是成年茶园，根据情况分析确定采取轻修剪还是深修剪；若是衰老茶园，根据树龄分析茶树衰老的原因，确定是采取重修剪或者是台刈的修剪方法。

（2）修剪工具准备　以组为单位，根据调查目标茶园的长势情况，确定修剪方式，修剪前准备好合适的修剪工具，并对其进行维护，使其能够正常作业。

（3）实施修剪训练　以组为单位，每组一台修剪工具，带上前往目标茶园，根据确定的修剪方式，按照其技术要点进行修剪，完成修剪训练任务。

（4）修剪工具整理　修剪结束后，必须对修剪机进行整理，按照修剪机的使用说明进行维护后，归还实训室进行保管。

（5）实训注意事项

①严格按照技术要求：修剪过程中，应该按照确定的修剪方式，严格按照技术要求进行修剪。

②严格按照设备操作规程使用修剪机：成年茶园的轻修剪、深修剪、重修剪一般使用单人或者是双人燃油式或者是电动式修剪机，转速快，刀片锋利，使用的过程中，必须按照操作规程使用，保证安全。

（五）训练课业

编写实训报告。编写提示：根据修剪实训操作过程，总结关键技术要点、注意事项、收获及体会等。

（六）考核评价

试验结果按表1-33进行考核评价。

表1-33　　　　　　　　茶园修剪训练考核评价表

考核内容	评分标准	成绩/分	考核方法
确定修剪方式	茶园长势、树龄判断正确，修剪方式选择正确（15分）		每个考核要点根据训练情况按评分标准酌情评分
工具准备	能根据修剪方式，正确选择修剪工具，并正确维护（15分）		
修剪训练	技术要点正确、修剪机使用操作符合安全规范，修剪质量好（50分）		
实训总结	各项训练内容、技术要点及注意事项总结全面（20分）		
总成绩			

任务二 茶叶采摘

任务目标

1. 知识目标

（1）了解茶树采摘的目的和意义。

（2）掌握茶叶采摘的基本常识及标准。

（3）掌握合理采摘技术、鲜叶管理的相关知识。

2. 能力目标

（1）掌握鲜叶采摘的方法，会采摘。

（2）会制定茶园采摘计划，能实地进行示范。

任务导入

茶叶采摘既是茶叶生产的收获过程，也是增产提质的重要树冠管理措施。单位面积产量的高低与品质的好坏，决定于芽叶的多少与好坏，芽叶的多少与好坏决定于茶树新梢生长发育状况，决定于茶树栽培和采摘合理与否等各种因素。采摘的同时，必须考虑到树体的培养，以维持较长的、高效益的生产经济年限。深刻地认识采摘对茶树生长发育带来的变化，了解各种不同的采摘标准和采摘技术、做好采收过程中的各项管理工作，是本任务阐述的主要内容。

任务知识

知识点一 茶叶采摘标准

茶叶的采摘标准应包括采摘与留养两方面的标准，是人们按照茶类生产的实际条件、市场的供求关系和芽叶的化学成分等客观指标而制定的。它是前人的经验总结，也是随着市场和生产上的变化而不断地发展和改变。我国茶区广阔，茶类丰富，采摘标准不尽相同，确定标准的因素很多，目前生产上掌握的采摘标准基本上是考虑生产的茶类、茶树的生长发育状况、特点等方面因素，以求获得最高的茶叶生产效益。

（一）依茶类不同的采摘标准

我国茶类丰富多彩，形成了不同的采摘标准，但概括起来，依茶类不同可以分为细嫩采、适中采、成熟采、特种采四种采摘标准。

1. 细嫩采标准

采用细嫩采采摘标准采制的茶叶，主要用来制作高级名茶，如杭州西湖龙井、洞庭碧螺春、君山银针、黄山毛峰、庐山云雾等，对鲜叶嫩度要求很高，一般是采摘茶芽和一芽一叶，以及一芽二叶初展的新梢（图1-30）。前人称采"麦颗""旗枪""莲心"茶。这种采摘标准，产量低，品质佳，季节性强，经济效益高。

图1-30 细嫩采芽茶采摘标准样图

2. 适中采标准

采用适中采采摘标准采制的茶叶，主要用来制作大宗茶类，如内销和外销的眉茶、珠茶、工夫红茶、红碎茶等，要求鲜叶嫩度适中，一般以采一芽二叶为主，兼采一芽三叶和幼嫩的对夹叶（图1-31）。这种采摘标准，茶叶品质较好，产量也较高，经济效益较好，是中国目前采用最普遍的采摘标准。

图1-31 适中采的标准样图

3. 成熟采标准

采用成熟采采摘标准采制的茶叶，主要用来制作边销茶，主要采一芽四、五叶和对夹叶。这种采摘方法，采摘批次少，茶树投产后，前期产量较高，但由于对茶树生长有较大影响，容易衰老，经济有效年限不很长。

4. 特种采标准

这种特种采采摘标准采制的茶叶，主要用来制造一些传统的特种茶，如乌龙茶、铁观音等。采摘标准是当新梢长到顶芽停止生长，顶叶尚未"开面"时，采下三、四叶比较适宜，俗称"开面采"或"三叶半采"（图1-32）。这种采摘标准，全年采摘批次不多，产量较高。

图1-32　特种采（开面采）标准样图

（二）依树龄、树势的采摘标准

茶树幼年培养树冠阶段，应留有较多的叶片，保持较大的叶面积进行光合作用，积累有机物质，增强枝干，扩大树冠和采摘面。必须在成熟的新梢上，以嫩采（或称轻采）为标准，即所谓的"打顶养蓬"，从较长的成熟新梢上采下一芽一、二叶为主。但突出的徒长枝叶可齐蓬面采，以促进分枝，保持树冠面上的枝梢生长均匀齐整。

树势生长良好，树冠高幅已达到一定程度，可按芽叶品质要求采用适中的标准采，如生长势弱，正常新梢少，对夹叶多，无法按正常标准采的，可按幼嫩对夹叶或单片的标准采。

经过改造的老茶树，须集中培养一年或一、二季不采，或者采用轻采，培养树冠。

（三）依气候特点的采摘标准

各茶区、各茶季的气候特点不同，新梢生长发育的强度和嫩度也不同，为了平衡全年的产量和质量，提高经济效益，在同一茶园一年中可以有不同的采摘标准，制成不同的茶类，或同一茶类的不同等级。如春季里气温回升慢，茶芽发育缓慢，以细嫩采为主，制作高档名优茶；气温回升平稳，新梢快速生长时，则适中采，制作一般品质的红、绿茶，在季末采用成熟采或剪采，以作为边茶的原料。采制龙井茶，清明前后采制特级和一、二级龙井为主，谷雨后则多采三到五级的龙井茶，夏茶时气温高，雨水多，生长快，叶片易粗老，只能按五级左右的龙井标准采，秋茶气温已逐渐下降，雨水较多，新梢发育正常，则又可以按二到三级的标准采。根据气候特点、新梢发育快慢，联系对茶叶等级要求，运用不同的标准采，才能量质并举，提高收益。

综上所述，采摘标准的掌握，必须是在一定的农业技术条件下，科学的栽培管理，通过人为的采摘，能够显示出比较长期的良好的综合作用，能适当调节茶叶产量与品质的矛盾，协调茶叶采摘与留叶养树的矛盾，长远利益与眼前利益的矛盾，从而获得持续高产优质的制茶原料，取得良好效益。

知识点二　茶叶采摘技术

（一）开采期、采摘周期、封园期

1. 开采期

开采期通常是指一年中第一批鲜叶开采的日期。茶叶的开采期，宜早不宜迟，对名优绿茶区而言，需要采用人工分批采摘方式。当其蓬面存在 5%~8% 的新梢符合采摘标准的情况下，则可对其进行采摘，而夏茶与秋茶其茶季相对较长，并且新梢萌发参差不齐。因此，当超过 10% 左右的新梢符合采摘标准时，则可按照以往采摘形式对其进行采摘。此外，相对于部分细嫩的名茶原料而言，则需要提前此类名茶的开采期。

2. 采摘周期

采摘周期通常是指采摘批次间隔时间，具体根据新梢发育情况而定。也可以泛指全年可采摘的时间。就我国大部茶区而言，一般年分春、夏、秋三季（南部茶区有的分四季），清明到立夏（4月上旬至5月上旬）为春茶季节，小满到夏至（5月下旬至6月下旬）为夏茶季节，大暑到寒露（7月下旬至10月上旬）为秋茶季节。每季开采的迟早，采期的长短，大多受气温和雨水条件所左右，春季主要为气温，夏秋季主要为雨水。

3. 停采摘期

停采摘期通常称为封园期,而封园期主要视茶树生长情况而定,同时还与环境条件有关,当茶树生长发育较差,并且当年没有留足适量叶片的,则需要提前封园。

(二)茶叶采摘技术

1. 手采技术

(1)手采方法 手采是我国传统的采摘方法,也是目前生产上应用最广泛、最普遍的采摘方法。它的特点是采摘精细,批次多,采期长,产量高,质量好,适用于高档茶,特别是名茶的采摘,其主要缺点是费工大,成本高,工效低。依茶树采摘程度,手工采茶的基本方法,可分为打顶采摘、留真叶采摘和留鱼叶采摘三种方法。

①打顶采摘法:打顶采摘法是一种以留养枝条为主的采摘方法,适用于培养树冠的茶树,一般用于1~3龄的幼年茶树,或者更新复壮后1~2龄的茶树;当茶树的新梢展叶5片以上或当新梢即将停止生长时,采摘一芽二叶或一芽三叶,保留基部三、四叶(不包括鱼叶)(图1-33)。鲜茶叶采摘时,要做到"采高养低、采顶留侧",以促进多分枝,扩大充实树冠。

图1-33 打顶采摘法示意图

②留叶采摘法:留叶采摘法又称留养大叶采摘法,是一种以采摘为主,采摘与留养相结合的采摘方法。当茶树的新梢长到一芽三~五叶时,采摘一芽二~三叶,保留基部一~二片大叶(图1-34);留叶采摘法既注重鲜茶叶的采摘,又兼顾树冠的培养,达到采养相结合的目的。鲜茶叶采摘时,一般要根据茶树的年龄和长势情况,在茶树新梢的一年生长周期中,选择合适的时期或季节应用合适的留叶采摘法。

③留鱼叶采摘法:留鱼叶采摘法又称留奶叶采摘法,是一种以采摘为主的采摘方法,是名茶、绿茶和大宗红茶最常用的基本采摘方法,一般当茶树的新梢长到一芽一~三叶时将其采摘,只把鱼叶保留在茶树上(图1-35)。

图1-34　留一叶采摘法示意图

图1-35　留鱼叶采摘法示意图

（2）手采技术要点

①思想集中，眼不顾边，手勤、脚快。

②精力集中，先仔细观察采面的新梢状况，判断应采和不应采的，做到心中有数，思想专注于采面的新梢上，做到眼到手到，看得准，采得快。

③采时双手动作既要快又要稳，做到不落叶、不损叶，把成熟细嫩的对夹叶和符合标准的正常新梢一一采下，两手不能相隔过远，一般在10~15cm，做到手掌动，手臂不动。在两手频繁交替进行采摘时，两脚所站的位置也要配合得当，同茶丛保持一定距离，随采摘部位的移动随时变换位置。

④采时注意不要采伤芽叶，采碎叶片，采下的芽叶不能握在手中过紧，应及时投入篮中，在篮中的芽叶不能压紧，避免发热，影响芽叶品质。

（3）采工组织和管理

①要早行动、勤走动，充分挖掘劳动力资源，开采前种植大户或专业合作社要安排专人走村串户了解当地的劳动力情况，如劳动力紧缺，可设法联合发动学校在名优茶采摘的高峰期，组织学生勤工俭学突击采摘。

②提前去老茶区进行专业采茶工的招聘，尽可能早地预约好采茶工。如果能招聘专业采茶工20人左右给予优厚的待遇，一方面可以提高茶叶的下树率，多采茶；另一方面他们熟练的采摘技术及高收入对新茶区的采茶工有着无形的带动作用。

③新区要加大对采茶工的培训。采茶所费劳力最多，采茶用工（手采）约占全年茶园管理工的 50%～60%，说明采工的组织管理合理与否，对采茶质量和经济效益影响极大。从一开始就规范采摘标准及方法，技术人员必须深入茶园根据具体情况进行现场培训。

2. 机采技术

（1）机采茶园培育　树冠培养技术是机采茶树栽培的保障，大量研究表明，幼龄茶树修剪树冠为水平型，可以养成高产树冠，成龄茶树修剪树冠为弧形，可以增大采摘面积，衰老茶树需要及时台刈等。土壤肥力对机采茶产量和质量的影响较大，大量试验表明，机采茶园多施氮素，可以增加机采茶叶的完整率和细嫩芽叶比例，增加采摘批次，提高机采的产量，增加茶叶生化成分含量，提高茶叶品质。不同地区根据测土配方要求，实践集成施肥技术，施用冬肥、春肥、夏肥、秋肥，用肥量一般分别为全年量的 40%、25%、10%、25%。

（2）采摘时适期　大量研究表明，产值是确定机采时机的最好方式，红茶、绿茶春茶为标准新梢（一芽二三叶及对夹二三叶）80% 左右开采，夏秋茶为标准新梢 60% 左右开采。龙井 43、浙农 113 等名优茶，标准芽叶即一芽一至二叶占新梢总数的 80% 左右时为最适开采标准。直立型茶梢的白芽奇兰乌龙茶和披张型的铁观音以及金观音以中开面三叶为切入点。由于机采能在一定程度上刺激芽叶萌发，机采适宜的间隔期较手采短，大宗茶一般为 20～30d。名优茶采摘间隔期更短。

（3）采茶机的选用　采茶设备的选择首先应考虑适用性，影响采茶机适用性的因素，包括蓬面整齐程度、高度、宽度、茶树行间通过性、茶树品种、漏采率、机器噪声、机器振动、燃油消耗率等。幼龄茶园选择平行采茶设备，成龄茶园选择弧形采茶设备，综合考虑省力性和适用性，平坡茶园选择双人采茶机，针对丘陵山区的地形以及名优茶鲜叶嫩度高、量小、采摘精确高的特点，建议选用小型单人采茶机，并且应用便携式名优茶采摘机采茶，机采叶完整率可达 70%，比传统采摘机械提高 20% 左右。

知识点三　茶鲜叶的质量验收与保管技术

茶鲜叶是从茶树上及时采摘下来的嫩芽叶（又称新梢），作为制作各种茶叶的原料，被称为鲜叶（也称茶青、青叶、生叶）。鲜叶作为制作茶叶的基本原料，是形成茶叶品质的基础；茶叶质量的高低，主要取决于鲜叶质量和制茶技术的合理程度，所以对于茶鲜叶验收质量的把控是制作成高质量茶叶的基本条件。

（一）茶鲜叶质量验收

在实际采摘过程中，因品种、气候、地势以及采工采法的不同，所采下芽叶的大小和嫩度是有差异的，如不进行适当分级、验收，就会影响茶叶品质。因此，对采下的芽在进厂制造之前，进行分级验收极为必要，它一则可依级定价（评青）；二则可按级制造，提高品质和调动采工对采优质茶的积极性。

1. 茶鲜叶分级标准

由于我国茶类繁多，鲜叶分级还没有一套统一完整的标准，一般是各地区根据区域的品牌特点、生产季节、产品类别、茶树品种特征等因素自行确定，归纳起来，鲜叶分级标准主要是以芽叶的嫩度为核心指标，根据产品类别进行分级。例如，DB 522200/T 15—2018《梵净山茶叶鲜叶分级标准》中规定了梵净山区域绿茶、红茶鲜叶的分级及各级鲜叶的质量要求。如表 1-34，表 1-35 所示。

表 1-34　　　　　　　　　　梵净山绿茶鲜叶质量要求

等级	要求
特级	一芽二叶为主，同等嫩度的对夹叶和单叶不超过 10%
一级	一芽二叶为主，同等嫩度的一芽三叶、对夹叶和单片叶不超过 30%
二级	一芽三叶为主，同等嫩度的对夹叶和单片叶不超过 10%
三级	一芽三叶为主，同等嫩度的对夹叶和单片叶不超过 30%

表 1-35　　　　　　　　　　工夫红茶鲜叶质量要求

等级	要求
特级	单芽至一芽一叶初展，匀齐、新鲜、有活力，无机械损伤、无夹杂物
一级	一芽一叶全展，尚匀齐、鲜活，无机械损伤和红变芽叶、无夹杂物
二级	一芽二叶，尚匀齐、新鲜，无红变芽叶，茶类夹杂物≤3%，无非茶类夹杂物
三级	一芽三叶，欠匀齐、新鲜，无红变芽叶，茶类夹杂物≤5%，无非茶类夹杂物

2. 鲜叶验收质量

鲜叶采下后，收青人员要及时进行验收，综合芽叶的嫩度、匀度、净度、鲜度四个因素，对照鲜叶分级标准，评定等级、称重、登记。对不符合采摘要求的，及时向采工提出指导性意见。

（1）嫩度　是指芽叶发育的成熟程度，是鲜叶分级验收的主要依据。根据茶类对鲜叶的要求，依芽叶的多少、长短、大小、嫩梢上叶片数和开展程度，以及叶质的软硬、叶色的深浅等评定等级。一般红绿茶对嫩度的要求，以一芽二叶为主，兼采一芽三叶和细嫩对夹叶。

（2）**匀度** 是指同一批鲜叶质量的一致性，即鲜叶老嫩是否匀齐一致，它是反映鲜叶质量的一个重要标志。同批鲜叶的物理性状要求基本一致，凡品种各异，老嫩大小不一，雨、露水叶与表面无水叶混杂等均影响制茶品质，评定时应根据均匀程度适当考虑升降等级。

（3）**净度** 指鲜叶中夹杂物的含量。凡鲜叶中混杂有茶花茶果、老叶老梗、鳞片鱼叶时，以及非茶类的虫体、虫卵、杂草、砂石、竹片等物的，均属不净，轻的应适当降低等级，重的应剔除后才予验收，以免影响品质。

（4）**鲜度** 是指鲜叶保持原有理化性质的程度，叶色光润是新鲜的象征。凡鲜叶发热红变，有异味、不卫生以及有其他劣变者应拒收，或视情况降级评收。

因此，除了在采摘时检查芽叶品质之外，鲜叶进厂验收时，往往以芽叶的机械组成作为衡量品质的指标和分级定价的标准，这不是绝对的，因正常芽叶比例有时虽较高，但叶片较大较粗，仍难符合所要求的等级，而幼嫩对夹叶及时采下，品质也较好，故在采摘时还要参照新梢伸长的长度和芽叶的嫩度。

鲜叶验收应做到"五分开"，即不同品种鲜叶分开，晴天叶与雨水叶分开，隔天叶与当天叶分开，上午叶与下午叶分开，正常叶与劣变叶分开；并按级归堆，以利初制加工，提高茶叶品质。

验收茶青时，收青人员需开具收青单据，作为支付采摘费、统计产量等记账凭证。收青单一般为两联单，一联给采茶工，作为支付采摘费的凭证，一联存根，用于统计产量。有的也使用三联单。收青单需茶场自行设计、印制。

××茶青收购单

日期： 年 月 日

序号＼项目	等级	数量/kg	单价/(元/kg)	金额/元	备注
1					
2					
3					
4					

收青人： 开票人：

（二）鲜叶保管技术

鲜叶储运，从采收角度而言，是室外生产保证茶叶品质的最后一关，采下芽叶所放置的工具、放置的时间，以及如何装运等均能影响芽叶品质，所以鲜叶采收下来后，应采取有效措施保持鲜叶的新鲜度，防止叶温升高，发热变红，避免产生异味和劣变。为此，采下的鲜叶必须及时按级分别盛装，快速运送至茶厂付制，装运鲜叶的器具，不论是采茶用具或是运输用具，都应清洁卫生，通气良好。

世界各产茶国都十分重视鲜叶储运这一环节，并为此制定了一系列措施，据我国长期经验，装盛器具以竹编网眼篓筐最为理想，既通气又轻便，一般每篓装鲜叶 25~30kg，盛装时切忌挤压过紧，要严禁使用不透气的布袋或塑料袋装运鲜叶。因鲜叶自树上采下后，受到机械损伤，失水加快，呼吸作用增强，鲜叶挤压过紧，在缺氧条件下，无氧呼吸加强，产生酒精发酵以致变质；同时呼吸作用产生的热量不易散发，尤其是露水叶，热量更不易发散，叶温升高，又进一步加强了呼吸作用，引起芽叶内有机物质（一般为糖类）的强烈氧化，产生二氧化碳和水，并放出大量热量，由于温度升高，引起鲜叶中茶多酚的氧化而产生红变，氧化的茶多酚与蛋白质及其他物质结合，又使一些可溶性物质转变为不可溶性，使水浸出物减少，降低茶叶品质。尤其是后期，呼吸基质减少后（如糖类），利用氮化物作为呼吸基质，放出氨气（NH_3），产生异味，对茶叶品质影响甚大。

装运鲜叶的器具，每次用后需保持清洁，不能留有叶子，否则容易引起细菌繁殖，使鲜叶变质。

为了做好保鲜工作，鲜叶应储放在低温、高湿、通风的场所，适于储放的理想温度为 15℃以下，相对湿度为 90%~95% 为宜。春茶摊放鲜叶一般要求不超过 25℃，夏、秋茶不超过 30℃。

鲜叶储放的厚度，春茶以 15~20cm 为宜；夏、秋茶以 10~15cm 为宜。根据气温高低、鲜叶老嫩、干湿程度灵活掌握；气温高要薄摊，气温低时可略厚些；嫩叶摊叶宜薄，老叶摊叶略厚；雨天叶摊叶宜薄，晴天叶摊叶略厚。

鲜叶储运与保鲜，是鲜叶管理的重要环节，直接影响茶叶品质和经济效益，生产上应引起足够的重视。

(任务知识思考)

1. 解决茶园采摘矛盾问题的办法有哪些？
2. 怎样运用茶树栽培措施调节茶叶采摘的洪峰？
3. 怎样做好鲜叶储运和保鲜工作？

任务技能训练

任务技能训练　茶叶采摘

（一）训练目的

茶树采摘的主要技术环节是留叶采、标准采和适时采三项。通过实训，学生应掌握茶叶采摘标准、采摘时间、采摘方法，为提高茶叶质量及培育丰产茶园奠定基础。

（二）训练内容

（1）茶树鲜叶的采收。
（2）茶青质量评定。

（三）场地与工具

（1）场地　采摘茶园。
（2）工具　采茶机、盛叶筐、集叶袋、电子秤、簸箕、竹筛等。

（四）训练方法与步骤

（1）确定采摘标准　前往采摘茶园考察茶园新梢的生长情况并确定实训要求，统一确定采摘标准（如果实施机采需提前前往采摘茶园调查新梢生产情况是否达到机采标准）。
（2）实施采摘训练　根据确定的采摘标准按要求进行采摘。
（3）茶鲜叶验收　以组为单位，每个组的组长组成茶青验收小组，对每个组采摘的鲜叶进行等级评定并称量。将相同质量标准的鲜叶用篓统一盛装。
（4）茶鲜叶保管　以小组为单位将采摘好的鲜叶按要求运至摊青房，按要求进行摊青保管。

（五）训练课业

编写实训报告。编写提示：根据采摘训操作过程，总结采摘技术要点、注意事项、存在问题、收获及体会等。

（六）考核评价

试验结果按表1-36进行考核评价。

表 1-36 茶叶采摘训练考核评价表

考核内容	评分标准	成绩/分	考核方法
采摘标准确定	采摘标准确定适时、合理（15分）		按评分标准酌情评分
采摘训练	采摘技术要点正确、质量好、数量多（40分）		
茶鲜叶验收	等级评定正确、称量正确（25分）		
实训总结	各项训练内容、技术要点及注意事项总结全面（20分）		
总成绩			

项目五 茶树安全防护

任务一 茶树气象性灾害防护

任务目标

1. 知识目标

（1）掌握茶树气象性灾害的受害症状。

（2）掌握茶树气象性灾害的减灾技术措施和恢复措施。

2. 能力目标

（1）具备识别茶树气象性灾害的能力。

（2）能根据茶树受气象性灾害情况制定防护措施。

任务导入

中国茶区分布广阔，气候复杂，茶树易受到寒冻、旱热、水湿、冰雹及强风等气象灾害，轻则影响茶树生产，重则使茶树死亡。因此，了解茶树被害状况，分析受害原因，提出防御措施，进行灾后补救，使其对茶叶生产造成的损失降低到最低程度，是茶树栽培过程中不可忽视的重要问题。

任务知识

知识点一 茶树气象性灾害

（一）茶树气象性灾害的分类

常见的茶树气象性灾害类型主要有寒害、冻害，旱害、热害和湿害五种类型。

寒害是指茶树在其发育期间遇到反常的低温而遭受的灾害，温度一般在0℃以上。如春季的寒潮、秋季的寒露风等，往往使茶萌芽期推迟，生产缓慢。冻害是指低空温度和土壤温度短时期降至0℃以下使茶树遭受伤害。茶树受冻害后，往往生理机能受到影响，产量下降，成叶边缘变褐，叶色呈紫褐色，嫩叶出现"麻点""麻头"。用这样的鲜叶制得的成茶滋味、香气均受影响。

旱害是指茶树因水分不足，生长发育受到抑制或死亡。热害是指当温度上升到茶树本身所能承受的临界高温时，茶树不能正常生长发育，产量下降甚至死亡。热害常易被人们所忽视，认为热害就是旱害，其实二者既有联系，又有区别。旱害是由于水分亏缺而影响茶树的生理活动，热害是由于超临界高温致使植物蛋白质凝固，酶的活性丧失，造成茶树受害。

茶树是喜湿怕涝的作物，在排水不良或地下水位过高的茶园中，常常可以看到茶园连片生长发育不良，产量很低，虽经多次树冠改造及提高施肥水平，均难以改变茶园的低产面貌，甚至逐渐死亡，造成空缺，这就是茶园的湿害。所以在茶园设计不周的情况下，茶园的湿害还会比旱害严重些。同时也会因为湿害，导致茶树根系分布浅，吸收根少，生活力差，到旱季，渍水一旦褪去，反而加剧旱害。

（二）茶树气象性灾害的症状

1. 寒害、冻害症状

茶树不同器官的抗寒能力是不同的，就叶、茎、根各器官而言，其抗寒能力是依次递增的。受冻过程往往表现为顶部枝叶（生理活动活跃部位）首先受害，幼叶受冻是自叶尖、叶缘开始蔓延至中部。成叶失去光泽、卷缩、焦枯，一碰就掉，一捻就碎，雨天吸水，由卷缩而伸展，叶片吸水呈肿胀状进而发展到茎部，枝梢干枯，幼苗主干基部树皮开裂，只有在极度严寒的情况下，根部才受害枯死。

2. 旱害、热害症状

茶树遭受旱、热危害，树冠丛面叶片首先受害，先是越冬老叶或春梢的成叶，叶片主脉两侧泛红，并逐渐形成界限分明、但部位不一的焦斑。随着部分叶肉红变与支脉枯焦，继而逐渐由内向外扩展，由叶尖向叶柄延伸主脉受害，整叶枯焦，叶片内卷直至自行脱落。与此同时，枝条下部成熟较早的叶片出现焦斑焦叶，顶芽、嫩梢亦相继受害，由于体内水分供应不上，致使茶树顶梢萎蔫，发育无力，幼芽嫩叶短小轻薄，卷缩弯曲，色枯黄，芽焦脆，幼叶易脱落，大量出现对夹叶，茶树发芽轮次少。随着高温旱情的延续，植株受害程度不断加深、扩大，直至植株干枯死亡。

3. 湿害症状

茶树湿害的主要症状是分枝少，芽叶稀，生长缓慢甚至停止生长，枝条灰白，叶色转黄，树势矮小多病，有的逐渐枯死，茶叶产量极低，吸收根少，侧根伸展不开，根层浅，有的侧根不是向下长就是向水平或向上生长。严重时，疏导根外皮呈黑色，欠光滑，生有许多呈瘤状的小突起。

知识点二 茶树气象性灾害的防护措施

（一）茶树寒害、冻害减灾和防护技术措施

1. 地面覆盖

可用塑料薄膜进行地面覆盖，也可就地取材，利用稻草或其他秸秆或山茅草铺盖行间及根部，覆盖厚度5cm左右。

2. 喷灌保温

在有喷灌设施的茶园，开启喷灌系统，提高树温和低温，对度过严寒冰冻期有重要作用。

3. 培土保温

培土可保护茶树根系和根颈安全越冬，培土厚度为30~50cm。

4. 搭棚保温

在特别低温的情况下，必须应用设施栽培技术，可以根据实际情况建设搭棚，也可以在茶行上搭小棚，是度寒防冻的保险措施。值得注意的是，有些茶园布置了防霜扇，对冬季防寒的作用有限，不可盲目使用。

5. 适时轻修剪

对于受冻茶园，冬季寒冷时不要修剪茶树，待气温回暖后，及时进行轻修剪，清除枯枝、冻伤枝，以促发新梢。

6. 加强土壤管理

春季气温回升后，要做好土壤管理工作，根据实际情况开沟排水、中耕除草，促进茶树根系活动。

7. 注重施肥

为尽快恢复受冻落叶后的树势，必须注重施肥。在春季气温回升后，可以按每亩约30kg复合肥的量施足追肥，条件允许时可增加喷施叶面肥，叶面肥可用0.5%尿素和0.2%磷酸二氢钾混施，促进恢复树势。

（二）茶树旱害、热害减灾和防护技术措施

1. 高温干旱期间茶园减灾技术措施

高温干旱期间不要进行采摘、修剪、施肥、喷药、耕作和除草等农事操作，应采用早晚喷灌溉、遮阳覆盖、田间铺草等减灾技术措施。

2. 恢复措施

（1）茶树轻度或中度受害，可不修剪，留枝养蓬；茶树重度受害，应适当修剪（在枯死部位以下1~2cm处修剪）。

（2）加强肥培管理 高温干旱缓解，茶树恢复生长，新芽萌发至一二叶后，成龄茶园每亩施 10~20kg 复合肥，幼龄茶园每亩施 5~10kg 复合肥，茶树长势恢复之前不宜过多施用肥料。

（3）做好秋茶留养 受旱茶园无论是否修剪，秋茶均应留养，以复壮树冠。秋末茶树停止生长后，茶芽尚嫩绿的宜进行一次打顶或轻修剪。

（三）茶树湿害减灾和防护技术措施

完善排水沟系统是防治茶园积水的重要手段，在靠近水库、塘坝下方的茶园，应在交接处开设深的横截沟，切断渗水。对地形低洼的茶园，应多开横排水沟，而且茶园四周的排水沟深达 60~80cm；如果土壤黏重的，最好掺以沙土，使水易于渗透。因暗沟的设立费用较高，故在新茶园规划时，对上述地块的利用要慎重考虑。

知识点三　茶树气象性灾害的防护效果评价

在实施气象性灾害防护前后，调查茶园受害程度，防护效果。可用随机取点调查方法调查 0.1m² 内受害芽叶数占芽叶总数的百分比。茶园受害程度可根据以下（表 1-37）分级标准进行评价。

表 1-37　　　　　　　　　　冻害和旱害的分级标准

灾害分级	受害程度	代表数值
第一级	完全不受害	0
第二级	受害叶片在 5% 以内	1
第三级	受害叶片在 6%~25%	2
第四级	受害叶片在 26%~50%	3
第五级	受害叶片在 51%~75%	4
第六级	受害叶片在 76%~100%	5

任务知识思考

1. 冻害、寒害的影响因素有哪些？
2. 简述冻害、寒害的防护措施。
3. 简述旱害、热害的防护措施。

任务二　茶树病虫调查

任务目标

1. 知识目标
（1）掌握病虫调查的主要内容。
（2）掌握病虫调查的取样方法。
（3）掌握病虫调查的数据统计方法。
2. 能力目标
（1）具备茶园田间调查取样操作技能。
（2）具备病虫调查数据统计和分析能力。

任务导入

随着茶树栽培管理技术的改进，对茶树病虫害治理提出了新的要求和任务。茶树病虫及区系及优势种群的变化，预测预报和综合治理等新情况、新问题有待解决。因此，掌握茶树病虫害调查研究的一些基本方法具有重要的理论和实践意义。

任务知识

知识点一　茶树病虫调查方法

（一）病虫调查的目的和主要内容

病虫害的发生规律、种群数量及其波动是诸多内因（虫口基数、生理状态等）和外因（温度、湿度、光照、风、雨、农事等）综合作用的结果。可依据科学的方法对病虫害的发生期、发生量、为害程度和扩散分布趋势进行准确的预测预报，从而采取恰当的防治措施而有效地控制病虫为害。

病虫调查的目的不同，所调查的项目和内容也就不同。茶树病虫害的调查内容主要包括以下几个方面。

1. 种类和数量调查

调查某一地区，某一茶园昆虫和病害的种类和数量，了解、掌握哪些是主要害虫、天敌或病害，哪些是次要的，以便明确主要防治对象和可供利用的主要天敌对象。

2. 分布调查

调查某种或某些昆虫和病害的地理分布，以及在各个地区或地块内的数量多少，从而指导病虫害的防治或天敌的保护利用。

3. 生物学和发生规律调查

调查某一害虫或天敌和病害的寄主范围、出现时期、发生规律、越冬场所以及病虫害各虫态所占比例、发生世代、越冬虫态等。还要调查在各种条件下不同时期的数量变动，从而掌握其生活史和发生规律。

4. 为害损失调查

通过茶树的被害程度、损失情况调查，确定是否需要防治或防治的时期和范围。

（二）病虫调查的基本原则与类型

在实际病虫害调查工作中，通常是按照一定的方法从总体中取出一部分个体即样本，用样本估计总体。样本的调查要遵循两个基本原则：一是客观性，不含任何主观意识选择样本；二是代表性，所抽取的样本可较好地代表总体。

常用的调查或抽样类型有随机抽样、顺序抽样、分层抽样、多级抽样等。

1. 随机抽样

随机抽样是病虫种群调查最常用的一种方法，即在一定的空间内，对种群各个体机会均等地抽取样本以代表总体。如在 n 个个体中，机会均等地抽取第一个样本，再于（$n-1$）个个体中机会均等地抽取第二个样本。

2. 顺序抽样

顺序抽样是指按照总体的大小，选好一定间隔，等距离地抽取一定数量的样本单位。病虫害调查中常用的五点取样、对角线取样、棋盘式取样、Z 形取样、平行跳跃式取样均属于此类型。顺序抽样的优点是方法简便，省时省工，样方在总体中分布均匀。缺点是按统计学原理，此方法不能单独计算抽样误差。但与随机抽样等其他方法配合使用可克服该缺点。

3. 分层抽样

分层抽样常用于调查病虫种群动态，将总体中近似的个体分别归于若干层（组），对每层分别抽取一个随机样本，用以代表总体。如茶树上、下层黑刺粉虱的密度差异很大，可以将茶丛分为几层，每层看作一个小总体，分别对其进行随机抽样，获得分层样本的数据，再合并成总体样本数据。此法较适合于聚集分布的种群。

4. 多级抽样

多级抽样是指按地理空间分成若干级，再按级进行随机抽样。如调查全省的茶白星病，先将全省产茶县编号，作为第 1 级抽样单元；每个县随机抽出若干乡，作为第 2 级样本；再在其中随机抽取若干村，作为第 3 级样本；直到抽出所要的样本为止。多级抽样与分层抽样的区别在于后者是将每层作为一个小总体，分别抽取随机样本；前者是按级依次往下抽样，最后才抽出所需的多级样本。

（三）病虫发生的分布类型及调查取样方法

1. 种群的空间分布型

种群的空间分布型是种群的特征之一。通常昆虫的空间图示分为随机分布、聚集分布和嵌纹分布。

（1）随机分布　总体中每个个体在取样单位中出现的概率均等，而与同种的其他个体无关。这类昆虫活动能力强，田间分布比较均匀。调查取样时数量可少些，每个样点可稍大些，适用 5 点取样或对角线取样（图 1-36）。

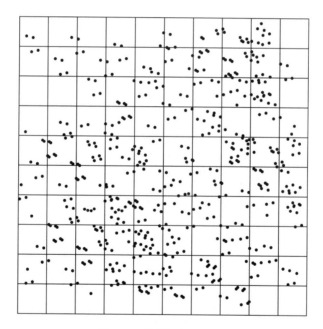

图 1-36　种群的随机分布型

（2）聚集分布　总体中 1 个或多个个体的存在影响其他个体出现于同一取样单位的概率如图 1-37 所示。这类昆虫活动力弱，在田间分布不均匀，呈许多核心或小集团。取样时数量可多些。常用分行取样或棋盘式取样。

（3）嵌纹分布　个体在田间呈不均匀的疏密互间的分布，多由别处迁来或由密集型向周围扩散形成的，分布不均匀，多少相嵌不一。调查时取样数量可多些，每个样点可适当小些，宜用"Z"形或棋盘式取样。

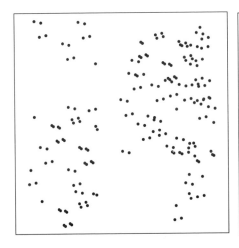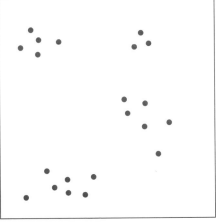

图 1-37　种群的聚集分布型

2. 取样方法

（1）五点式取样　茶园病虫害常用调查方法，可按一定面积、一定长度或一定植株数量选取 5 个样点（图 1-38），如以 $1m^2$ 茶蓬作为 1 个样点。

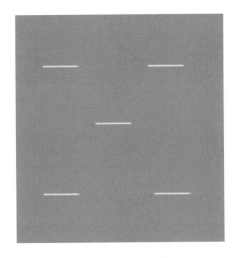

图 1-38　五点取样法

（2）对角线式取样　对角线式取样分单对角线和双对角线两种，在试验小区内沿小区的一条或两条对角线，间隔一定距离随机确定一个取样点。一般一条对角线取 3 个点，多用于面积较小的方形地块，两条对角线取 5 点，多用于面积较大的方形地块。具体取多少根据对角线的长度而定（图 1-39）。

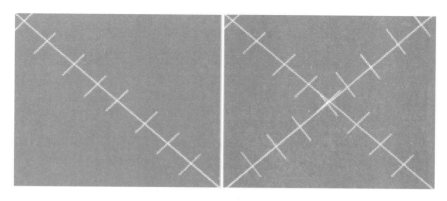

图1-39　对角线取样法

（3）棋盘式取样　将茶园划成等距离、等面积的方格，每隔一个方格在中央取一个样点，相邻行的样点交错分布，适宜于调查随机分布的病虫害的取样方法（图1-40）。

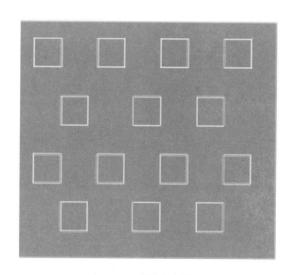

图1-40　棋盘式取样法

（4）平行线式取样　适用于成行的作物和核心分布的病虫害的取样。在田间每隔若干行调查1行，一般在短垄的地块可用此法，若垄长时，可在行内取点（图1-41）。

（5）"Z"形取样　适宜于聚集分布的病虫害取样。在标准地相对的两边各取一平行的直线，然后以一条斜线将一条平行线的右端与相对的另一条平行线的左端相连，各样点连线的形状如同英文字母"Z"字，在该"Z"字上等距离确定样点并调查（图1-42）。

图1-41 平行线式取样法

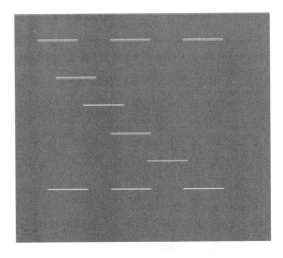

图1-42 "Z" 形取样法

3. 取样单位

样方是用于调查植物群落数量而随机设置的取样地块，常依据病虫的分布型，采用相应的取样方法，以样方法调查病虫种群。样方法所用的取样单位可依据实际情况（病虫种类、活动方式）而定。常用指标：

（1）长度 1cm 或 10cm 枝条上的病虫数量。

（2）面积 计数单位面积（如 m^2 等）上的病虫数量。

（3）体积 计数单位体积（如 m^3 等）内的病虫数量。

（4）时间 统计单位时间（如 min、h）内观测到的病虫数量。

（5）寄主植物体的一部分 如叶、芽、花、果或茎等。

（6）器具 如捕虫网，计数每网捕到的昆虫数量。

知识点二 茶树病虫调查统计方法

（一）调查数据及其处理结果的表示法

1. 列表法

列表应包括表的序号、表题、项目、附注等。1个表内可以同时表明多个变数的变化，信息量较大。简单易作，数据之间易于比较。

2. 图解法

图解法易于显示语言难于准确描述的种群、群落或某个生理过程的变化趋势。简明直观，可显示出最高点、最低点、中点、拐点和周期等。

3. 方程法

方程法可由自变量预测因变量的变化等。该方法也较常用，概括性较强。

（二）常用的特征数及计算方法

1. 病虫密度

易于计数的可数性状可用数量法，调查后折算成单位面积（或体积）的数量。如每平方米虫量、每平方米蛹量、每叶病斑数以及每株卵量等。不易计数时采用等级法，如将茶橙瘿螨的螨情分为：0级为每叶0头，1级为每叶1~50头，2级为每叶51~100头，3级为每叶101~150头，4级为每叶151~200头，5级为每叶200头以上。有时调查时只需要大致了解某茶区、某茶园病虫发生的基本情况，往往采用"+"的个数来表示数量的多少，如1个"+"表示偶然发现，2个"+"表示轻微发生，以此类推，分别表示较多、局部严重、严重发生等。

2. 茶树受害情况

茶树受害情况按式（1-3）进行计算。

$$被害率 = \frac{被害株（茎、叶、花、果）数}{调查总株（茎、叶、花、果）数} \times 100\% \qquad (1-3)$$

3. 病情指数

病害可造成芽、叶、花、果、茎以及根部的病变。以某种叶部病害为例，其对不同茶树叶片的为害程度不等。调查前按受害程度的轻重分级，再把田间取样结果分级计数，代入式（1-4）

$$病情指数 = \frac{\sum（各级值 \times 相应级的叶数）}{调查总叶数 \times 最高级值} \times 100 \qquad (1-4)$$

任务知识思考

   1. 茶树病虫的田间调查内容包括哪些？

   2. 茶树病虫的田间调查取样方法包括哪些？

任务技能训练

任务技能训练一　茶园病虫害的田间调查

（一）训练目的

   掌握茶园病虫的田间调查取样方法，学会对调查结果统计分析，为茶树病虫的预测预报和制定防治方案奠定基础。

（二）训练内容

  （1）茶园病虫普查。

  （2）茶园病虫专项调查。

  （3）茶园病虫调查结果统计分析。

（三）训练用具

   训练用具包括扩大镜、镊子、米尺、捕虫网、笔记本、铅笔及相关参考资料。

（四）训练方法与步骤

  1. 准备工作

   在进行调查工作之前，应先了解调查地区的地理和自然经济条件，收集有关资料，编制好调查计划，拟定切实可行的调查方法，准备好仪器、用具和各种调查表格。

  2. 茶园病虫调查

   茶园调查的程序一般分为普查和详细调查。

  （1）普查：普查是以一个茶园片区（或苗圃）为对象进行普遍的调查，要查明主要病虫害种类、分布情况、为害程度及蔓延趋势等，并提出防治建议。根据普查所得资料，必须确定主要病虫害种类，初步分析茶树受害原因，并且把这些材料都归纳到防治方案中去。

  （2）详细调查：详细调查又称样方调查，是在普查的基础上，视病虫的分布类型，对为害较重的病虫种类设立样方进行调查。目的是精确统计病虫的数量，茶树被害的程度及所造成的损失及天敌种类数量等，并对病虫发生的生物学和发生规律做深入的分析研究，从而指导病虫害的防治和天敌的保护利用。

①虫害调查统计：主要调查虫口密度和有虫株（叶）率。虫口密度是指单位面积或 100 叶（芽）上害虫的数量，它表示害虫发生的严重程度［计算方式分别如式（1-5）、式（1-6）所示］。有虫株（叶）率是指有虫株数占调查总株（叶）数的百分比，它表示害虫在茶园内分布的均匀程度［计算方式如式（1-7）所示］。

$$单位面积虫口密度（头/m^2）= \frac{调查总活虫数}{调查总面积} \qquad (1-5)$$

$$百叶虫口密度（头/百叶）= \frac{调查总活虫数}{调查总株数} \times 100\% \qquad (1-6)$$

$$有虫株（叶）率 = \frac{有虫株（叶）数}{调查总株（叶）数} \times 100\% \qquad (1-7)$$

a. 食叶害虫调查：除记载茶园概况外，选定样方，查明主要食叶害虫（如茶尺蠖、茶毛虫等）种类、虫期、虫口密度和为害情况等，样方面积可随机确定，如样方内叶数过多，可采用对角线法或隔行法，选 10m 茶行或平行跳跃式选择多个样点进行调查，统计害虫数量。若对落叶和表土层中越冬幼虫和蛹茧的虫口密度调查，可在样树下，设置 0.3m×1m 的样方，统计 10cm 土深内主要害虫虫口密度（表1-38）。

表 1-38　　　　　　　　　　　食叶害虫调查表

地点＿＿＿＿＿＿＿　　时间＿＿＿＿＿＿＿　　调查人＿＿＿＿＿＿＿

调查时间	调查地点	样方号	茶园概况	害虫名称和主要虫态	样本号	害虫数量						为害状况	备注
						健康	死亡	寄生	其他	合计	虫口密度/（头/100叶）		

b. 刺吸式害虫：可采用 5 点取样法，每样点至少调查 100 张叶片，统计百叶虫口密度（表1-39）。

表 1-39　　　　　　　　　　刺吸式害虫虫口密度调查表

地点＿＿＿＿＿＿＿　　时间＿＿＿＿＿＿＿　　调查人＿＿＿＿＿＿＿

调查时间	调查地点	样方号	茶园概况	害虫名称	害虫数量			百叶虫量	备注
					成虫	若虫	合计		

②病害调查统计

一般全株性的病害（如病毒、枯萎病、根腐病等）或被害后损失很大的，采用发病株率表示，其余病害一律进行分级调查，以发病率、病情指数来表示为害程度。

测定方法是先将样方内的植株按病情分为健康、轻、中、重、枯死等若干等级，并以数值 0、1、2、3、4 等分别代表这些等级，统计出各等级株数后，按公式计算。

目前，各种病害分级标准尚未统一，可从现场采集标本，按病情轻重排列，划分等级。也可参照已有的分级标准，酌情划分使用。有关病害的分级标准如表 1-40、表 1-41 所示。

表 1-40　　　　　　　　　　　枝、叶病害分级标准

级别	代表值	分级标准
1	0	健康
2	1	1/4 以下枝、叶感病
3	2	1/4~1/2 枝、叶感病
4	3	1/2~3/4 枝、叶感病
5	4	3/4 以上枝、叶感病

表 1-41　　　　　　　　　　　干部病害分级标准

级别	代表值	分级标准
1	0	健康
2	1	病斑的横向长度占树干周长的 1/5 以下
3	2	病斑的横向长度占树干周长的 1/5~3/5
4	3	病斑的横向长度占树干周长的 3/5 以上
5	4	全部感病或死亡

a. 茶苗病害调查：在苗床上，设置大小为 1m^2 的样方，样方数量以不少于被害面积的 0.3% 为宜。在样方上对茶苗进行全部统计，或对角线取样统计，记录所调查的茶苗数量和感病、枯死茶苗的数量。计算发病率（表 1-42）。

表 1-42　　　　　　　　　　　茶苗病害调查

调查日期	调查地点	样方号	品种	发生病害名称	茶苗状况和数量				发病率/%	死亡率/%	备注
					健康	感病	枯死	合计			

b. 茎干病害调查样方面积的大小取决于受害程度，一般不少于 100 株。调查时，除统计发病率外，还要计算病情指数（表 1-43）。

表 1-43　　　　　　　　　　枝干病害调查

调查日期	调查地点	样方号	病害名称	品种	总株数	感病株数	发病率/%	病害分级					感病指数	备注
								0	1	2	3	4		

c. 叶部病害调查：按照病害的分布情况和被害程度，在样方中选取 1m² 蓬面。每 1m² 调查 100~200 个叶片（表 1-44）。

表 1-44　　　　　　　　　　叶部病害调查

调查日期	调查地点	样方号	病害名称	品种	总叶数	病叶数	发病率/%	病害分级					感病指数	备注
								0	1	2	3	4		

③训练要求

调查统计时，要有明确的调查目的，充分了解当地基本情况，采用科学的取样方法并认真记载。对调查数据进行科学整理和准确统计，从而得出正确结论。

普查与详细调查在时间上都有一定的局限性。必要时，可在有代表性的地段设立一定数量的固定观察点，进行系统调查。

（五）实训课业

（1）汇总、统计调查工作资料和数据，进一步分析害虫大量发生和病害流行的原因。

（2）写出调查报告。报告内容包括以下两点。

①调查地区的概况包括自然地理环境、社会经济情况、茶园概况、茶园生产和管理情况及茶园病虫害情况等。

②调查的目的、任务、技术要点和任务完成情况。

③调查成果的综述：包括主要茶树的主要病虫害种类、为害程度和分布范围，主要病虫害的发生特点，关键性病虫害分布区域的综述，关键性病虫害发生原因及分布规律，关键性病虫害个论，天敌资源情况等。

（六）考核评价

调查结果按表 1-45 进行考核评价。

表 1-45　　　　　　　　茶园病虫害的田间调查考核评价表

考核内容	评分标准	成绩/分	考核方法
调查地区的概况	准备工作周密、合理，调查地区概况准确（10分）		实操部分，根据操作情况按评分标准现场酌情评分
调查害虫和病原名称	鉴定正确（10分）		
调查方法掌握情况，训练任务完成情况	调查目的明确、任务清楚、技术要点准确，任务完成质量好（30分）		
调查工作资料和数据的汇总、统计	项目确定的科学、合理、完整，计算结果准确，害虫大量发生和病害流行的原因分析正确（20分）		
实训课业完成情况	按要求完成实训课业，成果的综述内容完整、论证清晰、文理通顺、语言简洁、通顺、易懂，完成质量高（30分）		实训课业根据文字材料按评分标准现场酌情评分
总成绩			

任务三　茶树病害防护

任务目标

1. 知识目标

（1）掌握茶树常见病害的类型。

（2）掌握茶树常见病害的症状和发生规律。

（3）掌握茶树常见病害的防治方法。

2. 能力目标

（1）能够识别茶树常见病害。

（2）能够根据茶树病害发生情况制定防治方案。

任务导入

茶树病害是严重影响茶叶生产的自然灾害之一，发生严重时，可造成茶叶大幅度减产和品质变劣，严重影响人民经济收入和生活，减少茶树病害造成的损失显得尤为重要。

（任务知识）

知识点一　病害基础知识

（一）病原物的寄生性、致病性及植物的抗病性

1. 病原物的寄生性

寄生性指病原物从寄主体内获得营养的能力。根据寄生性强弱，将病原物分为以下几类。

（1）活养生物　在自然条件下只能从活的寄主细胞和组织中获得营养，也称专性寄生物。植物病原物中，所有植物病毒、类菌质体、寄生性种子植物、大部分植物病原线虫、霜霉菌、白粉菌和锈菌等都是专性寄生物。

（2）半活养生物　这类病原物同活养生物一样，侵染活组织，并在其中吸收营养，但组织死亡后，还能继续发展和形成孢子。大多数真菌和叶斑性病原细菌属于这一类。

（3）死养生物　病原物在侵入寄主活组织以前先将细胞杀死，然后侵入并从中获得营养物质，进行腐生生活。如引起猝倒病的丝核菌等。

2. 病原物的致病性

致病性是病原物所具有的破坏寄主组织和引起病害的能力。病原物的致病性，只是决定植物病害严重性的一个因素，病害发生的严重程度还与病原物的发育速度、传染效率等因素有关。在一定条件下，致病性较弱的病原物也可能引起严重的病害，如霜霉菌的致病性较弱，但引起的霜霉病是多种作物的重要病害。

3. 寄主植物的抗病性

植物对病原物的抵抗能力称为抗病性。不同植物抗病性有差异，一种植物对某一种病原物完全不发病或无症状称免疫，表现为轻微发病的称抗病，发病极轻称高抗；植物可忍耐病原物侵染，虽然表现发病较重，但对植物的生长、发育、产量及品质没有明显影响称耐病；寄主植物发病严重，对产量和品质影响显著称感病；寄主植物本身是感病的，但由于形态、物候或其他方面的特性而避免发病的称避病。

（二）植物病害的侵染过程和侵染循环

1. 侵染过程

植物侵染性病害发生的过程，简称病程。即从病原物同寄主接触开始，到寄主呈现症状的整个侵染过程。侵染过程包括侵入前期、侵入期、潜育期和发

病期四个时期。

（1）侵入前期　从病原物与寄主接触，或到能够受到寄主外渗物质影响开始，到病原物向侵入部位活动或生长并形成侵入前的某种侵入结构为止，称为侵入前期。病毒、类菌质体和类病毒的接触和侵入是同时完成的，细菌从接触到侵入几乎是同时完成，真菌接触期的长短不一，从孢子接触到萌发侵入，在适宜的环境条件下，一般几小时就可以完成。

（2）侵入期　从孢子萌发到同寄主建立稳定的寄生关系为止称侵入期。植物的病原物除极少数是体外寄生外，绝大多数都是体内寄生物。病原物顺利地完成接触期，并通过一定的途径侵入到寄主植物体内。

①侵入途径：真菌侵入的途径，包括伤口、自然孔口和直接侵入三种，细菌侵入途径只包括自然孔口和伤口两种方式，病毒是一类活养生物，只能从寄主植物的微伤入侵，内寄生植物线虫，多从植物的伤口和裂口侵入，寄生性种子植物如桑寄生、槲寄生和菟丝子都是直接侵入的。

②影响侵入的环境条件：温度和湿度是影响侵入的主要环境条件，它们既影响病原物同时也影响寄主植物。湿度对真菌和细菌等病原物的影响最大。在植物的生长季节，温度一般都能满足病原物侵入的需要，而湿度的变化较大，常常成为病害发生的限制因素，所以在潮湿多雨的气候条件下病害严重，而雨水少或干旱季节病害轻或不发生。

如果使用保护性杀菌剂，必须在病原物侵入寄主之前使用，也就是选择田间少数植株发病初期使用，这样才能达到理想的防治效果。

（3）潜育期　潜育期指从病原物侵入寄主后建立寄生关系到出现明显症状的阶段。潜育期是病原物在植物体内进一步繁殖和扩展的时期，病害潜育期的长短受温度影响。在病原物生长发育的最适温度范围内，潜育期最短。潜育期的长短还与寄主植物的生长状况密切相关。在潜育期采取有利于植物正常生长的栽培管理措施或使用合适的杀菌剂可减轻病害的发生。病害流行与潜育期的长短关系密切，有再侵染的病害，潜育期越短，再侵染的次数越多，病害流行的可能性越大。

（4）发病期　发病期指病害出现明显症状后进一步发展的阶段。发病期病原物开始产生大量繁殖体，加重为害或病害开始流行。病原真菌在受害部位产生孢子，细菌产生菌脓。孢子形成的早晚不同，如霜霉病、白粉病、锈病及黑粉病的孢子和症状几乎是同时出现的，一些寄生性较弱的病原物繁殖体，往往在植物产生明显的症状后才出现。

2. 病害的侵染循环

病害的侵染循环指侵染性病害从一个生长季节开始发生，到下一个生长季节再度发生的过程。包括病原物越冬（越夏）、病原物传播、病原物的初侵染和再侵染等环节，切断其中任何一个环节，都能达到防治病害的目的。

（1）初侵染和再侵染　病原物越冬（或越夏）后，在一个生长季节病原物所进行的第一个侵染过程称为初侵染。在同一生长季节内，由初侵染所产生的病原物通过传播又侵染健康的植株称再侵染。有些病害只有初侵染，没有再侵染；有些病害不仅有初侵染，还有多次再侵染，如霜霉病、白粉病等。

（2）病原物的越冬与越夏　当寄主植物停止生长进入休眠阶段，病原物也将度过寄主植物的休眠期潜伏越冬或越夏，而成为下一个生长季节的初侵染来源。病原菌越冬和越夏情况直接影响下一个生长季节的病害发生。越冬和越夏时期的病原物相对集中，且处于相对静止状态，所以在防治上是一个关键时期。病原物越冬越夏场所有病株、种苗木和其他繁殖材料、病植物残体、土壤及粪肥。

（3）病原物的传播　病原物从越冬场所到达新的侵染地，从一个病程到另一个病程，都要通过一定的途径传播。自然条件下一般以被动传播为主，主要有气流传播、水流传播、人为传播、昆虫和其他介体传播等。

（三）植物病害的流行

植物病害在一定地区或在一定时间内普遍而严重地发生称为病害流行。植物病害流行的条件包括以下三个方面。

1. 病原物方面

要有大量致病力强的病原物存在，才能造成广泛地侵染。感病植物长年连作，转主寄主的存在，病株及病株残体的处理不当，都有利于病原物的逐年积累。对于那些只有初侵染而没有再侵染的病害，每年病害流行程度主要决定于病原物群体的最初数量。借气流传播的病原物比较容易造成病害的流行。从外地传入的新的病原物，由于栽培地区的寄主植物对其缺乏抗病能力，从而表现出极强的致病力，往往造成病害的流行。

2. 寄主植物方面

病害流行必须有大量的感病寄主存在，感病品种大面积连年种植可造成病害流行。在园林植物栽培上，月季园、牡丹园等，如品种搭配不当，容易引起病害的大发生。在城市绿化中，如将龙柏与海棠近距离配植，往往造成锈病的流行。

3. 环境条件方面

环境条件同时作用于寄主植物和病原物，当环境条件有利于病原物而不利于寄主植物的生长时，可导致病害的流行。最为重要的环境条件是气象因素，如温度、湿度、降水和光照等。这些因素不仅对病原物的繁殖、侵入、扩展造成直接的影响，而且也影响到寄主植物的抗病性。

知识点二 茶树病害类别、症状及发生规律

据报道，到目前为止，我国已发现茶树病害100多种，其中常见病害30余种。我国茶区范围广、生态条件差异较大，各地发生的主要种类不尽相同。茶树病害按照发生部位的不同主要分为叶部病害、枝干部病害和根部病害，其中以叶部病害对生产具有最直接的影响。

（一）叶部病害

茶树是常绿植物，叶部病害种类多，它们对茶叶产量和品质的影响最大。从发病部位来看，可分为嫩芽、嫩叶病害，如茶饼病、茶白星病和茶芽枯病等；成叶、老叶病害，如茶云纹叶枯病、茶轮斑病和茶赤叶斑病等。因病原物生物学特性的差异，这些病害发生在茶树生长季节的不同时期。嫩芽、嫩叶病害一般属低温高湿型，早春季节或高海拔地区发生较重；成叶、老叶病害大多属高温高湿型，一般流行在夏、秋季。

1. 茶饼病

（1）症状 叶片发病时，初期正面呈淡黄色半透明小点，以后逐渐扩大成直径为2~10mm的病斑。并在叶片正面向下凹陷，而在叶背凸起呈饼状，其上生灰白色粉状物。病、斑边缘黑褐色，病、健部分界明显。发病严重时，病部肿胀，卷曲畸形，新梢枯死（图1-43）。

图1-43 茶饼病

（2）发病规律 茶饼病病菌主要以菌丝体潜伏于活的病叶组织中越冬、越夏，其病菌在平均气温为15~20℃，相对湿度为85%以上时即可产生担孢子，

阴雨多湿的条件有利于发病，一般春茶期3~5月和秋茶期9~10月间发生最多。丘陵、平地的郁蔽茶园，多雨情况下发病重，多雾的高山、高湿凹地茶园发病重。

2. 茶芽枯病

（1）症状 此病主要为害幼嫩芽叶。受害部位初期出现褐色或黄褐色的斑点，芽叶边缘逐渐枯焦，颜色变深，病斑沿叶缘扩大，病、健分界不明显；后期受害芽叶扭曲、卷缩、质脆，叶缘破碎，严重时，整个嫩梢枯死。病斑上散生许多黑色的小粒点，是病菌的分生孢子器（图1-44）。

图1-44 茶芽枯病

（2）发病规律 茶芽枯病以菌丝体或分生孢子器在老病芽叶或越冬芽叶中越冬。于翌年春茶萌芽期（3月底至4月初）开始发病，春茶盛采期（4月中旬至5月上旬）气温在15~25℃，湿度大时发病较重。萌芽早的品种发病重。

3. 茶白星病

（1）症状 此病主要为害嫩叶和新梢，尤以芽叶和新叶最多。叶片受害后先呈淡褐色湿润状小点，后逐渐扩大成圆形灰白色小斑，中央凹陷，其上有小黑点，边缘具褐色略隆起的纹线，病、健交界处明显。病斑直径 0.8~2.0mm，多时可相互愈合成不规则形大斑。嫩梢及叶柄发病时，病斑呈暗褐色，后逐渐变为灰白色圆形病斑。严重时，病部以上组织全部枯死（图 1-45）。

图 1-45　茶白星病

（2）发生规律　病菌以菌丝体或分生孢子器在病叶或落叶组织中越冬，翌年春季当气温在 10℃以上，在有水湿条件下，形成分生孢子，成为病害的初次侵染源，借风雨传播。土壤瘠薄、偏施氮肥、管理不当等易引发病害，每年 4 月至 5 月发生最多。

4. 茶炭疽病

（1）症状　茶炭疽病常发生于当年生的成叶上。一般从叶片的边缘或叶尖开始，初期为浅绿色病斑，水渍状，迎光看病斑呈现半透明状，后水渍状逐渐扩大，仅边缘半透明，且范围逐渐减少，直至消失。颜色渐转黄褐色，最后变为灰白色，病、健分界明显。成形的病斑常以叶片中脉为界，后期在病斑正面散生许多细小的黑色粒点，这是病菌的分生孢子盘。早春在老叶上可见到黄褐色的病斑，其上有黑色小粒点，这是越冬的后期病斑。茶园中残留的病叶是初侵染源。发病严重的茶园可引起大量落叶（图 1-46）。

（2）发生规律　茶炭疽病菌主要以菌丝体或分生孢子盘在病叶组织中越冬，翌春气温上升到达 20℃以上，在有雨的情况下或相对湿度大于 80%以上，病斑上形成分生孢子，借风雨传播蔓延。温度 25~27℃、高湿条件下有利于发病。全年以梅雨季节和秋雨季节发生最多。

图 1-46 茶炭疽病症状

5. 茶轮斑病

（1）症状 主要发生于当年生的成叶或老叶。病害常从叶尖或叶缘开始，逐渐向其他部位扩展。发病初期病斑黄褐色，渐变褐色，最后呈褐色、灰白色相间的半圆形、圆形或不规则形的病斑。病斑上常呈现有较明显的同心轮纹，边缘有一褐色的晕圈。病、健分界明显。病斑正面轮生或散生有许多黑色小粒点。如果发生在幼嫩芽叶上，自叶尖向叶缘渐变褐色，病斑不规则，严重时，罹病芽叶呈焦枯状，芽叶上散生许多扁平状黑色小粒点（图 1-47）。

图 1-47 茶轮斑病症状

（2）发生规律 以菌丝体或分生孢子盘在病组织中。翌年春季在适温、高湿条件下产生分生孢子，从伤口侵入茶树组织产生新病斑，并产生分生孢子，随风雨传播，进行再浸染。高温、高湿的夏秋季发病较多，全年以秋季发生较重。

6. 茶云纹叶枯病

（1）症状　主要加害叶片，但茶树其他部位，如新梢、枝条和果实也可被感染。成叶和老叶上的病斑多在叶缘或叶尖发生，初呈黄褐色，水渍状半圆形或淡绿色的圆形病斑，逐渐呈散射状扩展。色泽呈暗褐色或赤褐色，一周后病斑由里向外变灰白色，组织枯死，边缘黄绿色，形成灰色、暗褐色和赤褐色相间的不规则斑块，形似云纹状波纹，故名云纹叶枯病（图1-48）。

图1-48　茶云纹叶枯病症状

（2）发生规律　以菌丝体或分生孢子盘在树上病组织或土表落叶中越冬，成为翌春的初次侵染源。病菌越冬后，翌年春季，在潮湿条件下病斑上形成分生孢子，由于分生孢子产生于黏质的分生孢子盘中，主要依靠雨水传播。高温、高湿发病重，以6月和8月下旬至9月上旬发生最多。

7. 茶赤叶斑病

（1）症状　茶赤叶斑病主要为害当年生的成叶。病斑多从叶尖、叶缘开始，初为淡褐色，后颜色加深，呈红褐色至赤褐色，病部逐渐扩大，呈不规则形，边缘有深褐色隆起线，病、健分界明显，病部颜色一致。后期病斑上生出许多黑色小粒点，叶背病斑呈淡黄褐色，较叶面色浅。叶上病斑多时可愈合形成不规则形病斑，但色泽略有不同（图1-49）。

图1-49　茶赤叶斑病症状

（2）发生规律　病菌的菌丝体和分生孢子器在病叶组织中越冬。翌年5月在适宜条件下产生分生孢子，借风雨及水滴溅射传播。该病属于高温、高湿型病害，每年5~6月开始发生，7~9月发病最盛。如果6~8月持续高温，降水量少，易受日光灼伤的茶树最易发病。

8. 茶藻斑病

（1）症状　此病在叶片正反面均可表现症状，但以正面为主。病叶初生针尖状黄褐色的小圆点，开始近乎十字形，病斑后期呈放射状，向四周扩展蔓延，形成圆形或不规则形病斑，大小0.5~10mm，灰绿色至黄褐色；病斑突起，表面有细条状的毛毡状物，边缘不整齐，后期转呈暗褐色，表面平滑（图1-50）。

图1-50　茶藻斑病症状

（2）发生规律　病原藻以营养体在病叶上越冬，翌春温、湿度等环境条件适宜时，产生孢子囊和游动孢子，游动孢子借风雨传播，落到健康叶片的表面，在表皮细胞间蔓延发展，形成新的病斑，新病斑上又形成孢子囊和游动孢子，实现新一轮的再侵染。

9. 茶煤病

（1）症状　发病初期在叶表面发生近圆形或不规则形的黑色煤层斑，逐渐扩大，以致覆盖整片叶，后期在黑色烟煤上产生短刺毛状物，色泽深黑，煤层厚而疏松，严重时，茶园呈现一片暗黑色，影响茶树正常的光合作用，使芽叶生长受阻（图1-51）。

（2）发生规律　病原菌以菌丝体、分生孢子器或子囊果在病叶中越冬。翌春环境条件适宜时，产生分生孢子或子囊孢子，随风雨传播，落到粉虱、蚜虫和蚧类的分泌物上，吸取养料生长繁殖，再次产生各种孢子，又随风雨或昆虫传播，引起再侵染。

图 1-51　茶煤病症状

（二）枝干部病害

茶树枝干病害种类较多，普遍发生的主要有茶枝梢黑点病、茶寄生性植物和寄生藻类等。广东、云南、湖南等省部分茶区茶红藻锈斑病发生较严重。华南地区常有茶黑腐病、茶腐病的发生与流行。除此之外，枝干部还有茶膏药病、茶毛发病等。

1. 茶枝梢黑点病

（1）症状　茶树茶枝梢黑点病发生在当年生的半木质化枝梢上。受害枝梢初期出现不规则形的灰色病斑，以后逐渐向上、向下扩展，长可达 10 ~ 15cm，此时，病斑呈现灰白色，其表面散生许多黑色带有光泽的小粒点，圆形或椭圆形，向上凸起，这是病菌的子囊盘。发病严重的园地枝梢芽叶稀疏、瘦黄，枝梢上部叶片大量脱落，严重时，全梢枯死。

（2）发病规律　该病是以菌丝体或子囊盘在病梢组织中越冬。越冬病菌从 3 月下旬至 4 月上旬开始生长发育，5 ~ 6 月中旬子囊孢子成熟，借风雨传播，侵入新梢。7 月后由于温度偏高，并常伴随干旱，病害发展缓慢。该病属单病程病害，1 年仅 1 次初侵染，无再侵染。

该病的发生与气候条件密切相关。一般气温上升到 10℃以上病菌开始活动，15℃开始形成子囊，20 ~ 25℃子囊孢子成熟。所以，当气温在 20 ~ 25℃，相对湿度 80%以上时，最利于该病的发生和发展。当气温上升到 30℃以上，相对湿度低于 80%时，病菌生长发育受到抑制，病害也停止发展。品种间也有显著抗性差异，一般枝叶生长繁茂、发芽早的品种较易感病，而普通群体种发病相对较轻。

2. 茶红锈藻病

（1）症状　主要为害茶树枝干，尤以 1 ~ 3 年生枝条上为多，另外叶片、果实亦可受害。枝条染病初生灰黑色至紫黑色圆形至椭圆形病斑，后扩展为不规则形大斑块，严重的布满整枝，夏季病斑上产生铁锈色毛毡状物，病部产生裂缝及对夹叶，造成枝梢干枯，病枝上常出现杂色叶片。老叶染病初生灰黑色病斑，圆形，略突起，后变为紫黑色，其上也生铁锈色毛毡状物，即病原藻的子实体。后期病斑干枯，变为灰色至暗褐色。茶果染病产生暗绿色至褐色或黑色略凸起小病斑，边缘不整齐（图1-52）。

图 1-52　茶红锈藻病症状

1—叶片症状　2—枝干症状　3—孢囊梗和孢子囊

（2）发生规律　病原藻类以营养体在病部组织中越冬。翌年5~6月湿度大时产生游动孢子囊，遇水释放出游动孢子，借风雨传播，落到刚变硬的茎部，由皮层裂缝侵入。于5月下旬至6月上旬及8月下旬至9月上旬出现2个发病高峰。雨量大、降雨次数多时易发病，茶园土壤肥力不足、保水性差，易旱、易涝，造成树势衰弱或湿气滞留时发病重。该菌在南方茶区无明显休眠期。温暖、潮湿时形成子实体，形成时期因地区而异。

3. 茶树苔藓和地衣

（1）症状　苔藓植物附生于茶树枝干上，造成树势生长衰弱，严重影响茶芽萌发和新梢叶片生长。由于覆盖枝干和树丛，致使树皮褐腐，而且大量苔藓植物体也有利于害虫的繁殖和潜伏越冬。地衣的为害特点是以由下皮层伸出无色至黑色的菌丝束（假根）、菌丝穿入寄主皮层甚至形成层，吸取水分和无机盐，从而妨碍植物的生长（图1-53）。

图 1-53　茶树地衣症状

（2）发生规律　苔藓和地衣的发生与环境条件、栽培管理、树龄大小都有密切的关系。其中以温、湿度对苔藓、地衣的生长蔓延影响最大。在春季阴雨连绵或梅雨季节生长最快，在炎热的夏季和寒冷的冬季一般停止生长。苔藓一般以阳山轻，阴山重；山坡地轻，平地重；沙土地轻，黏土地重，位于河边，又易遭洪水冲刷的地方发病更重。相反，地衣一般以坡地茶园为多，喜空气流通，光线充足的环境，树丛中上部枝干发病为多。茶园管理粗放、杂草丛生、树势衰老、茶丛中枯枝落叶不及时清除时，苔藓和地衣发生均多。

（三）根部病害

根部病害也是茶树病害的重要类型，其中茶根癌病、茶根结线虫病和茶白绢病都发生在苗期，全国各大茶区均有发生，常引起茶苗的大量死亡；茶紫纹羽病在我国长江以北及长江以南茶区小叶种茶树上发生较多。

1. 茶苗根结线虫病

（1）症状　此病是由一种很小的线虫引起，当线虫侵入茶根后，使根部形成肿瘤，形似黄豆、菜籽等，且大小不一，受害根系无须根、畸形，有时根系末端比前端粗，病株地上部分生长不良，植株矮小，生长衰弱，叶片发黄，干旱季节叶片易大量脱落而枯死（图 1-54）。

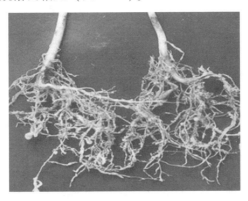

图 1-54　茶苗根结线虫病

（2）发病规律 借助流水、农具等传播，从根尖侵入，刺激根部形成虫瘿。根结线虫是喜高温干燥的好气性生物，1年发生多代，当土温达 20~30℃，土壤相对湿度为 40%~70% 时，完成一代为 20~30d。生长最适土温为 25~30℃，高于 40℃ 或低于 5℃ 时，线虫很少活动。

2. 茶苗白绢病

（1）症状 发生在根颈部，病部初呈褐色斑，表面生白色绵毛状物，扩展后绕根颈一圈，形或白色绢丝状菌膜，可向土面扩展。后期在病部形成油菜籽状菌核，由白色转黄褐色至黑褐色。由于病菌的致病作用，病株皮层腐烂，水分、养分运输受阻，叶片枯萎、脱落，最后全株死亡（图 1-55）。

图 1-55 茶苗白绢病

（2）发病规律 病菌主要以菌核遗留于土壤内或附着于病组织上越冬。来年当环境适宜时，菌核萌发产生菌丝体在土表蔓延伸展，遇寄主进行侵染。菌核耐干旱，在土壤中可存活 5~6 年。病株上的菌丝亦可在土表延伸到邻近茶苗为害。担孢子的传病作用不大。病菌可借雨水、流水传播，也可通过农事活动、苗木调运扩大传播。

3. 茶根癌病

（1）症状 以扦插苗圃中常见，主、侧根均可受害。病菌从扦插苗剪口或根部伤口侵入，初期产生淡褐色球形突起，以后逐渐扩大呈瘤状，小的似粟粒，大的像豌豆，多个瘤常相互愈合成不规则的大瘤。瘤状物褐色，木质化而坚硬，表面粗糙。茶苗受害后须根减少，地上部生长不良或枯死（图 1-56）。

（2）发病规律 茶根癌细菌在病株周围的土壤中或病组织中越冬。该菌在土壤或枯枝落叶中可以腐生状态存活多年。春季当环境条件适宜时，病菌借雨水、灌溉水、地下害虫以及农事活动等近距离传播。远距离传播主要是苗木的调运。

图1-56　茶根癌病

4. 茶紫纹羽病

（1）症状　为害根部或根颈部，先是须根腐烂，然后蔓延到侧根，腐烂后呈紫褐色，病斑表面布满紫褐色丝状物，病根表面上有半球形的颗粒状菌核，茎基部常被紫红色的菌丝包围，质地柔软，易剥落，根部皮层也易剥落，严重时地上部分萎蔫，新梢发芽减少，病株枯死（图1-57）。

图1-57　茶紫纹羽病

（2）发病规律　以菌丝体、根状菌索和菌核在土壤中越冬。其中菌核在土壤中可以存活3~5年。病害可通过流水、农事活动和病、健根接触侵染为害，且以病、健株接触传染为主。子实层上的担孢子可借风雨传播，但在病害循环中作用不大。远距离传播主要是带菌苗木的调运。

知识点三 茶树病害综合防护

（一）茶树病害防护措施的制定

1. 茶树叶部病害防护措施

（1）常见芽叶部病害防治指标和防治适期

常见芽叶部病害防治指标和防治适期如表 1-46 所示。

表 1-46 常见芽叶部病害防治指标和防治适期

病名内容	田间病害调查方法	防治指标	防治适期
茶饼病	对角线取样点 10 个，每点取 0.5m 行长内所有芽梢，调查总叶片数和病叶数	芽梢罹患率 35%以上	在春、秋季发病期内，5d 中有 3d 上午日照<3h，或降雨量≥2.5mm
茶白星病	发病流行期，每 7d 调查 1 次，5 点取样，每样点取样 100 个芽叶，检查发病情况	芽梢罹患率 6%	早治，芽梢罹患率小于 6%
茶芽枯病	3 月下旬至 6 月下旬，每 7d 调查 1 次，5 点取样，每样点取样 100 个芽梢，检查发病情况	芽叶罹患率 4%~6%	早治，芽梢罹患率小于 4%
茶云纹叶枯病	从春茶芽叶萌动期至秋茶采摘结束，每 7d 调查 1 次。取样时，去除边行 5 行及行头、行尾 5m，每隔 10 行取 1 行，定距 10 步或 20 步，从左右行随机各取 1 枝茶枝，计数总叶片数和病叶数	成叶罹患率 10%~15%	当新叶发病率达 10%时预报，达 15%立即组织防治
茶红锈藻病	以 5 点取样法或行间左右取样，按不同部位方向或一定行距、步距均匀取 30 丛，计算发病率和病情指数	越冬期病枝率>30%	在大田调查中，若发病率>30%，病情指数>25%或发病率达 50%左右、病情指数在 20%以下，当春天气温上升到 26℃左右，相对湿度达 85%左右，为防治适期

（2）综合防治措施

①农业措施：除草以利通风透光，减少荫蔽程度，以降低湿度；合理施

肥，适当增施磷、钾肥，以增强树势，提高茶树抗病力；分批多次采摘：尽量少留嫩梢、嫩叶，以减少侵染的机会；摘除病叶，彻底摘除病叶和有病的新梢，减少再次侵染的菌源。

②加强测报：通过实地系统调查与观察，并结合历史和实时资料统计分析，正确判断、预测病害未来的发生动态和趋势，以便做好准备，及时开展防治工作。发病初期喷施百菌清、甲基托布津等杀菌剂。

③药剂防治：茶芽枯病喷施50%托布津、70%甲基托布津、70%甲基硫菌灵；茶白星病喷施福美双、50%托布津、甲基托布津、70%甲基硫菌灵等；茶炭疽病施用50%苯莱特、25%托布津、75%百多胶悬剂、75%百菌清、70%甲基硫菌灵；茶饼病可用25%三唑酮或硫酸铜液进行防治。

④非采摘期喷施波尔多液可减轻来年叶部病害的发生；秋季结束后喷施石硫合剂，可抑制病害的蔓延和浸染。

2. 茶树枝干部病害防护措施

（1）栽培管理　因地制宜地选用抗病品种；注意茶园排水，改良土壤，促进树势健壮，增强抗病力；早春根据树势和头年病情决定修剪的深度，应尽可能将剪下的枯枝落叶清理出茶园并妥善处理，重修剪后，结合喷药保护，效果更好。

（2）药剂防治　掌握在发病盛期前进行药剂防治。茶枝梢黑点病可在发病盛期前喷杀菌剂。可用70%甲基托布津可湿性粉剂1000倍液喷雾。茶红锈藻病发病严重地区，可在每年病原物传播期前喷施0.2%硫酸铜液、0.5%～0.6%石灰半量式波尔多液（非采摘季节使用）或70%甲基硫菌灵可湿性粉剂1000倍液。苔藓和地衣可在非采摘季节向枝干喷施1%石灰等量式波尔多液，具有良好效果。

3. 茶树根部病害防护措施

（1）栽培管理　选用无病地作苗圃；选用无菌健苗，发现病苗及时挖除烧毁；注意茶园排水，改良土壤，促进苗木健壮，增强抗病力；适当增施磷、钾肥。

（2）药剂防治　当病害发生时可用药剂进行处理。茶苗白绢病成片发生时可喷施70%甲基托布津可湿性粉剂600～800倍液，喷匀喷透，严重时用其涂抹病株，非生产季节可淋施波尔多液，条件允许时可培养木霉菌进行生物防治；茶紫纹羽病局部发病的茶园，挖除病株及根部残余物在其周围挖40cm深沟，用40%福尔马林20～40倍稀释液浇灌土壤，处理后覆土并用塑料布覆盖24h，隔10d再浇灌1次，也可用50%甲基硫菌灵可湿性粉剂500倍液灌根。

（二）茶树病害防护效果评价

在实施农业防治后，观察树势，调查茶树抗病力情况，评价防治效果。

在实施药剂防治时，分别在用药后 7、10、15d 调查田间病情，分析防治效果，参照式（1-8）、式（1-9）计算。

$$相对防治效果（\%）=\frac{对照区病情指数-处理区病情指数}{对照区病情指数}\times100 \qquad (1-8)$$

$$校正绝对防治效果（\%）=\frac{防治区病情指数下降率\pm对照区病情指数下降率}{1\pm空白对照区病情指数下降率}\times100$$

$$(1-9)$$

注：对照区病情指数较以前增加时，式中用"+"号，减少时用"-"号。

任务知识思考

1. 为害茶树新梢嫩叶的几种病害的症状、发生规律和防治措施有何不同？
2. 茶树成、老叶的几种重要病害的症状主要有哪些？
3. 茶树叶部病害的综合防治措施主要有哪些？
4. 对茶树枝干病害该如何进行防治？
5. 茶树根部病害的种类、症状、发生规律和防治方法有何不同？

任务技能训练

任务技能训练一 茶树病害症状观察

（一）训练目的

通过实训，认识茶树病害各种症状类型，掌握每种症状类型的特点，准确区分病状和病症。

（二）训练内容

（1）病状类型观察 有无变色、腐烂、溃疡、斑点、畸形等。
（2）病症类型观察 有无霉状物、粉状物、颗粒状物、索状物等。

（三）材料与用具

（1）工具 生物显微镜、镊子、放大镜、记载本、铅笔、标签、病害彩色挂图。
（2）材料 茶树不同症状类型的新鲜、干制或浸渍标本。如茶轮斑病、茶饼病、茶叶炭疽病、茶云纹叶枯病、茶白星病、茶膏药病、茶苗白绢病、茶叶煤污病、茶根癌病、茶根结线虫病、茶紫纹羽病等常见病害标本。

（四）训练内容与步骤

（1）病状类型观察

①变色：观察茶树赤斑病等病害标本，叶片是局部变色或全变色，变色的深浅程度。

②腐烂：观察茶红根腐病等病害标本，判断属于湿腐还是干腐。

③坏死：观察茶圆赤星病、茶叶炭疽病、茶云纹叶枯病、茶白星病等病害标本，观察斑点的大小、形状、颜色，角斑、圆斑、轮斑、条斑、黑斑、灰斑、褐斑等，病斑上是否有霉层、小点等繁殖体。

④畸形：观察茶树根癌病、茶根结线虫病、茶饼病等病害标本。观察根癌病肿瘤的位置、大小、形状、颜色，叶片显著变小等现象。

（2）病症类型观察

①粉霉状物：观察茶煤污病病害标本，描述粉霉状物的颜色。

②颗粒状物：观察茶叶炭疽病、茶轮斑病等病害标本，注意点粒的颜色（黑色、褐色等）、点粒的分布、大小等。

③观察茶紫纹羽病、白纹羽病的病害标本，植物病部产生的线状物特点。

（五）训练课业

（1）列表写出所观察的茶树各部位病害标本的症状类型。

（2）按时完成实训报告。

（六）考核评价

训练结果按表1-47进行考核评价。

表1-47　　　　　　　　　茶树病害症状观察考核评价表

考核内容	评分标准	成绩/分	考核方法
生物显微镜的使用	操作规范，使用方法正确（20分）		实操部分，根据操作情况按评分标准现场酌情评分
症状识别	能准确指出各种病害的症状特征（30分）		
观察内容记载和整理	观察细致，记载详实、完整（20分）		
实训课业完成情况	按要求完成实训课业，内容完整、通顺、易懂，完成质量高（30分）		实训课业根据文字材料按评分标准现场酌情评分
总成绩			

任务技能训练二　主要茶树病害的田间识别和防护方案制定

（一）训练目的

通过实训，识别茶园主要病害症状，调查当地茶园主要的病害种类、发生和为害情况，据病害的发生及为害规律，制定科学的防治方案。

（二）训练内容

（1）茶树病害症状、种类、发生和为害情况调查

详细观察茶园病害情况，掌握各种植物病害的主要症状特点，采取不同的调查方法，调查茶树病害的种类及为害情况，对一些发病严重的病害，还应调查茶树被害情况。

（2）防治方案制定

综合运用所学知识，在充分掌握各种病害症状及发病规律的基础上，经过认真的分组讨论，针对某一种或几种同时发生的病害，提出科学合理的防治建议，若条件许可，还可做小范围的试验，最终确定完整的防治方案。

（三）场地与用具

（1）工具　生物显微镜、镊子、放大镜、记载本、铅笔、标签、病害彩色挂图。

（2）场地　待调查茶园。

（四）训练内容与步骤

（1）叶芽部病害

①结合当地茶园实际，选择一块有代表性的茶园地，组织学生观察叶芽病害的症状，并进行症状描述。

②采集并观察茶轮斑病、茶饼病、茶叶炭疽病、茶云纹叶枯病、茶白星病、茶圆赤星病、茶膏药病、茶苗白绢病、茶叶煤污病等各类病害的标本或实训室教学标本，说出茶树主要病害的症状特征，并对同类病害，根据症状认真进行区分。

③田间调查统计茶树叶芽病害的种类，田间布点取样调查茶园叶芽的病害发生率。

④针对当地发生为害严重的茶树病害，制定出科学的防治方案，并组织实施，对防治效果进行调查、总结。

（2）根部病害

①田间观察或通过看图谱、影视教材等方式，认识根部病害的为害特点。

②田间现场采集根癌病、根结线虫病、紫纹羽病等根部病害标本，观察常见根部病害的主要特征。

③查阅根部病害相关资料，了解常见病害种类的发病规律。

④根据根部病害的发病规律，制定根部病害的防治方案和组织实施计划。

（3）实训要求

①调查茶树叶斑病时，应该留意叶面斑点的大小、形状、边缘、颜色及发生时期，注意植株嫩叶、老叶为害程度的差异性。留意叶背面的症状。观察植物炭疽病时，除观察炭疽病的病斑颜色、大小外，应该注意观察病斑表面的典型病症特征。

②根部病害的调查，除调查病害的发生、为害情况外，还应重视调查土壤的湿度、温度、质地、前作、污染情况及其他植物的生长情况等内容。

③制定茶树病害的综合防治方案时，内容应该全面，根据病害发生的具体特点，在运用几种措施的基础上，重视各种防治方法的综合运用。

（五）训练课业

根据以下问题完成实训总结：

（1）嫩叶、嫩芽病害有什么共同特点？

（2）老叶病害有什么共同特点？

（3）植物病害的田间调查需要哪些工具和材料？各类病害的调查方法有哪些异同点？

（4）请以调查的茶树病害为害情况制定防治措施。

（六）考核评价

训练结果按表1-48进行考核评价。

表1-48　　　主要茶树病害的田间识别和防护方案制定考核评价表

考核内容	评分标准	成绩/分	考核方法
调查工具运用	能正确、熟练地应用各种调查工具（10分）		实操部分，根据操作情况按评分标准现场酌情评分
调查方法	病害的调查方法正确无误（10分）		
发病规律	能准确描述常见病害的发生发展规律（10分）		
调查数据处理	调查数据的处理方法正确（20分）		
防治方案	能综合应用各种防治技术，防治方案严密、适用、对生产有一定的指导意义（20分）		

续表

考核内容	评分标准	成绩/分	考核方法
实训报告	能按时、认真完成报告。能在报告中认真分析实训过程中出现的问题（30分）		实训课业根据文字材料按评分标准现场酌情评分
总成绩			

任务技能训练三 波尔多液与石硫合剂的配制

（一）训练目的

通过实训，掌握波尔多液的配制、石硫合剂的熬制及其品质优劣的鉴定方法。

（二）训练内容

（1）等量式波尔多液的配制及鉴定。

（2）石硫合剂的熬制及鉴定。

（三）材料与用具

（1）工具 烧杯、量筒、试管、试管架、台秤、玻璃棒、研钵、试管刷、石蕊试纸、天平、铁丝、灶（电炉）、木棒、水桶、波美比重计等。

（2）材料 硫酸铜、生石灰、风化石灰、硫黄粉等。

（四）训练内容与步骤

（1）波尔多液的配制及鉴定

①分组用以下方法配制1%的等量式波尔多液（1∶1∶100）。

a. 两液同时注入法：用1/2水溶解硫酸铜，另用1/2水溶化生石灰，然后同时将两液注入第三个容器内，边倒边搅即成。

b. 稀硫酸铜溶液注入浓石灰水法：用4/5水溶解硫酸铜，另用1/5水溶化生石灰，然后以硫酸铜溶液倒入石灰水中，边倒边搅即成。

c. 石灰水注入浓度相同的硫酸铜溶液法：用1/2水溶解硫酸铜，另用1/2水溶化生石灰，然后将石灰水注入硫酸铜溶液中，边倒边搅即成。

d. 浓硫酸铜溶液注入稀石灰水法：用1/5水溶解硫酸铜，另用4/5水溶化生石灰，然后将浓硫酸铜溶液倒入稀石灰水中，边倒边搅即成。

e. 风化已久的石灰代替生石灰，配制方法同方法 b。

注意少量配制波尔多液时，硫酸铜与生石灰要研细，如用块状石灰加水溶化时，一定要慢慢将水滴入，使石灰逐渐崩解化开。

②质量鉴定：药液配好以后，用以下方法鉴别质量。

a. 物态观察：观察比较不同方法配制的波尔多液，其颜色质地是否相同。质量优良的波尔多液应为天蓝色胶态乳状液。

b. 石蕊试纸反应：用石蕊试纸测定其碱性，以红色试纸慢慢变为蓝色（即碱性反应）为好。

c. 铁丝反应：用磨亮的铁丝插入波尔多液片刻，观察铁丝上有无镀铜现象，以不产生镀铜现象为好。

d. 滤液吹气：将波尔多液过滤后，取其滤液少许置于载玻片上，对液面轻吹气约 1min，液面产生薄膜为好，或取滤液 10~20mL 置于三角瓶中，插入玻璃管吹气，滤液变浑浊为好。

e. 将制成的波尔多液分别同时倒入 100mL 的量筒中静置 90min，按时记载沉淀情况。沉淀越慢越好，过快者不可采用。

（2）石硫合剂的熬制

①原料配比：其大致有以下几种（目前多采用 2∶1∶10 的质量配比），见表 1-49。

表 1-49　　　　　　　　　　石硫合剂原料配比

原料	质量比例				
硫黄粉	2	2	2	2	1
生石灰	1	1	1	1	1
水	5	8	10	12	10
原液浓度/°Be	32~34	28~30	26~28	23~25	18~21

②熬制方法：称取硫黄粉 100g，生石灰 50g，水 500g。先将硫黄粉研细，然后用少量热水搅成糊状，再用少量热水将生石灰化开，倒入锅内，加入剩余的水，煮沸后慢慢倒入硫磺糊，加大火力，至沸腾时再继续熬煮 45~60min，直至溶液被熬成暗红褐色（老酱油色）时停火，静置冷却过滤即成原液。观察原液色泽、气味和对石蕊试纸的反应。熬制过程中应该注意火力要强而匀，使药液保持沸腾而不外溢。熬制时应事先将药液深度做出标志，然后用热水不断补充所蒸发的水量，切忌加冷水或一次加水过多，以免因降低温度而影响原液的质量。或者在熬制时根据经验，事先将估计蒸发的水量一次加足，中途不再加水，熬制过程中应不停搅拌。可结合生产实际，用大锅熬煮，并进行喷洒。

③原液浓度测定：将冷却的原液倒入量筒，用波美比重计测量其浓度，注

意药液的深度应大于比重计的长度，使比重计能漂浮在药液中。观察比重计的刻度时，应以下面的药液面表明的度数为准。测出原液浓度后，根据需要，用公式或石硫合剂浓度稀释表计算稀释加水倍数。

（五）训练课业

（1）完成实训总结。

（2）思考题　盛装波尔多液和石硫合剂的容器为什么不能用铁器？

（六）考核评价

训练结果按表1-50进行考核评价。

表1-50　　　　波尔多液与石硫合剂的配制考核评价表

考核内容	评分标准	成绩/分	考核方法
器具使用	器具选用正确，使用前、后清洁干净，无脏污或损坏现象（10分）		实操部分，根据操作情况按评分标准现场酌情评分
配制方法	能按步骤逐步进行操作，操作方法正确、规范（20分）		
配制结果	波尔多液为天蓝色胶态乳状液；石硫合剂应成暗红褐色，波美达30°Be以上（20分）		
实验记录	实验结果记录详实（10分）		
小组协作	小组分工协作，具有团队协作精神，任务完成较好（10分）		
实训报告	能按时、认真完成报告。能在报告中认真分析实训过程中出现的问题（30分）		实训课业根据文字材料按评分标准现场酌情评分
总成绩			

任务四　茶树害虫防护

任务目标

1. 知识目标

（1）掌握茶树常见害虫的类型。

（2）掌握茶树常见害虫的为害特点。

（3）掌握茶树常见害虫的防治方法。

2. 能力目标

（1）能够识别茶树常见害虫。

（2）能够根据茶树害虫发生情况制定防治方案。

任务导入

我国茶区分布广泛，害虫种类繁多。据不完全统计，全国常见茶树害虫有400多种，其中经常为害的有50~60种。每类害虫在形态特征、生活习性、发生与环境的关系方面都有很多相似的地方，但各类之间则存在较大的差异，在学习了解各类害虫共性的基础上，注重个性，举一反三，有助于进一步理解和掌握，为指导茶树虫害防治打下坚实基础。

任务知识

知识点一 昆虫生物学特性

（一）昆虫的生殖方式

1. 两性生殖

昆虫通常进行两性生殖，两性生殖又称两性卵生，必须经过雌雄两性交配，精子与卵子结合形成受精卵，由雌虫将受精卵产出体外，卵经过一定的时间后发育成新的个体。

2. 孤雌生殖

卵不经过受精就能发育成新个体的生殖方式称孤雌生殖，又称单性生殖。孤雌生殖是昆虫对环境的一种适应，有利于昆虫迅速扩大种群。孤雌生殖大致可分为偶发性孤雌生殖、永久性孤雌生殖和周期性孤雌生殖三种类型。

（1）偶发性孤雌生殖　家蚕、一些毒蛾和枯叶蛾等，在正常情况下进行两性生殖，但偶尔也会出现未受精卵发育为新个体的现象。

（2）永久性孤雌生殖　永久性孤雌生殖又称经常性孤雌生殖。这种生殖方式在某些昆虫中经常出现，如竹节虫、蚧虫、粉虱等，在自然条件下，雄虫很少，或者至今尚未发现雄虫，几乎或完全进行孤雌生殖。

（3）周期性孤雌生殖　周期性孤雌生殖又称季节性孤雌生殖。例如蚜虫，在整个生产季节完全进行孤雌生殖，只是在越冬之前才产生雄性蚜虫，进行雌雄交配，以两性生殖形成的受精卵越冬，来年开春后，再进行孤雌生殖。

3. 多胚生殖

一个卵在发育的过程中可以分裂成多个胚胎，从而形成多个个体的生殖方式称多胚生殖。多见于一些内寄生蜂如小蜂科、茧蜂科、姬蜂科中的部分种类。这种生殖方式是这些寄生蜂对难以寻找寄主的一种适应。

（二）昆虫的个体发育和变态发育

1. 昆虫的个体发育

昆虫的个体发育是指从卵发育为成虫的全过程，包括胚胎发育和胚后发育两个阶段。胚胎发育是指昆虫在卵内的发育过程，一般是从受精卵开始到幼虫破卵壳孵化为止。胚后发育是指幼虫自卵中孵化出到成虫性成熟为止的发育过程。昆虫的胚后发育阶段，概括地说是一个伴随着变态的生长发育阶段。

2. 昆虫的变态发育

昆虫从卵孵化后到羽化为成虫的发育过程中，不仅体积有所增大，同时其外部形态和内部构造甚至生活习性都要发生一系列的变化，这种现象称为变态发育。昆虫在长期的演化过程中，由于对生活环境的特殊适应，出现了不同的变态类型。常见的有不完全变态发育和完全变态发育两种。

（1）不完全变态发育　不完全变态的昆虫一生要经过卵、若虫、成虫三个虫态。不完全变态的若虫与成虫仅在体型大小、翅的长短、性器官发育程度等方面存在差异，在外部形态和取食习性等方面基本相同。常见的蝗虫、蝼蛄等直翅目昆虫，蜻象、臭虫等半翅目昆虫，蝉、蚜虫、介壳虫等同翅目昆虫，都属此类变态发育。

（2）完全变态发育　完全变态的昆虫一生要经过卵、幼虫、蛹、成虫四个虫态。完全变态昆虫的幼虫不仅外部形态和内部构造与成虫很不相同，而且在栖息环境和取食行为也有很大差别，常见的金龟子、天牛等鞘翅目昆虫，蛾、蝶等鳞翅目昆虫，蜂、蚁等膜翅目昆虫，蚊、蝇等双翅目昆虫，以及脉翅目等均属于完全变态。

（三）昆虫各虫期的特点

1. 卵期

（1）卵的构造　卵是一个大型细胞，外层是一层构造复杂而坚硬的卵壳，它具有高度不透性，对卵起着很好的保护作用。卵的前端有一个或若干个小孔称精孔或卵孔，是精子进入卵内的通道。卵壳下方为一层薄膜，称卵黄膜，其内充满着原生质和卵黄，卵黄是昆虫胚胎发育的营养物质。卵黄周围靠近卵膜是一层周质，卵的中央是细胞核，是遗传物质最为集中的地方。

（2）卵的大小、形状　昆虫的卵都比较小，一般为 1～2mm，较大的如蝗虫的卵长达 6～7mm，螽斯卵长可达 9～10mm，小的寄生蜂的卵长仅 0.02～0.03mm。昆虫卵的形状是多种多样的。原始形式的卵是肾形的，如蝗虫、蟋蟀的卵；球形的，如甲虫的卵；桶形的，如蝽象的卵；半球形的，如夜蛾的卵；带有丝柄的，如草蛉的卵；瓶形的，如粉蝶的卵。卵的表面有的平滑，有的具有各种美丽的刻纹。

（3）产卵方式　昆虫的产卵方式因种而异。菜粉蝶、玉带凤蝶的卵，常分散单产；斜纹夜蛾的卵聚产；舞毒蛾的卵块上被覆雌蛾腹部茸毛，保护卵块免遭外界的侵袭。有些害虫把卵产在特殊的卵囊、卵鞘和植物的组织中。昆虫的产卵量因种类而异，一般具有较高的产卵量，如一头棉铃虫一生可产下 1000 多粒卵，一只朝鲜球坚蚧可产 200 多粒卵，一只白蚁蚁后一天可产几千粒卵，一生的产卵量可高达 5 亿多粒。

2. 幼虫期

幼虫是昆虫个体发育的第二个阶段。昆虫从卵孵化出来后到出现成虫特征（不完全变态变成虫或完全变态化蛹）之前的整个发育阶段，称为幼虫期（或若虫期）。幼虫期是昆虫一生中的主要取食为害时期，也是防治的关键阶段。

（1）幼虫的生长和蜕皮　若虫或幼虫破卵壳而出的过程称"孵化"。初孵的幼虫，体形较小，它的主要任务就是不断取食，积累营养，迅速增大体积。当幼虫生长到一定的程度，表皮就限制了身体的发育，每隔一定的时间，它就要重新形成新表皮，而将旧表皮脱去。幼虫脱去旧皮的过程称为"蜕皮"，脱下的旧皮则称为"蜕"。一般每两次脱皮之间所经历的天数称为"龄期"，初孵的幼虫称一龄幼虫，脱一次皮后称二龄幼虫，每脱一次皮就增加一龄，计算虫龄的公式是脱皮次数加一。不同种类的昆虫，脱皮的次数和龄期的长短各不相同，而且各龄幼虫的形体、颜色等也常有区别，但同种昆虫的幼虫脱皮的次数和龄期是相当固定的。如梧桐木虱一生只脱 2 次皮，白杨叶甲脱 3 次皮，黄刺蛾要脱 6 次皮。

刚刚孵化的幼虫和低龄幼虫，表皮较薄，抵抗力弱，有些还群集栖居，而且食量较小，对植物尚未造成严重危害，此时是药剂防治的最佳时期。因此，利用化学药剂和微生物农药防治害虫时，要治早、治小，这样可以获得较好的防治效果。同时掌握幼虫的龄期和龄数及其百分比率，就可比较准确地掌握害虫的发生期和发生量，从而制定行之有效的防治方案。

（2）幼虫的类型　完全变态昆虫的幼虫由于食性、习性和生活环境十分复杂，在形态上的变化极大。根据足的有无和数目，主要可分为以下三种类型。

①无足型：幼虫既无胸足，也无腹足，如蚊、蝇以及天牛、象甲等的幼虫。

②寡足型：幼虫只有 3 对胸足，没有腹足，如金龟子、瓢虫、叶甲以及草蛉的幼虫等。

③多足型：幼虫除具有 3 对胸足外，还具有 2～8 对腹足。其中具有 2～5 对腹足的是蛾、蝶类幼虫，6～8 对腹足的是叶蜂类幼虫。

3. 蛹期

蛹是完全变态昆虫由幼虫变为成虫的过程中所必须经过的一个过渡虫态。末龄幼虫脱去最后的表皮称"化蛹"。蛹体一般不食不动，只有蛾蝶类蛹的腹部 4～6 节可以扭动。蛹外观静止，但内部则在进行着旧器官的解体和新器官的生成的剧烈变化，要求相对稳定的环境来完成所有的转变过程。蛹按照形态一般可分为以下三种类型。

（1）离蛹（裸蛹）　触角、足等附肢和翅不贴附于蛹体上，可以活动，如甲虫、膜翅目蜂类的蛹。

（2）被蛹　触角、足、翅等附肢紧贴蛹体上，不能活动，如蛾、蝶类的蛹。

（3）围蛹　蛹体实际上是离蛹，但蛹体外面有末龄幼虫所脱的皮形成的蛹壳所包围，如蝇类的蛹。

了解蛹期的特点，可有效地开展对害虫的综合治理。如翻耕、捣毁蛹室、使蛹暴晒致死，或因暴露而增加天敌捕食、寄生的机会。掌握蛹期，实施灌水淹杀或人工挖蛹，修剪有蛹枝条等都可起到一定的压低种群密度的效果。

4. 成虫期

成虫期是昆虫个体发育的最后一个阶段，其主要任务就是交配产卵繁殖后代。到了成虫期，形态结构已经固定，不再发生变化，昆虫的分类和鉴定往往以成虫为主要依据。

（1）羽化　成虫从它前一个虫态脱皮而出的过程，称为"羽化"。不完全变态昆虫的若虫脱去最后一次皮，或完全变态昆虫从蛹壳中钻出，则羽化为成虫。初羽化的成虫色浅而柔软，待翅和附肢充分伸展，体壁硬化后，才能飞行和行走。

（2）性成熟　一些昆虫在羽化后，性器官已经成熟，不需取食即可交配产卵，在完成繁殖后代的任务后很快就死去。这类昆虫口器一般会退化，寿命很短，往往只有数天，甚至数小时。大多昆虫的成虫，如金龟子、天牛，部分蛾、蝶以及不完全变态昆虫等，羽化后生殖细胞尚未成熟，需要经过一段进食期，少则数天，多则几个月，才能进行生殖。为了达到性成熟，成虫必须继续取食，以满足卵巢发育对营养的需要。这种成虫性成熟前的取食行为，称为"补充营养"。

（3）性二型　同一种昆虫，雌、雄个体除外生殖器的第一性征不同外，其个体的大小、体形的差异、颜色的变化甚至生活行为等方面也有差别，这种现象称为性二型。例如，小地老虎雄蛾触角呈羽毛状，雌蛾为丝状。蓑蛾的雌虫无翅，终生生活在袋囊内，而雄虫具翅可飞出虫囊。

（4）多型现象　同种昆虫在同一性别上具有两种或两种以上的个体类型，称为多型现象。这在具有明显分工的高等社会性昆虫中十分常见。例如蜜蜂蜂群中有蜂王、雄蜂和工蜂，工蜂与蜂王一样，均是雌性个体，但工蜂已丧失了生殖功能。

（四）昆虫的世代和年生活史

1. 昆虫的世代

昆虫自卵或幼体离开母体到成虫性成熟产生后代为止的个体发育周期，称为一个世代，简称一代。各种昆虫完成一个世代所需时间不同。世代短的只有几天，如蚜虫 8~10d 就可完成一代。世代长的可达几年甚至十几年，如桑天牛、大黑鳃金龟 2 年完成一代，沟金针虫 3 年完成一代，美洲的一种十七年蝉，17 年才完成一代。

2. 昆虫的年生活史

年生活史是指昆虫一年的发生经过，即从当年越冬虫态开始活动起，到第二年越冬结束为止的发育过程。昆虫年生活史包括昆虫的越夏、越冬和栖息场所。一年中发生的世代和各代的历期和数量变化规律以及生活习性等。

一年发生多代的昆虫，由于成虫发生期长，产卵期长，幼虫孵化先后不一，常常出现上一世代的虫态与下一世代的虫态同时发生的现象，称为世代重叠。

（五）昆虫的行为和习性

1. 休眠和滞育

休眠和滞育是指昆虫年生活史的某个阶段，当遇到不良环境条件时，出现生长发育暂时停止，以安全度过不良环境阶段的现象。这一现象常与隆冬的低温和盛夏的高温相关，即通常所说的越冬（或冬眠）和越夏（或夏蛰），这是昆虫在长期进化过程中所形成的对不良环境的一种适应，它们的共同特点是外观静止，不食不动。

（1）休眠　休眠是由不良环境条件直接引起的，如温度、湿度过高或过低，食物不足等，表现出不食不动、生长发育暂时停止的现象，当不良环境消除后，昆虫便可立即恢复生长发育。休眠是昆虫对不良环境条件的暂时性适应，在温带或寒温带地区，每当冬季严寒来临之前，随着气温下降，食物减少，各种昆虫都寻找适宜场所进行休眠性越冬。在干旱、高温季节或热带地区，有些昆虫也会暂时停止活动，进行休眠性越夏。处于这种越冬或越夏状态的昆虫，如给予适宜的生活条件，仍可恢复活动。

（2）滞育　滞育是昆虫长期适应不良环境而形成的种的遗传特性，是昆虫定期出现的一种生长发育暂时停止的现象，而不论外界环境条件是否适合。季节性的光周期的变化是引起昆虫滞育的主要因子，光周期季节性的变化使昆虫能够感受到严冬的低温和盛夏的高温等不良环境何时到来。在自然情况下，根据光周期信号，当不良环境尚未到来之前，这些昆虫在生理上已经有所准备，即已进入滞育状态，而且一旦进入滞育，即使给予最适宜的条件，也不能马上恢复生长发育等生命活动，滞育的解除要求一定的时间和一定的条件，并由激素控制，如樟叶蜂以老熟幼虫在7月上、中旬于土中滞育，至第二年2月上、中旬才恢复生长发育。

2. 食性

在自然界中，每一种昆虫都有自己喜爱的食物或食物范围，通常称为昆虫的食性。

（1）按取食的对象分　按照取食的对象，昆虫的食性一般可分为植食性（如柞蚕、家蚕等）、肉食性（如蚊、虻、蚤等）、腐食性（如粪金龟等）、杂食性（如蜚蠊等）四种。

（2）按取食范围分　取食范围是指昆虫取食食物种类的多少。根据昆虫取食范围，昆虫的食性又可分为单食性（如三化螟、落叶松鞘蛾等）、寡食性（如刺蛾、棉蚜、蓑蛾等）、多食性（美国白蛾）三种。

根据昆虫的食性可以通过改变耕作制度，合理进行植物配置，创造不利于害虫而有利于天敌生存的食物环境，从而有效地控制害虫。

3. 趋性

（1）趋光性　趋光性指昆虫对光的刺激所产生的定向活动，包括正趋光性和负趋光性。不同种类，甚至同种的不同性别趋光性不同。多数夜间活动的昆虫，如蛾类、金龟子等，对灯光表现为正趋性，特别是在夜晚对波长为 $300 \sim 400nm$ 的紫外光的趋性更强，所以人们常常利用灯光诱集来采集标本。蚜虫对 $550 \sim 600nm$ 的黄色光趋性极强，人们常常利用黄板诱杀蚜虫。

（2）趋化性　趋化性指昆虫对一些化学物质所表现出的定向活动。根据昆虫的趋化性，人们常常利用食饵诱杀、性诱杀、驱避等方法来防治害虫，通过化学诱集法采集标本，并通过对诱集种类和数量的分析进行预测预报。

（3）趋温性　趋温性指昆虫对温度刺激所表现出的定向活动。昆虫总是表现向它最适的温度移动，而避开不适宜的温度。如体虱生活的最适温度为人的体温，多生活在人的毛发中，若人因病发烧超过了正常的体温，体虱就会爬离人体，表现为负的趋热性。

4. 假死性

有一些昆虫在取食爬动时，当受到外界突然震动惊扰后，往往立即蜷缩肢体从树上掉落地面，或在爬行中缩作一团，装死不动，这种行为叫作假死性。如象甲、叶甲、金龟甲等成虫遇惊和3~6龄的松毛虫幼虫受震都会假死滚落地面。因此，人们可利用害虫的假死性进行人工扑杀和虫情调查等。

5. 群集性

同种昆虫大量个体高密度聚集在一起的现象称为群集性。如榆蓝叶甲的越夏，瓢虫的越冬，茶毛虫、茶黑毒蛾幼虫在茶上树群集取食为害等。根据昆虫的群集特性可以在害虫群集时进行挑治或人工捕杀。

6. 迁飞与扩散

某些昆虫在成虫期，成群地从一个发生地远距离地迁飞到另一个发生地的特性，称为迁飞性。如黏虫等，每年秋季，飞到南方越冬，每年冬天，又飞到北方为害，周而复始。了解昆虫的迁飞与扩散规律，对进一步分析虫源性质，设计综合防治方案具有指导意义。

7. 拟态和保护色

拟态是指有些昆虫模仿植物或其他动物，从而获得了保护自己的现象。如竹节虫和尺蛾等部分幼虫的形态与植物枝条极为相似，没有防御能力的食蚜蝇外形与具有螯针的蜜蜂极为相似。保护色是指某些昆虫具有同它生活环境中的背景相似的颜色，有利于躲避捕食性动物的视线而保护自己，如蚱蜢、枯叶蝶、尺蠖等。拟态和保护色均有利于昆虫躲避捕食性天敌的捕食。

8. 时辰节律

绝大多数昆虫的活动，如飞翔、取食、交配、产卵、孵化及羽化等，都表现出一定的时间节律，称为时辰节律。许多捕食性昆虫是日出性昆虫，如蜻蜓、虎甲等，这与它们的捕食对象的日出性有关。蝶类也是日出性的，这与大多数显花植物白天开花有关。夜间活动的昆虫多为夜出性昆虫。绝大多数的蛾类是夜出性的，取食、交配、产卵都在夜间。

知识点二　昆虫发生与环境的关系

（一）气候因子对昆虫的影响

气候因子与昆虫的生命活动的关系非常密切。气候因子包括温度、湿度、光照和风等，其中以温度和湿度对昆虫的影响最大，各个条件的作用并不是孤立的，而是综合起作用的。

1. 温度对昆虫生长发育的影响

温度是影响昆虫的重要环境因子。昆虫是变温动物，体温随环境温度的高低而变化。体温的变化可直接加速或抑制代谢过程。因此，昆虫的生命活动直接受外界温度的支配。

（1）昆虫对温度的反应　能使昆虫正常生长发育、繁殖的温度范围，称适宜温区或有效温区，通常为 8~40℃。在适宜温区内，还有对昆虫生长发育和繁殖最为适宜的温度范围，称为最适温区，一般为 22~30℃。有效温度的下限称发育起点，一般为 8~15℃。有效温度的上限称临界高温，一般为 35~45℃或更高些。在发育起点以下若干度，昆虫便处于低温昏迷状态，称为亚致死低温区，一般为-10~8℃。亚致死低温以下昆虫会立即死亡，称致死低温区，一般为-40~-10℃。在临界高温以上，昆虫处于昏迷状态，叫亚致死高温区，通常为 40~45℃。在亚致死高温以上昆虫会立即死亡，称致死高温区，通常为 45~60℃。

昆虫因高温致死是体内水分过度蒸发和蛋白质凝固所致。昆虫因低温致死是体内自由水分结冰，使细胞遭受破坏所致。昆虫因种类、地区、季节、发育阶段、性别及营养状况不同，对温度的反应也不一样。因此在分析温度与昆虫种群消长变化规律时，应进行综合分析。

（2）昆虫生长发育的有效积温法则　昆虫和其他生物一样，在其生长发育过程中，完成一定的发育阶段（1 个世代）需要一定的温度积累，即发育所需时间与该时间的温度乘积理论上应为一常数。该常数称为有效积温，这个规律也称为有效积温定律，如式（1-10）所示。

$$K=NT \tag{1-10}$$

其中 K 为有效积温，N 为发育日数，T 为发育期的平均温度。

由于昆虫必须在发育起点以上才能开始发育，因此，式中的温度（T）应减去发育起点温度（C），如式（1-11）所示。

$$K=N（T-C）\text{ 或 }N=K/（T-C） \tag{1-11}$$

昆虫的发育速率（V）是指单位时间内完成全部发育过程的比率，即完成某一个发育阶段所需时间（N）的倒数，如式（1-12）所示。

$$V=\frac{1}{N}\text{，代入上式，则得：}V=\frac{T-C}{K}\text{或 }T=C+KV \tag{1-12}$$

这个说明温度与发育速度关系的法则，称有效积温法则，有效积温的单位常以 d·℃表示。这个法则的应用有如下几个方面。

①推算昆虫发育起点温度和有效积温数值：发育起点 C 可以由实验求得：将一种昆虫或某一虫期置于两种不同温度条件下饲养，观察其发育所需时间，设 2 个温度分别为 T_1 和 T_2，完成发育所需时间为 N_1 和 N_2，根据 $K=N（T-C）$，产生联立式：

第 1 种温度条件下：
$$K=N_1（T_1-C） \tag{1}$$

第 2 种温度条件下：$K=N_2 (T_2-C)$ （2）

因为 $(1)=(2)=K$ 得 $N_1 (T_1-C)=N_2 (T_2-C)$

$$C = \frac{N_1 T_1 - N_2 T_2}{N_1 - N_2}$$ （1-15）

按式（1-15）计算所得 C 值代入即可求得 K。

例如，槐尺蠖的卵在 27.2℃ 条件下，经 4.5d 孵化，19℃ 条件下，经 8d 孵化。代入式（1-15）中，则得槐尺蠖卵期发育起点温度。

$$C = \frac{N_1 T_1 - N_2 T_2}{N_1 - N_2} = \frac{(8 \times 19 - 4.5 \times 27.2)}{8 - 4.5} = 8.5 (℃)$$

将计算出的发育起点温度代入 19℃ 条件下的式（1-11）中，则得槐尺蠖卵期有效积温。

$$K=8\times(19-8.5) = 84 \ (d \cdot ℃)$$

②估测某昆虫在某一地区可能发生的世代数：在知道了一种昆虫完成 1 个世代的有效积温（K），再利用某地区年温度的记录，统计出 1 年内此地对该虫的有效积温总和（K_1），便可推算出这种昆虫在该地区每年可能发生的世代数，如式（1-16）所示。

$$世代数 = \frac{某地全年有效积温总和 K_1}{某昆虫完成 1 个世代的有效积温 K}$$ （1-16）

③预测害虫发生期：知道了 1 种害虫或 1 个虫期的有效积温与发育起点温度后，便可根据式（1-10）进行发生期预测。

例如：已知槐尺蠖卵的发育起点温度为 8.5℃，卵期有效积温为 84d·℃，卵产下当时的日平均温度为 20℃，若天气情况无异常变化，预测 7d 后槐尺蠖的卵就会孵出幼虫。

$$N = \frac{K}{T - C} = \frac{84}{(20 - 8.5)} = 7.3 (d)$$

④控制昆虫发育进度：人工繁殖利用寄生蜂防治害虫，按释放日期的需要，可根据式（1-10）计算出室内饲养寄生蜂所需要的温度。通过调节温度来控制寄生蜂的发育速度，在合适的日期释放出去。

例如，一批松毛虫赤眼蜂，要求再过 20d 释放成蜂，以便及时提供田间释放来寄生茶毛虫卵块。已知它的发育起点温度为 10.34℃，有效积温为 161.36d·℃，应在何种温度下饲养？可以将数据代入式（1-10）计算：

$$T = \frac{K}{N} + C = \frac{161.36}{20} + 10.34 = 18.4 (℃)$$

在 18.4℃ 温度下饲养，则可按要求育出成蜂释放。

⑤预测害虫在地理上的分布：如果当地全年有效总积温不能满足某种昆虫完成 1 个世代所需总积温，此地就不能发生这种昆虫。只有全年有效积温之

和，大于昆虫完成 1 个世代所需总积温的地区，昆虫才能发生。

2. 湿度对昆虫的影响

水是生物有机体的基本组成成分，是代谢作用不可少的介质。一般昆虫体内水分的含量占体重的 50% 左右，而蚜虫和蝶类幼虫可达 90% 以上。昆虫体内的水分主要来源于食物，其次为直接饮水、体壁吸水和体内代谢水。体内的水分又通过排泄、呼吸、体壁蒸发而散失。

昆虫对湿度的要求依种类、发育阶段和生活方式不同而有差异。最适范围，一般在相对湿度 70%~90%，湿度过高或过低都会延缓昆虫的发育，甚至造成死亡。昆虫卵的孵化、脱皮、化蛹及羽化，一般都要求较高的湿度，但一些刺吸式口器害虫如蚧虫、蚜虫、叶蝉及叶螨等对大气湿度变化并不敏感，即使大气非常干燥，也不会影响它们对水分的要求，如天气干旱时寄主汁液浓度增大，提高了营养成分，有利于害虫繁殖，所以这类害虫往往在干旱时为害严重。一些食叶害虫，为了得到足够的水分，常于干旱季节猖獗为害。

3. 温、湿度对昆虫的综合作用

在自然界中温度和湿度总是同时存在、相互影响、综合作用的。而昆虫对温度、湿度的要求也是综合的，不同温、湿度组合，对昆虫的孵化、幼虫的存活、成虫羽化、产卵及发育历期均有不同程度的影响。

4. 光对昆虫的影响

昆虫的生命活动和行为与光的性质、光强度和光周期密切关系。许多昆虫对 330~400nm 的紫外光有强趋性，因此，在测报和灯光诱杀方面常用黑光灯（波长 365nm）。还有一种蚜虫对 550~600nm 黄色光有反应，所以白天蚜虫活动飞翔时利用"黄色诱盘"可以诱其降落。

光强度对昆虫活动和行为的影响，表现于昆虫的日出性、夜出性、趋光性和背光性等昼夜活动节律的不同。例如：蝶类、蝇类、蚜类喜欢白昼活动，夜蛾、蚊子、金龟甲等喜欢夜间活动，有些昆虫则昼夜均活动，如天蛾、大蚕蛾、蚂蚁等。

5. 风对昆虫的影响

风对环境的温、湿度都有影响，可以降低气温和湿度，从而对昆虫的体温和水分发生影响。但风对昆虫的影响主要是昆虫的活动，特别是昆虫的扩散和迁移受风影响较大，风的强度、速度和方向，直接影响其扩散和迁移的频度、方向和范围。

（二）土壤因子对昆虫的影响

土壤是昆虫的一个特殊生态环境，很多昆虫的生活都与土壤有密切的关系。如蝼蛄、蟋蟀、金龟甲、地老虎、叩头甲及白蚁等苗圃害虫，有些终生在土壤中生活，有些大部分虫态是在土中度过的。许多昆虫一年中的温暖季节在土壤外面活动，而到冬季则以土壤为越冬场所。土壤的理化性状，如温度、湿度、机械组成、有机质成分和含量以及酸碱度等，直接影响在土中生活的昆虫的生命活动。

各种与土壤有关的害虫及其天敌，各有其最适于栖息的环境条件。人们掌握了这些昆虫的生活习性之后，可以通过土壤垦复、施肥、灌溉等各种措施，改变土壤条件，达到控制害虫的目的。

（三）生物因子对昆虫的影响

生物因子包括食物、捕食性和寄生性天敌、各种病原微生物等。

1. 食物因子

昆虫和其他动物一样，必须利用植物或其他动物所制造的有机物来取得生命活动过程所需要的能源。有无必需的食物，关系到昆虫能不能在这个生境中生存，存在的食物是否适合于某种昆虫的要求，又关系到这个生存环境中的种群数量。

食物直接影响昆虫的生长、发育、繁殖和寿命等。如果食物数量多，质量高，那么昆虫生长发育快，自然死亡率低，生殖力高。相反则生长慢，发育和生殖均受到抑制，甚至因饥饿引起昆虫个体大量死亡。

2. 昆虫的天敌

天敌是影响害虫种群数量的一个重要因素。天敌种类很多，大致可分为下列各类。

（1）病原生物　病原生物包括病毒、立克次体、细菌、真菌及线虫等。这些病原生物常会引起昆虫感病而大量死亡。如细菌中的苏云金杆菌和日本金龟芽孢杆菌会随食物被蛴螬取食，进入昆虫消化及循环系统，迅速繁殖，破坏组织，引起蛴螬感染败血症而死。

（2）捕食性天敌昆虫　捕食性天敌昆虫的种类很多，常见的有螳螂、猎蝽、草蛉、瓢虫、食虫虻、食蚜蝇等。

（3）寄生性天敌昆虫　主要有膜翅目的寄生蜂和双翅目的寄生蝇，例如，用松毛虫赤眼蜂防治马尾松毛虫。

（4）捕食性鸟、兽及其他有益动物　主要包括蜘蛛、捕食螨、鸟类、两栖类及爬行类等。鸟类的应用早为人们所见，蜘蛛的作用在生物防治中越来越受到人们的重视。

（四）人类活动对昆虫的影响

人类生产活动是一种强大的改造自然的因素，但是由于人类本身对自然规律认识的局限性，生产活动不可避免地破坏了自然生态环境，导致了生物群落组成结构的变化，使某些以野生植物为食的昆虫转变为园林害虫。但当人类一旦掌握了害虫的发生规律，在人们的生产实践活动中，对农业害虫的防治和天敌的保护利用，将产生深刻的影响。主要包括四个方面：一是改变某地区农田生态系；二是改变某地区昆虫种类的组成；三是改变害虫生长发育和繁殖的环境条件；四是直接杀灭害虫。

知识点三　茶树害虫类别、为害特点及发生规律

茶树主要害虫按照为害部位、为害方式和分类地位，大体可分为食叶类害虫、刺吸式害虫、钻蛀性害虫、地下害虫和螨类5大类。

（一）食叶类害虫

1. 尺蠖类

为害茶树的尺蠖类害虫有10多种。国内主要有茶尺蠖、油桐尺蠖、木撩尺蠖、茶银尺蠖、灰尺蠖、灰茶尺蠖、茶用克尺蠖和云尺蠖等，国内分布于江苏、浙江、安徽、江西、湖北、湖南、贵州等省。

茶尺蠖的不同虫态及其为害状如图1-58、图1-59所示。

图1-58　茶尺蠖不同虫态及其危害状
1—成虫　2—卵　3—幼虫　4—蛹　5—卵堆　6—为害状

图 1-59　茶尺蠖幼虫

（1）为害状　低龄幼虫喜停栖于叶片边缘，咬食叶片边缘呈网状半透明膜斑，高龄幼虫常自叶缘咬食叶片呈光滑的"C"形缺刻，甚至蚕食整张叶片。严重时造成枝梗光秃，状如火烧（图 1-60）。

图 1-60　茶尺蠖为害状

（2）发生规律　以茶尺蠖为例，该虫在各地区年发生 5~7 代。在安徽、江苏 1 年发生 5~6 代，以蛹在树冠下表土中越冬。在浙江杭州 1 年发生 6~7 代，一般年份均以 6 代为主，10 月平均气温在 20℃以上，则可能部分发生第 7 代。在杭州翌年 3 月初开始羽化出土。一般 4 月上中旬第 1 代幼虫开始发生，为害春茶。第 2 代幼虫于 5 月下旬至 6 月上旬发生，第 3 代幼虫于 6 月中旬至

7月上旬发生，均为害夏茶。以后大体上每月发生1代，直至最后1代以老熟幼虫入土化蛹越冬。由于越冬蛹羽化迟早不一，加之发生代数多，从第3代开始即有世代重叠现象。

2. 毒蛾类

为害茶树的毒蛾类害虫很多，茶园常见的种类有茶毛虫、茶黑毒蛾、茶白毒蛾、肾毒蛾、蔚茸毒蛾、皱茸毒蛾。以茶毛虫和茶黑毒蛾为害最严重，茶黑毒蛾幼虫如图1-61所示。

图1-61 茶黑毒蛾幼虫

（1）为害状 茶毛虫与茶黑毒蛾幼虫均有群集性。初孵幼虫常群聚在卵块附近的叶片背面取食，下表皮呈现嫩黄色半透明膜（稍久即变灰白色）；3龄后即分群向中、上部茶丛为害，咬食嫩梢芽叶成缺刻、光秆，有明显的为害中心。有些种类在茶丛间吐丝结稀网，并黏结茶叶碎屑及大量粪便。

（2）发生规律 茶毛虫分布遍及全国各产茶省，尤以一些老茶区常有发生。茶毛虫1年发生代数因各地气候而异。一般长江以北各茶区、西南茶区及浙江中北部多数茶区1年2代，湖南、江西、浙江南部及福建北部1年3代，广西、广东、福建南部1年4代，台湾、海南1年5代。各地均以卵块在茶树中、下部老叶背面近主脉处越冬。

茶黑毒蛾国内分布于安徽、江苏、浙江、福建、湖北、湖南、贵州、云南、广西、台湾等省。近年来在安徽、浙江、湖南、云南等省局部茶园暴发成灾，为害日趋严重。茶黑毒蛾在皖南、杭州均1年发生4代；在云南1年发生4~5代，各地均主要以茶树中、下部老叶背面越冬。

3. 刺蛾类

国内各茶区主要有扁刺蛾、茶刺蛾、丽绿刺蛾、黄刺蛾、淡黄刺蛾、白痣姹刺蛾、红点龟形小刺蛾和褐刺蛾等。

（1）为害状 幼虫栖居叶背取食。幼龄幼虫取食下表皮和叶肉，留下枯黄半透膜；中龄以后咬食叶片成缺刻，常从叶尖向叶基锯食，留下平直如刀切的半截叶片。为害严重时，叶片蚕食殆尽，仅剩叶柄和枝条。

丽绿刺蛾的为害状及其幼虫、成虫如图 1-62 所示。

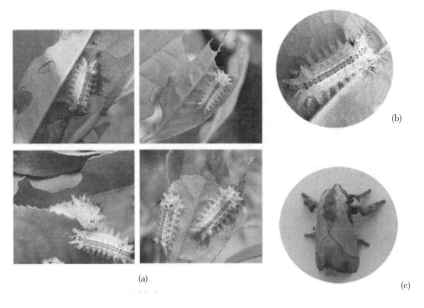

图 1-62　丽绿刺蛾为害状及其幼虫、成虫
（a）危害状　（b）幼虫　（c）成虫

（2）发生规律　该类虫在各地区年发生 2~3 代。扁刺蛾在长江中、下游地区一般 1 年发生 2 代，在江西、广东等偏南茶区少数可发生 3 代，均以老熟幼虫在根际表土中结茧越冬。翌年 4 月开始化蛹，5 月开始羽化。1 代、2 代幼虫分别于 6 月及 8~10 月发生为害。丽绿刺蛾在浙江、湖南等地年发生 2 代，广州 2~3 代，以老熟幼虫在茧内越冬。翌年 5 月上旬化蛹，5 月中旬至 6 月上旬成虫羽化产卵。一代幼虫为害期为 6 月中旬至 7 月下旬，二代为 8 月中旬至 9 月下旬。黄刺蛾在江、浙、皖一带年发生 2 代。以老熟幼虫在树枝上的茧内越冬。越冬幼虫 5~6 月化蛹、6 月上中旬羽化，幼虫为害期分别在 6 月下旬至 7 月，8 月下旬至 9 月下旬，9 月底陆续结茧越冬。

4. 其他食叶类害虫

茶园中除以上几种食叶类害虫为害较普遍、严重外，其他种类还很多，在某些地区较重或某些年份暴发成灾。其中如蓑蛾类、卷叶蛾类、食叶性甲虫类，在此不详细介绍。

（二）刺吸式害虫

1. 叶蝉类

为害茶树的叶蝉种类较多，且常混合发生。主要有小贯小绿叶蝉、小绿叶蝉、烟翅小绿叶蝉、箭纹小绿叶蝉、棉叶蝉、颜点斑叶蝉、黑尾叶蝉和绿脉二室叶蝉等，其中以小贯小绿叶蝉发生最为普遍（图 1-63）。

图 1-63　小贯小绿叶蝉

（1）为害状　成、若虫均刺吸茶树嫩梢或芽叶汁液，雌成虫且在嫩梢内产卵，导致输导组织受损，养分丧失，水分供应不足。芽叶受害后表现凋萎，叶缘泛黄，叶脉变红，进而叶缘叶尖萎缩枯焦，生长停止，芽叶脱落（图 1-64）。

图 1-64　茶小绿叶蝉为害状

（2）发生规律 以小贯小绿叶蝉为例，该虫在长江流域年发生 9~11 代，福建 11~12 代，广东 12~13 代，广西 13 代，海南多达 15 代左右。以成虫在茶丛内叶背、冬作豆类、绿肥、杂草或其他植物上越冬。在华南一带越冬现象不明显，甚至冬季也有卵及若虫存在。在长江流域，越冬成虫一般于 3 月间当气温升至 10℃ 以上，即活动取食，并逐渐孕卵繁殖，4 月上中旬第 1 代若虫盛发。此后每半月至 1 个月发生 1 代，直至 11 月停止繁殖。由于代数多，且成虫产卵期长（越冬成虫产卵期长达 1 个月），致使世代发生极为重叠。

2. 粉虱类

茶树上的粉虱主要有黑刺粉虱、白刺粉虱等，尤以黑刺粉虱在我国局部茶区严重成灾。

黑刺粉虱幼虫如图 1-65 所示。

图 1-65　黑刺粉虱幼虫

（1）为害状 以若虫定居于茶叶背面刺吸汁液，并大量排泄"蜜露"于下层叶面上，招致烟煤菌的寄生，严重时造成烟煤病的流行，茶园一片乌黑，阻碍光合作用；造成树势衰弱，无茶可采，甚至枯枝死树。

黑刺粉虱为害状及其不同虫态如图 1-66 所示。

（2）发生规律 黑刺粉虱在长江中、下游地区 1 年 4 代，广东部分地区 1 年 5 代。以老熟幼虫在茶树叶背越冬。翌年 3 月化蛹，4 月中旬成虫羽化，卵产在叶背面。杭州一至四代幼虫的发生盛期分别在 4 月中旬至 6 月下旬、6 月上旬至 8 月上旬、8 月下旬至 10 月上旬、10 月中旬越冬。

3. 蚧类

茶树上的介壳虫已记载多达 60 多种。重要种类有蜡蚧科的红蜡蚧、日本龟蜡蚧、角蜡蚧；盾蚧科的长白蚧、椰圆蚧、蛇眼蚧、茶梨蚧、茶牡蛎蚧等。

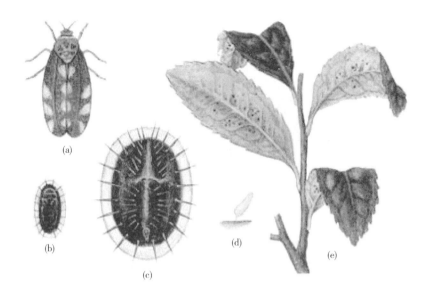

图1-66　黑刺粉虱为害状及其不同虫态

（a）成虫　（b）若虫　（c）蛹　（d）卵　（e）为害状

（1）为害状　若虫和雌成虫定居于枝、叶或根部，刺吸汁液。发生初期，因数量少、为害隐蔽，被害状不明显。在适宜的环境条件下，种群数量增长积累，引起树势衰退、枝梢枯死，甚至整丛整片茶树死亡。许多种类能排泄大量"蜜露"，引起烟煤病的发生，容易发现和识别。

长白蚧为害状及其不同虫态如图1-67所示。

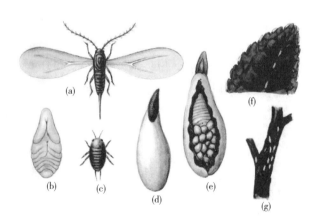

图1-67　长白蚧为害状及其不同虫态

（a）雄成虫　（b）雌成虫　（c）初孵若虫　（d）雌介壳

（e）产卵状　（f）雄虫为害状　（g）雌虫为害状

角蜡蚧、日本蜡蚧为害状及其不同虫态如图 1-68 所示。

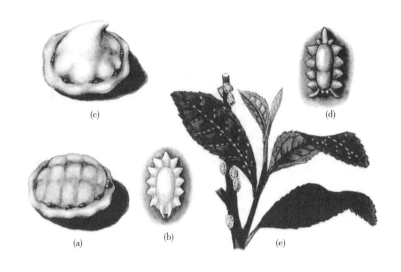

图 1-68　角蜡蚧、 日本蜡蚧为害状及其不同虫态
（a）日本蜡蚧（雌）　　（b）日本蜡蚧（雄）　　（c）角蜡蚧（雌）
（d）角蜡蚧（雄）　　（e）为害状

（2）发生规律　该类虫在各地区年发生 2~3 代，长白蚧在浙江、湖南茶区 1 年发生 3 代，以老熟雌若虫和雄虫前蛹在茶树枝干上越冬，翌年 3 月下旬至 4 月下旬雌成虫羽化，4 月中下旬雌成虫开始产卵，第一、二、三代若虫孵化盛期分别在 5 月中下旬、7 月中下旬、9 月上旬至 10 月上旬。椭圆蚧在长江中下游茶区 1 年发生 3 代，以受精雌若虫越冬，第一、二、三代若虫孵化盛期分别在 5 月中旬、7 月中下旬、9 月中旬至 10 月上旬。茶牡蛎蚧在贵州、四川一年发生 2 代，以卵在茶树枝干上的介壳内越冬。密闭茶园一般发生较多，形成为害中心。

4. 蝽类

在我国茶园发生的主要有茶网蝽、绿盲蝽、茶角盲蝽、油茶宽盾蝽。

（1）为害状　主要以成、若虫刺吸幼嫩芽叶，受害后芽面呈现红点，2~3d 后变为红褐或黑色枯死斑点，芽梢弯曲，继之随芽叶伸展，叶面形成不规则的孔洞或破烂，边缘略厚、褐色，叶片粗老，严重时芽叶伸展停滞，甚至芽尖焦枯死去。被害芽叶采制的干茶，条索粗松，碎末多，香味淡且涩，影响茶叶品质。

绿盲蝽为害状及其不同虫态如图 1-69、图 1-70 所示。

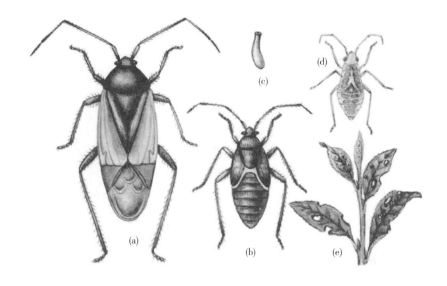

图1-69　绿盲蝽为害状及其不同虫态
（a）成虫　（b）老龄若虫　（c）卵　（d）幼龄若虫　（e）为害状

图1-70　绿盲蝽为害状

（2）发生规律　以绿盲蝽为例，其在长江流域一年发生4~5代，以卵在冬作豆类、绿肥、茶树等茎梢内过冬。越冬卵于4月上旬，当平均气温升至11~13℃，相对湿度80%~90%，茶树一轮芽萌发生长时开始孵化，4月中旬气温达15~16.5℃时，若虫盛发。

5. 其他刺吸式害虫

除以上几种食叶类害虫为害较普遍、严重外，其他种类多在某些地区较重或某些年份暴发成灾。如茶蚜、茶黄蓟马、茶棍蓟马等。

茶蚜如图 1-71 所示。

图 1-71　茶蚜

（1）为害状　成虫、若虫群集在芽梢和嫩叶背面刺吸茶树汁液，致使新梢发育不良，芽叶细弱、卷缩，并排泄"蜜露"诱致烟煤病。

茶蚜为害状如图 1-72 所示。

图 1-72　茶蚜为害状

茶黄蓟马为害状及其不同虫态如图 1-73、图 1-74 所示。

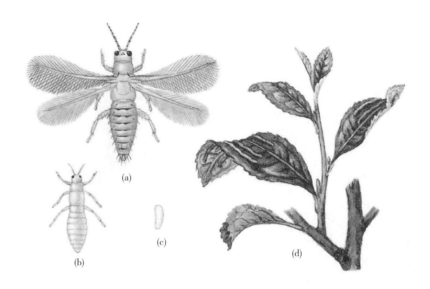

图1-73 茶黄蓟马为害状及其不同虫态

（a）成虫 （b）若虫 （c）卵 （d）为害状

图1-74 茶黄蓟马为害状

（2）发生规律 茶蚜一年发生20多代，以卵或无翅若蚜在茶树中下部芽梢叶腋间越冬。3月上旬出现第1代若虫，在4月上中旬是发生高峰，为害第一批春茶严重。5月上旬以后，随着气温升高，天敌增多，虫口数量逐渐下降。夏季高温天气，除高山茶园外，很少有大发生。9月以后随着气温下降、虫口数量又有回升，但远不及春茶发生严重。茶黄蓟马、茶棍蓟马在贵州年发生8~9

代，世代重叠，5~6 月完成一代 18~25d，10~11 月 35~40d。

（三） 钻蛀性害虫、 地下害虫及螨类害虫的主要类别

1. 钻蛀性害虫

全国常见的局部发生较重的钻蛀性害虫主要有茶枝镰蛾、茶红颈天牛、茶枝小蠹虫、茶梢蛾、堆沙蛀蛾、咖啡木蠹蛾、茶天牛、茶丽纹象甲、茶籽象甲等。

（1） 为害状　此类害虫主要钻蛀茶树枝梢、枝干、根部和茶果，致茶枝中空、枝梢萎凋，日久干枯，大枝也常整枝枯死或折断；严重影响产量、质量；或致使被害处受刺激形成疣状结节，水分、养料输送受阻，长势衰退，芽叶瘦小，叶色黄化，甚至枯死；或形成多成环状坑道，影响养分运输，使树势削弱，降低产量和品质。

茶枝镰蛾为害状及其不同形态如图 1-75 所示。

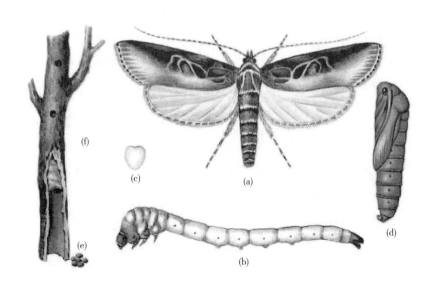

图 1-75　茶枝镰蛾为害状及其不同虫态
（a） 成虫　 （b） 幼虫　 （c） 卵　 （d） 蛹　 （e） 虫粪　 （f） 为害状

茶红颈天牛为害状及不同虫态如图 1-76 所示。

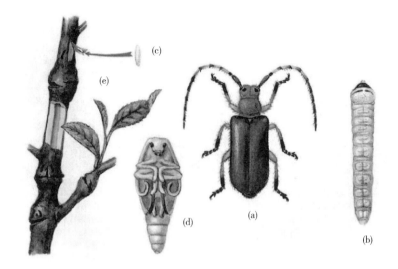

图 1-76 茶红颈天牛为害状及其不同虫态

（a）成虫 （b）幼虫 （c）卵 （d）蛹 （e）为害状及产卵痕

咖啡木蠹蛾为害状及其不同虫态如图 1-77 所示。

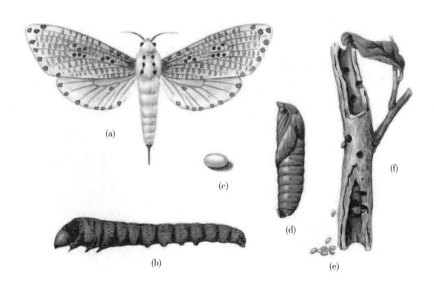

图 1-77 咖啡木蠹蛾为害状及其不同虫态

（a）成虫 （b）幼虫 （c）卵 （d）蛹 （e）虫粪 （f）为害状

茶籽象甲为害状及其不同虫态如图 1-78 所示。

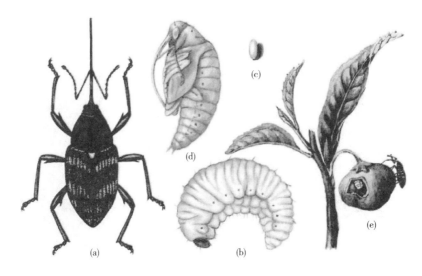

图1-78　茶籽象甲为害状及其不同虫态

（a）成虫　（b）幼虫　（c）卵　（d）蛹　（e）茶果为害状

茶丽纹象甲成虫及其为害状如图1-79所示。

图1-79　茶丽纹象甲成虫及为害状

（2）发生规律　茶枝镰蛾年生一代，以老熟幼虫在受害枝干中越冬。安徽南部及湖南长沙越冬幼虫于翌年4月下旬后化蛹，5月上中旬进入化蛹盛期，5月下旬~7月成虫羽化后交尾产卵，6月上中旬进入羽化高峰期，6月下旬幼虫盛发，8月上旬后开始见到枯梢。茶红颈天牛1~2年发生1代。以幼虫在枝干内越冬，越冬幼虫于4月上旬至5月中旬化蛹，5月上旬至6月中旬出现成虫，成虫期超过20d。6月中旬至7月中旬幼虫孵化。幼虫期约22个月，生活到第3年5月才化蛹。蛹期18~27d。咖啡木蠹蛾在江苏一年发生1代，以幼虫在被害枝条处越冬，翌年3月开始取食；4月中、下旬至6月中、下旬化蛹；5月中旬可见成虫羽化；5月底至6月上旬，林间可见到初孵幼虫。茶籽象甲一般2年发生1代，历经3个年度。以幼虫和新羽化的成虫在土内越冬。越冬成虫于翌年4月下旬陆续出土，5月中旬至6月中旬成虫盛发并产卵幼果内。幼虫在果内孵化即取食果仁，9~10月间陆续出果入土越冬。越冬幼虫在土中直至第二年10月化蛹，蛹经30天左右羽化为成虫留在土内越冬。

2. 地下害虫

茶树上的地下害虫主要有金龟子类、大蟋蟀、黑翅土白蚁等。

（1）为害状 幼虫咬断根系，一、二年生茶苗受害，造成枯立死苗；咬断嫩茎，造成缺蔸断行。成虫取食作物叶片成缺刻孔洞，严重时全叶食光。

金龟甲类（幼虫为害）为害状如图1-80所示，金龟甲类（成虫为害）为害状如图1-81所示。

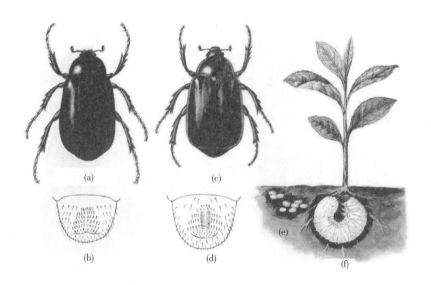

图1-80 金龟甲类（幼虫为害）为害状

（a）大黑金龟甲成虫 （b）大黑金龟甲幼虫腹末刚毛列 （c）铜绿金龟甲成虫
（d）铜绿金龟甲幼虫腹末刚毛列 （e）产卵土中 （f）为害状

小地老虎和蝼蛄为害状及其不同虫态如图1-82所示。

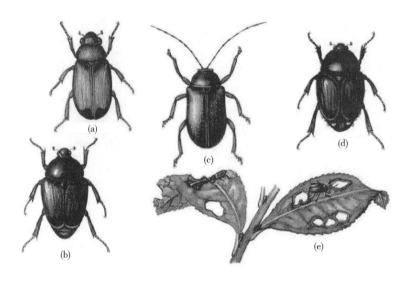

图 1-81　金龟甲类（成虫为害）为害状

（a）斑喙丽金龟甲　（b）墨绿金龟甲　（c）茶叶甲　（d）四纹金龟甲　（e）危害状

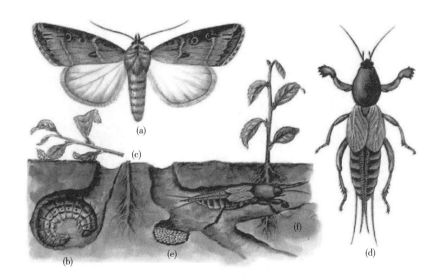

图 1-82　小地老虎和蝼蛄为害状及其不同虫态

（a）小地老虎成虫　（b）小地老虎幼虫　（c）小地老虎为害状　（d）非洲蝼蛄成虫
（e）非洲蝼蛄卵　（f）非洲蝼蛄为害状

（2）发生规律　金龟甲类害虫各地均 1 年发生 1 代。以幼虫或成虫在土中越冬（其中铜绿金龟甲以幼虫在土中越冬），化蛹、羽化的时间各地不一。一般 5~7 月为成虫盛发期。大蟋蟀 1 年发生四代。以若虫在土穴中越冬。据福建资料,越冬若虫于 3 月开始活动,6 月中旬开始出现成虫,7 月下旬开始产卵,9~10 月出现新若虫,11 月下旬进入越冬状态。

3. 螨类

在我国为害茶树的螨类主要有茶橙瘿螨、茶叶瘿螨、卵形短须螨、咖啡小爪螨和侧多食跗线螨。害螨种类和为害程度因茶区而异。其中茶橙瘿螨和茶叶瘿螨发生较普遍,侧多食跗线螨在四川茶区较严重。

(1)为害状 成螨、若螨刺吸茶树嫩梢芽、叶汁液,致使芽、叶色泽变褐,叶质硬脆增厚、萎缩多皱、生长缓慢甚至停滞,产量锐减,品质下降等。

茶叶瘿螨和茶橙瘿螨为害状及其成虫如图 1-83 所示。

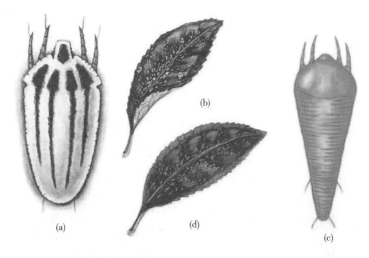

图 1-83 茶叶瘿螨和茶橙瘿螨为害状及其成虫

(a)茶叶瘿螨成虫 (b)茶叶瘿螨为害状 (c)茶橙瘿螨成虫 (d)茶橙瘿螨为害状

茶跗线螨为害状及其虫态如图 1-84 所示。

咖啡小爪螨为害状及其不同虫态如图 1-85 所示。

(2)发生规律 多系两性生殖,也有单性生殖。单性生殖包括产雄单性生殖、产雌单性生殖和产两性单性生殖。少数种类有卵胎生现象。1 年最少 2~3 代,多的 20~30 代。螨类一般以雌成螨越冬,也有雄成螨、若螨或卵越冬的。有些螨有滞育现象,以卵或雌成螨滞育。

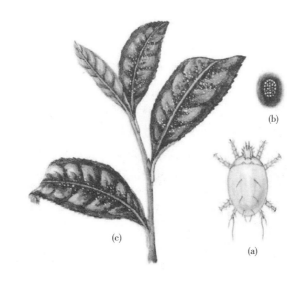

图1-84 茶跗线螨为害状及其不同虫态

（a）成虫　（b）卵　（c）为害状

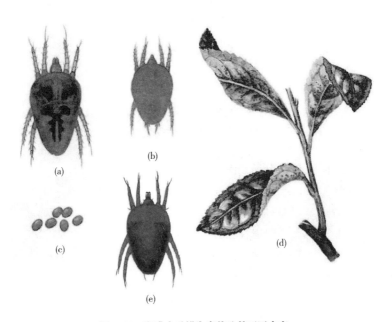

图1-85 咖啡小爪螨为害状及其不同虫态

（a）成螨　（b）幼螨　（c）卵　（d）为害状　（e）成虫

知识点四 茶树害虫综合防护

（一）茶树虫害防护措施

1. 主要食叶类害虫的综合防治措施

（1）主要食叶类害虫防治指标和防治适期

主要食叶类害虫防治指标和防治适期如表 1-51 所示。

表 1-51　　　　　　　　主要食叶类害虫防治指标和防治适期

虫名	田间虫口调查方法	防治指标	防治适期
茶尺蠖	从各代卵始盛期开始，每 5d 查一次，采用平行跳跃式取样 30 个点，每样点间隔不得小于 0.5m 茶行，检查各样点 1m² 茶丛上幼虫数量	成龄投产茶园：幼虫量 7 头/m²	茶尺蠖病毒制剂 1~2 龄幼虫期　农药或植物农药 3 龄前幼虫口期
茶黑毒蛾	每 7d 查一次，采用平行跳跃式取样 30 个点，每样点间隔不得小于 0.5m 茶行，检查各样点 1m² 茶丛上幼虫数量。具体操作为早晨露水干后，在茶丛下铺垫 1m² 的塑料布，通过拍打茶丛，使幼虫振落到塑料布上后统计	第一代幼虫量 4 头/m²　第二代幼虫量 7 头/m²	3 龄前幼虫
茶丽纹象甲	在成虫发生期 5~7 月，采用振落法调查虫口密度。7d 调查一次，5 点取样，每样点调查 3 小点。将长宽各 1m 的塑料薄膜铺在茶树行间，两人用力摇晃茶枝（向铺薄膜一侧）4~5 下，快速收起薄膜，将振落物集于中央，统计虫口数量	成龄投产茶园：虫数在 15 头/m²	成虫出土盛末期
茶毛虫	采用平行跳跃式取样 100 个点，每样点 1m 茶行或丛植茶树 1 丛，检查茶丛上中、下部叶背卵块数	每百丛茶树有卵块 5 个	3 龄前幼虫期
茶小卷叶蛾	3 月中旬开始，一般每 7d 调查一次，采用棋盘式取样 10 个点，每样点检查 1m 行长茶丛的幼虫数量	1~2 代，茶丛幼虫数 8 头/m²；3~4 代，茶丛幼虫数 15 头/m²	1、2 龄幼虫期
茶刺蛾	采用平行跳跃式取样 30 个点，每样点间隔不得小于 0.5m 茶行，检查各样点 1m² 茶丛上幼虫数量	幼龄茶园 10 头/m²、成龄茶园 15 头/m²	2、3 龄幼虫期

（2）综合防治措施

①农业防治：深耕灭蛹，摘除卵块、虫囊，加强茶园管理。抓住越冬期及时清除园内枯枝落叶和杂草，结合翻挖茶园和施底肥，深埋地下，根际培土，消灭越冬虫源。

②物理防治：灯光诱杀成虫，安装太阳能 LED 杀虫灯诱杀成虫。如计划中需要安装 LED 杀虫灯，在春季气温回升时可安装杀虫灯，可有效的监测田间虫口发生动态并有效控制虫口增长，太阳能频振式杀虫灯单灯控制面积 4~5 亩（2668~3335m²），风吸式杀虫灯单灯控制面积约 15~20 亩（10005~13340m²），不同厂家生产的性能不同，具体按照杀虫灯使用说明进行安装（图 1-86）。

图 1-86　杀虫灯诱杀效果

③生物防治：以菌治虫，在茶园施用茶尺蠖核型多角体病毒（NPV）、茶毛虫核型多角体病毒（NPV）、苏云金杆菌制剂（Bt）、白僵菌等来控制害虫；保护利用天敌（鸟、蜘蛛、瓢虫、茧蜂、寄生蜂等）。

性诱杀，即利用雌成虫的性激素引诱雄成虫捕杀，其诱杀效果如图 1-87 所示。目前茶尺蠖、茶毛虫的性引诱剂（诱芯）市面上均有销售，生产厂家如北京中捷四方生物技术有限公司、宁波纽康生物技术有限公司、漳州市英格尔农业科技有限公司等。可购买诱芯结合船型诱捕器捕杀成虫。结合田间虫口调查情况，当田间虫量达到防治指标时，按照棋盘式在茶园随机布置诱捕器，每个诱捕器间隔 15~20m，并保证高于茶蓬 20cm，进行防治。

图 1-87　性外激素诱杀效果

　　④药剂防治：按照虫情测报、防治指标和适期、安全间隔进行防治。根据茶园类型以及虫害发生情况选择恰当的药剂，施药方式以低容量蓬面扫喷为宜。按照选择的药剂计算农药稀释浓度及用量，配置农药后施用农药进行防治。

　　一般茶园可选用阿立卡（22%噻虫·高氯氟微囊悬浮-悬浮剂）、凯恩、溴氰菊酯、联苯菊酯等。

　　有机茶园可选用生物源农药如清源保、印楝素、鱼藤酮、茶尺蠖核型多角体病毒（NPV）、茶毛虫核型多角体病毒（NPV）、苏云金杆菌制剂（Bt）、白僵菌等。

　　部分植物源农药如图 1-88 所示。

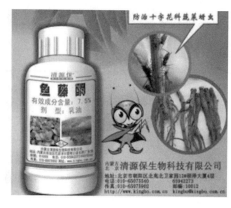

图 1-88　部分植物源农药

2. 主要刺吸式害虫的综合防治方法

（1）主要刺吸式害虫防治指标和防治适期

主要刺吸式害虫防治指标和防治适期如表1-52所示。

表1-52　　　　　　　主要刺吸式害虫防治指标和防治适期

虫名	田间虫口调查方法	防治指标	防治适期
小绿叶蝉	采用5点取样法。在晨露未干前，在选定的调查点上，查看茶丛中、上部嫩叶叶面上的成虫、若虫数，再轻轻翻转叶片，检查叶片反面虫口，每样点至少调查100张叶片，调查时动作要轻、快，防止虫子逃脱，避免重、漏数	第一峰百叶虫量超过6头，第二峰百叶虫量超过12头	入峰后（高峰前期），若虫占总虫量的80%以上
黑刺粉虱	利用成虫喜群集在芽梢嫩叶、芽下三、四叶和中下部老叶背面习性，从初见成虫日开始观察。每天上午7~8时，轻翻芽下三、四叶及中下部老叶各100片的成虫数量并统计	成虫羽化始盛期：小叶种 2~3 头/百叶（大叶种 4~7 头/百叶）	黄板诱杀，4月上中旬 卵孵化盛末期
茶黄蓟马	夏季初期，当发现新梢叶片呈微卷，叶色暗淡时开始调查，每7d调查一次，5点取样，每个样方调查3个样点，每样点调查50片新叶（一芽二叶或同等嫩度对夹叶），统计成、若虫数	幼龄茶园虫梢率>30% 成龄茶园虫梢率>40%	9月盛发期
茶蚜	在茶树春梢生长且大量出现一个芽有2、3片真叶时，每5d调查一次，按平行线取样，每样点均匀调查20丛，在蓬面中央取0.33m²，调查一芽2、3片真叶上的有蚜梢数。再在每样方内，随机检查有蚜芽梢5个，共100个，记载总蚜数，芽下第2叶蚜虫数	有蚜芽梢率4%~5%，芽下2叶有蚜，叶上平均虫口20头	发生高峰期

（2）综合防治措施

①农业措施（采摘、施肥）：加强茶园管理，及时清除杂草。分批多次及时采摘，可除去大量在嫩梢内的卵粒，恶化成、若虫的食料。

②物理措施（黄板诱杀粉虱、叶蝉）：在茶园中安装黑光灯可诱杀绿盲蝽，减少虫口数量。可利用黄板（20~25 张/亩）诱杀黑刺粉虱虫口密度下降65%~78%，黄板诱杀茶小绿叶蝉虫口密度下降 42%~66%（图1-89，图1-90）。

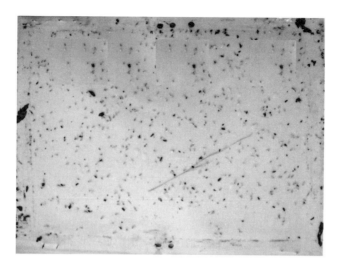

图1-89 黄板诱杀效果

图1-90 茶园中黄板诱杀

③保护利用天敌，如瓢虫、蜘蛛、寄生蜂、寄生菌等。

④加强虫情测报，掌握若虫期、卵盛孵期施药。根据茶园类型以及虫害发生情况选择恰当的药剂，施药方式以低容量蓬面扫喷为宜。按照选择药剂并计算农药稀释浓度及用量，配置农药后施用农药进行防治。

茶小绿叶蝉可选择喷施白僵菌、苏云金杆菌制剂、10%溴虫腈悬浮剂、15%茚虫威、联苯菊酯乳油；黑刺粉虱可选用韦伯虫座孢菌、溴氰菊酯乳油、联苯菊酯乳油等；防治绿芒蝽可喷施鱼藤酮、苦参碱、联苯菊酯乳油等；茶蓟马可选用白僵菌，苏云金杆菌制剂、10%溴虫腈悬浮剂、15%茚虫威乳剂、10%联苯菊酯乳、2.5%溴氰菊酯等；茶蚜可喷施2.5%鱼藤酮乳油、0.6%清源保乳油，或 2.5% 溴氰菊酯。

一般茶园可选用阿立卡、溴虫腈（帕力特）、凯恩等；有机茶园可选用生物农药（鱼藤酮、Bt 制剂、粉虱真菌制剂，石硫合剂（非采摘期）。

3. 主要钻蛀性害虫、地下害虫及螨类的综合防治方法

（1）部分螨类防治指标和防治适期

部分螨类防治指标和防治适期如表 1-53 所示。

表 1-53　　　　　　　　　部分螨类防治指标和防治适期

虫名	田间虫口调查方法	防治指标	防治适期
茶跗线螨	分散随机选取一批（不少于 100 张嫩叶）新嫩芽叶（1 芽 2、3 叶），带回室内镜检查虫	平均每叶螨卵数>5 头，有螨芽叶率>30%	始盛期前，6~9 月
茶橙瘿螨	采用平行跳跃多点取样（一般取 10 个，每样点取 100 片嫩叶），每点取 10 片叶（内、外层叶各五片），带回室内镜检查虫	叶面积螨 3~4 头/cm²，或指数为 6~8	发生高峰前期，7~9 月

（2）综合防治措施

①钻蛀性害虫：

a. 以农业技术为主，加强引种茶苗检疫，及时剪除凋萎虫枝，控制蔓延为害；茶树根茎部涂白，防治天牛产卵。

b. 灯光诱杀成虫。

c. 药剂防治，堆砂蛀蛾幼虫、茶梢蛾幼虫潜叶期参照食叶类目害虫用药防治。

②地下害虫：

a. 毒饵诱杀（谷壳、米糠、麦麸干饵炒香，混入少量农药），诱杀蟋蟀、地老虎（糖醋毒饵诱杀成虫）；毒土施入可毒杀蛴螬幼虫。

b. 灯光诱杀蛴螬成虫。

c. 用甘蔗渣混入少量农药诱杀白蚁。

③螨类：

a. 以农业技术为主，加强肥水管理，增强树势，加强引种茶苗检疫，及时剪除凋萎虫枝，控制蔓延为害；对茶跗线螨及时分批采摘，可抑制其大量发生。

b. 药剂防治：喷施克螨特、四螨嗪、复方浏阳霉素等。

（二）茶树虫害防护效果评价

1. 非药剂防治防护效果评价

在实施物理防治后，观察杀虫灯、色板或者性诱捕器诱集的成虫，结合调

查田间幼虫实际发生的情况及茶园树体恢复情况，比较防治前、后田间幼虫虫口变化，分析防治效果，若田间发生仍较严重，应继续采取药剂防治。

2. 药剂防护效果评价

在实施药剂防治时，分别调查药前及药后 1、3、7d 田间虫口，分析防治效果，参照式（1-16）、式（1-17）计算。

$$虫口减退率（\%）=\frac{施药前虫数-施药后虫数}{施药前虫数}\times100 \qquad (1-17)$$

$$防治效果（\%）=\frac{处理区虫口减退率\pm空白对照区虫口减退率}{1\pm空白对照区虫口减退率}\times100 \qquad (1-18)$$

注：对照区虫口较以前增加时，式中用"+"号，减少时用"-"号。

任务知识思考

1. 茶树上各类食叶类害虫在形态特征和为害症状上有何区别？
2. 茶树上各类刺吸式害虫在形态特征和为害症状上有何区别？
3. 简述茶尺蠖、茶毛虫、茶小绿叶蝉、黑刺粉虱、蚧类的发生规律和发生习性。
4. 如何在田间识别钻蛀性害虫？
5. 螨类和昆虫蛀牙区别有哪些？螨类的为害症状有哪些特点？
6. 举例说明如何根据害虫的发生规律和生活习性来制定相应的防治措施。

任务技能训练一 茶树主要害虫和天敌外部形态特征观察

（一）训练目的

通过实训，掌握茶树主要害虫和天敌的类型、基本结构和特点，能准确识别害虫，为茶园虫害的综合防护奠定基础。

（二）训练内容

（1）观察茶树主要害虫和天敌体躯的基本构造。
（2）观察茶树主要害虫和天敌触角的基本构造和类型。
（3）观察茶树主要害虫和天敌口器的基本构造和类型。
（4）观察茶树主要害虫和天敌足的基本构造和类型。
（5）观察茶树主要害虫和天敌翅的基本构造和类型。
（6）观察茶树主要害虫和天敌外生殖器的基本构造。

（三）材料与用具

（1）工具 手持放大镜、体视显微镜、高密度泡沫板、镊子、解剖针、蜡盘等。

（2）材料 蝗虫（雌、雄）、步甲、蝉、白蚁、叩甲、绿豆象（雄）、蓑蛾（雄）、刺蛾类、瓢虫、金龟子、蜜蜂、蓟马、蝼蛄、螳螂、草蛉、蜻类等。

（四）训练内容与步骤

（1）茶树主要害虫体躯基本构造的观察 以蝗虫为例，取浸泡蝗虫标本1头放入蜡盘中，首先观察蝗虫的体躯是否左右对称，是否被外骨骼包围；然后观察体躯是否分为头、胸、腹3个体段，以及胸、腹各由多少体节组成，头、胸部是如何连接的；用左手拿住蝗虫，右手用镊子轻轻拉动一下腹末，观察节与节之间的节间膜；最后观察触角、复眼、单眼、口器、胸足、翅以及听器、尾须、雌/雄外生殖器等的着生位置、形态和数目。以天蛾幼虫为例观察侧单眼，必要时可借助手持放大镜或体视显微镜进行观察。

（2）茶树主要害虫触角的观察 用手持放大镜或体视显微镜对蝗虫、蝉、白蚁、叩甲、绿豆象（雄）、蓑蛾（雄）、蝶类、瓢虫、金龟子、蜜蜂、蚊（雄）、蝇类的触角进行观察，观察它们的触角各属于哪种类型。

（3）茶树主要害虫口器的观察

①昆虫头式的观察：以蝗虫、步甲、蝉为例观察它们口器的着生方向，判别它们属何种头式。

②昆虫口器的观察

a. 咀嚼式口器：以蝗虫为材料，用镊子分别取下蝗虫的上唇、上颚、下颚、下唇和舌在体视显微镜下进行观察，掌握口器各个部分的基本构造。

b. 刺吸式口器：以蝉为材料，仔细观察在头的下方具有一根三节的管状下唇；将头取下，左手执蝉的头部，使其正面向上，下唇向右，右手轻轻下按下唇，透过光线可见紧贴在下唇基部的一块三角形小骨片即为上唇；将下唇自基部轻轻拉掉，在体视显微镜下观察可见由上、下颚组成的3根口针，两侧的为一对上颚口针，中间的一根为由两下颚钳合而成的下颚口针，用解剖针轻轻挑动口针基部，可将其分开。

c. 虹吸式口器：以蝶类为材料，观察头部下方有一条细长卷曲似发条状的虹吸管。

d. 锉吸式口器：在体视显微镜下观察蓟马示范玻片标本，可见其倒锥状的头部内有3根口针，右上颚口针退化，左上颚口针突出在口器外，以此锉破植物。

（4）茶树主要害虫胸足的观察 以蝗虫的中足为例，观察足的基节、转节、腿节、胫节、跗节和前跗节的构造。对比观察其后足，以及蝼蛄、螳螂的前足；步行虫的足，辨别它们的变化特点及类型。

（5）茶树主要害虫翅的观察　取蝗虫1头，将后翅展开，观察翅脉。对比观察蝗虫、金龟子、蜻类的前翅，以及蝉、蝴蝶、蜜蜂、蓟马的前、后翅。比较不同昆虫翅的类型在质地、形状上的变异特征。

（6）茶树主要害虫外生殖器基本构造的观察　以雌性蝗虫为材料观察雌虫外生殖器即产卵器的背瓣、内瓣和腹瓣，以及导卵器、产卵孔等；以雄性蝗虫为材料观察雄外生殖器即交配器的阳茎、阳茎基，以蛾类为材料观察抱握器等。

（五）训练课业

（1）列表说明实训材料中7种以上茶树主要害虫和天敌触角、口器、胸足、翅的类型。

（2）参照实物标本画出螳螂的前足、蝗虫的后足。

（3）思考题　昆虫口器与防治害虫有什么关系？

（4）完成实训总结。

（六）考核评价

训练结果按表1-54进行考核评价。

表1-54　　　茶树主要害虫和天敌外部形态特征观察考核评价表

考核内容	评分标准	成绩/分	考核方法
工具和材料的使用	实训中，能规范使用手持放大镜、体视显微镜、镊子等，且注意使用前后的卫生，注意对标本的维护（10分）		
体躯的基本构造观察	正确划分体段，并能说其主要特点，准确指明各种附器（10分）		
触角的观察	说明各种实训标本的触角类型（10分）		实操部分，根据操作情况按评分标准现场酌情评分
口器的观察	指明蝗虫口器的各个部分，说明各种实训标本的口器类型（10分）		
胸足的观察	说明各种实训标本的胸足的类型（10分）		
翅的观察	说明各种实训标本前、后翅的类型（10分）		
外生殖器的观察	指明蛾类的抱握器（10分）		

续表

考核内容	评分标准	成绩/分	考核方法
实训报告	能按时、认真完成报告。能在报告中认真分析实训过程中出现的问题（30分）		实训课业根据文字材料按评分标准现场酌情评分
总成绩			

任务技能训练二　主要茶树虫害的田间识别和防护方案制定

（一）训练目的

通过实训，识别当地主要茶树害虫的形态特征和为害状，调查当地茶园主要的害虫种类、发生和为害情况，根据害虫发生为害的规律，制定科学的防治方案。

（二）训练内容

（1）茶树害虫为害特点及形态观察

（2）害虫种类、发生和为害情况调查　详细观察提供的害虫生活史标本，掌握各种害虫的主要形态，在充分掌握了不同种类的形态及发生情况下，运用不同的调查方法，在野外调查茶园害虫的种类及发生情况，对某些为害性大的害虫，还应调查为害情况。

（3）防治方案制定　综合运用所学知识，在充分掌握各类害虫为害及发生规律的基础上，经过充分的讨论，提出科学合理的防治建议，并做小范围的试验，最终确定完整的防治方案。

（三）材料与用具

（1）工具　镊子、扩大镜、茶树害虫彩色图谱、检索表。
（2）材料　茶树病虫害图谱、供调查茶园基地。

（四）训练内容与步骤

（1）训练步骤

①结合当地生产实际，选择一个有代表性的茶园，组织学生观察各类茶树害虫的为害状，并进行描述。

②采集并观察刺蛾、蓑蛾、尺蛾、夜蛾、毒蛾、叶甲、茶红颈天牛、茶枝

镰蛾、茶枝小蠹蛾、茶梢蛾等各类茶树害虫虫态标本，强化掌握主要茶树害虫的形态特征。

③田间调查统计主要食叶害虫的种类，田间布点取样调查害虫种群密度和为害率。

④针对当地发生为害严重的害虫，制定出科学的防治方案，并组织实施，对防治效果进行调查、总结。

（2）训练要求

①害虫的为害状调查时，应该和害虫形态结合进行。因为许多同类害虫的为害状很相近，如食叶害虫中许多类群都可以造成叶片缺刻，产生大量虫粪，如果没有看见具体的害虫，很难判断具体的种类。

②鳞翅目害虫调查中，最常见到的是幼虫，因此，应该重视幼虫的形态识别，并尽量结合彩色图谱。幼虫的形态识别时，应该注意不同龄期的形态差异，以免出现鉴定错误。

③不同类的害虫种群密度的调查方法有很大的差异，应该严格按照调查要求，准确选取样方，调查时要做到认真、仔细。

④害虫的综合防治方案中，内容应该全面，重视各种防治方法的综合运用。所选用的防治方法既要体现"新"，又要充分结合生产实际，体现"实用"。

⑤有些害虫身体上有大量的毒毛，如刺蛾、毒蛾等幼虫，应该借助工具，尽量不用手动，以免接触皮肤，造成伤害。

（五）训练课业

（1）列表说明7种以上调查中发现的茶树主要害虫的名称和为害状。

（2）思考题 各类害虫的调查方法有什么差异？

（3）完成实训总结。

（六）考核评价

训练结果按表1-55进行考核评价。

表1-55　　　主要茶树虫害的田间识别和防护方案制定考核评价表

考核内容	评分标准	成绩/分	考核方法
调查方法	害虫的调查方法正确无误（15分）		实操部分，根据操作情况按评分标准现场酌情评分
调查工具运用	能正确、熟练地应用各种调查工具（10分）		
害虫识别	实训中，能根据为害状和外部形态特征准确识别害虫（10分）		

续表

考核内容	评分标准	成绩/分	考核方法
发生规律	能准确描述常见害虫的发生代数、越冬虫态、越冬地点及主要生活习性（10分）		实操部分，根据操作情况按评分标准现场酌情评分
调查结果	害虫的种群、数量、为害程度等项目的调查结果真实可靠（15分）		
防治方案	能综合应用各种防治技术，防治方案严密，对生产有一定的指导意义（20分）		
实训报告	能按时、认真完成报告。能在报告中认真分析实训过程中出现的问题（20分）		实训课业根据文字材料按评分标准现场酌情评分
总成绩			

任务技能训练三　农药田间药效试验和防治效果调查

（一）训练目的

通过实训，了解农药田间药效试验的内容和程序，农药田间药效试验设计的原则和方法，农药防治效果的调查和计算，为田间茶树病虫害大面积防治提供保障。

（二）训练内容

（1）根据农药的田间药效试验设计的原则和要求，正确选择试验地并根据试验进行小区设计。

（2）根据田间药效试验的方法，进行合理科学的施药作业。

（3）杀虫剂、杀菌剂、除草剂等各类农药的药效调查与数据处理。

（三）材料与用具

（1）工具　托盘天平、10mL量筒、50mL量筒、500mL烧杯、1000mL烧杯、喷雾器械、玻璃棒、10mL移液管、20mL移液管、镊子。

（2）材料　各种常用杀虫剂、杀菌剂等。

（四）训练内容与步骤

（1）田间药效试验设计的原则

①设置重复：设置重复可以减少试验误差，使试验结果能准确地将处理的真实效果反映出来。

②设置对照区：对照区通常分为空白对照区和标准对照区两种。空白对照区设置的目的是获得农药新品种的真实防治效果；标准对照区是以当地常用农药或者是防治效果最佳的农药作为标准药剂对照。

③设保护行：在试验地和试验小区设保护区和保护行，以避免外来因素的干扰。

④局部控制原则：将试验地划分为与重复次数相等的区组，每个区组中包括每一种处理，同时，任何一种处理只能出现1次，即局部控制，其在克服和降低区组之间的差异的同时将处理之间的差异凸显出来。

（2）田间药效试验的类型

①农药品种比较试验：新农药在投入使用前，需要与当地经常使用的农药进行防治效果对比试验，以评价新、老品种以及新品种之间的药效差异及其程度，为大面积推广使用提供依据。

②农药剂型比较试验：对各种农药剂型防治效果进行对比，以确定生产上最适合使用的农药剂型。

③农药使用方法试验：对用药量、试药浓度、试药时间、试药次数、试药方式等进行比较，综合评价药剂的防治效果以及对茶树、有益生物以及环境是否安全，以确定最适宜的使用技术。

④特定因子试验：主要是为研究环境条件对药效的影响、药害、农药混用等问题而进行的专门试验。

（3）田间药效试验的程序

①小区药效试验：农药新品种经过室内测定有效之后，需要进行田间实际药效测定而进行小面积试验，即小区试验。

②大区药效试验：在小区试验的基础上，选择药效较高的药剂进行大区比较试验，进一步考察药剂的适用性。

③大面积示范试验：在大区试验的基础上，选择最佳的剂量、施药时期和方法进行大面积试验示范，经过实践检验，如切实可行，则可正式推广使用。

（4）田间药效试验的方法

①准备工作：试验前要选择药效试验的对象并制定具体的试验方案，同时根据试验内容与要求做好药剂、施药器械等物品的准备工作。

②试验地的选择：应选择土壤质地、土壤肥力、田间管理水平、植株长势

均匀一致，同时防治对象发生情况有代表性的田块作试验地。

试验地的大小应根据具体情况而定，通常小区试验面积 15~50m²，成年茶园以茶行为单位，每小区茶行 10~20m；大区试验需 3~5 块试验地，每块面积在 300~1200m²；化学除草小区试验面积不小于 333m²，大区试验面积不小于 1.4hm²。

③小区设计：小区设计通常采用随机区组设计法，将试验地分为几个区组，区组数与重复数相同，每个区组包括每一种处理，并随机排列。

④小区施药作业

a. 插立标牌：在小区施药前要插上将要处理的项目标牌，同时确定小区施药次序。通常喷雾法施药先喷清水作为空白对照区，然后为药剂处理区，不同浓度或剂量的试验应按从低到高的顺序进行。

b. 称量药剂：准确称量药剂，并先用少量稀释剂将药剂稀释搅匀，再将其余的稀释剂加入稀释（2 次稀释法）。

c. 施药作业：施药通常由 1 人完成，若多人完成则应使用相同型号的施药器具，同时在其他方面应尽量保持一致。

⑤试验观察与记载：要根据具体情况设计药效试验表格，记载施药日期、方法、施药前、后病虫发生情况及施药效果等。

（5）田间药效调查

①调查时间

a. 杀虫剂药效试验：若以虫口减退率为指标来调查，一般在施药前先进行虫口基数调查。分别在施药后 1d、3d、7d 各调查 1 次；若以被害率为指标则要等植物被害状表现并且稳定的时候进行调查。同时需要注意的是当害虫的自然死亡率达到 5%~20% 时，要根据具体情况，计算校正虫口减退率；若自然死亡率大于 20% 时，试验要重做。

b. 杀菌剂药效试验：一般在施药前进行发病率和病情指数调查，再分别于最后 1 次喷药后 7d、10d、15d 调查发病率和病情指数。

②调查方法：杀虫剂以及杀菌剂的田间药效调查取样方法与病虫害的田间调查方法相同，具体内容参照本项目任务二　茶树病虫调查与统计方法中的介绍。

（五）训练课业

撰写实训总结报告，报告内容包含以下 4 方面。

（1）实训目的和要求　明确实训目的以及通过实训所要研究和解决的问题。

（2）实训材料和方法　介绍实训所选用的药剂名称、来源、剂型、浓度以及使用方法、次数和时间以及供试病虫害名称、实训地的自然条件和管理水平等，记载试验处理项目及田间排列等情况，介绍调查项目、时间和方法等。

（3）实训结果　按照试验目的分段叙述，采用图表、数据等方法来正确客观地反映试验结果。

（4）结论　对全部试验做简要总结，得出明确的结论。

（六）考核评价

训练结果按表1-56进行考核评价。

表1-56　　　农药田间药效试验和防治效果调查考核评价表

考核内容	评分标准	成绩/分	考核方法
试验地选择	试验地选择正确（10分）		实操部分，根据操作情况按评分标准现场酌情评分
小区设计和处理	方法正确（20分）		
施药作业	作业方法规范（15分）		
药效调查	时间准确，方法得当（15分）		
防效计算	公式选择正确（10分）		
实训报告	能按时、认真完成报告。能在报告中认真分析实训过程中出现的问题（30分）		实训课业根据文字材料按评分标准现场酌情评分
总成绩			

项目六　特色茶园管理

任务一　抹茶（碾茶）生产茶园管理

任务目标

1. 知识目标

（1）了解抹茶生产茶园遮阳覆盖的原理。

（2）掌握适制抹茶生产的茶树品种的特征及特性。

（3）掌握抹茶生产茶园遮阳覆盖方法。

（4）掌握抹茶生产茶园田间管理相关知识。

2. 能力目标

（1）会选择抹茶生产茶园茶树品种。

（2）会根据茶园实际情况选择茶园遮阳覆盖时期及方法。

（3）会制定抹茶生产茶园田间管理并指导实施。

任务导入

抹茶（matcha），古时称为"末茶"，是以特殊覆盖栽培的茶叶制成的蒸青绿茶为原料，经研磨而成的超微细粉茶。简单来说，抹茶就是用天然石磨碾磨成微粉状的覆盖蒸青绿茶，是天然食品添加剂的优秀代表。抹茶原料（鲜叶）对茶树品种、栽培、环境有很高要求，学习抹茶（碾茶）生产茶园管理技术，是提升茶品质的最基础环节。

任务知识

知识点一　抹茶生产茶园茶树品种选择技术

适制抹茶的茶树品种要求叶绿素含量高、氨基酸含量高、叶面积大而薄、持嫩性强（以长到一芽五至七叶，不形成对夹叶）、酚氨比低、感官品质好。对品种的总体要求是被覆栽培下生长良好，新芽的硬化速度减缓，柔软，新叶薄且大，展开程度适中。经生产实际证明，适制抹茶的茶树品种主要有日本的朝日、早绿、薮北、玉露、奥绿，中国的龙井 43、福鼎大白茶等。

知识点二 抹茶生产茶园覆盖技术

抹茶生产茶园覆盖是抹茶茶园田间管理的最重要的技术环节，是抹茶特殊品质"碾茶香"形成的关键技术。

抹茶生产茶园覆盖图如图 1-91 所示。

图 1-91　抹茶生产茶园覆盖图

（一）覆盖原理

经过遮光的茶叶会增加茶氨酸含量，茶氨酸在冬天与主要存在于根茎中的氮元素成分合成。在新芽开始长出之后，茶氨酸通过根茎慢慢渗透到其他枝叶中，吸收一定量的儿茶素，这个吸收量和遮光率成正比，通过覆盖遮光的方法，茶叶中茶氨酸成分会增多，并且会增加二甲硫的成分，使得碾茶香（一种类似于海苔的香味）更浓郁。而且，通过遮光新芽会变柔软、叶绿素会增多。这是植物在少量光的情况下吸收阳光维持生命的一种自卫作用。抹茶（碾茶）的好品质主要取决于较强的遮光率和低气温，但是从产量而言，则要求低遮光率、高气温。

有关研究表明遮光率在 60% 时为一个界限，在 60% 以下基本和露天没有什么变化。遮光越强发芽越早，然后停止生长，这种变化在下方的侧芽上尤为显著；遮光越强叶子越薄越圆滑，叶面积也越大；生叶中所遮光性越好水分越多；遮光率越强叶绿素越多，但如果遮光率太强了反而会减少；氮元素会随着叶子生长逐渐较少，但遮光率强的话会减少得慢一点；遮光率越强茶叶品质越好，但产量会减少。

（二）覆盖方法

主要方法有大棚覆盖和直接覆盖两种，一般来讲，随着茶叶生长周期的变化，遮光率需逐步提高。在茶芽展开 1~2 叶时遮光率要达到 70% 左右，在周围盖上幕布，随着叶子的展开逐渐提高遮光度，最终遮光率要达到 95%~98%。直接覆盖的情况下，遮光度较高，不能盖得比较早，在茶芽展开 3~4 叶的时候达到 90% 的遮光率经过两个星期左右即可。具体方法如下。

1. 大棚覆盖

在用木头、竹子等作为桩子或者金属管来组成的架子上铺上麦秆稻草、遮阳网等。单从品质来说，用稻草覆盖比用遮阳网的茶品质要好很多。近年来由于稻草麦秆变得越来越难以入手，并且对覆盖作业熟练度要求高，所以最简便快捷的方式就是使用遮阳网进行两段式覆盖。

要顺应新芽发育进行阶段式覆盖。首先，在新芽一芽初展期，用苇帘或者黑色化纤覆盖，茶园侧面用草席或者遮阳网围上，这样遮光率大概在 70%~80%。两段式遮阳网覆盖法则是在第一次覆盖的遮阳网下面再铺上一层遮阳网，遮光率在 95%~98%；麦秆稻草覆盖的情况下，稻草也要分两次铺上去。具体步骤是先铺开苇帘，10d 后进行第一次稻草覆盖，这时遮光率 90% 左右，之后一周左右进行二次稻草覆盖，这时遮光率在 95% 以上。覆盖用料和茶棚空间高度 60cm 左右为好，这种条件下孕育出来的新芽，由于有效利用微薄的日光，叶面积和叶绿素大幅度增加，覆盖 30d 左右，新芽慢慢长成大片柔软的浓绿新叶，这样才能做成优质碾茶。大棚基本覆盖方法：主要分为前、后两个阶段的遮光，就是竹帘下 10d，麦秆下 10d；光线随着覆盖的进行而逐渐变暗。

2. 直接覆盖

直接覆盖法即用遮阳网等覆盖材料对茶园进行简易覆盖。由于不能像大棚覆盖那样进行阶段式覆盖，因此，从开始就要进行 85% 左右的较强遮光来抑制新芽的生长。同样也需顺应树的长势，直接覆盖在新芽发育至一芽二叶初展期进行。尽管同样是机采茶，直接覆盖长成的新芽和大棚覆盖下的新芽做出来的茶叶，后者优于前者。只不过近年来对加工用抹茶原料的需求大幅度上涨，品质要求没有茶道用抹茶原料那么高。

二轮茶也可以进行覆盖用来生产碾茶，但是一轮茶和二轮茶都进行长期覆盖的话对茶树的生长不利，有可能导致茶树长势低下。

直接覆盖和大棚覆盖相比，大棚覆盖之后，风对叶片损伤较少，能进行相对较长时间的遮光覆盖。直接覆盖则不能较早用遮光度大的材料进行覆盖，容易造成因强风导致的叶片损伤，需根据成品用途的不同而进行选择，如品种、长势、栽培管理等。直接覆盖很难进行第二阶段的覆盖，所以在一芽三叶初展期时要达到 85%~90%的遮光率，必须把枝干牢牢固定住使其不被风吹动，不要让茶叶露出覆盖材料的边缘。因此，最好使用与茶棚面积大小等同的覆盖材料，覆盖时间最好是在 20d 左右，在高温的情况下慎用直接覆盖，因为会有很多叶尖从遮阳网冒出来，遮光度强的平纹织物温度较高，容易导致烧叶。所以要根据气候及茶园长势情况，把握好覆盖时机和覆盖时间，保证茶叶品质和产量的平衡。

3. 覆盖材料

目前抹茶覆盖材料主要有化学纤维、植物纤维（竹帘、草席）。化学纤维的覆盖材料从材质、织法和色彩来说很有特色，却不符合新芽叶的生长要求。但另一方面，化学纤维材质既能满足茶叶品质方面遮光强、温度低的要求，又能达到产量方面遮光弱、温度高的要求，因此是目前主要使用的材料及遮阳网。

知识点三　抹茶生产茶园田间管理技术

（一）施肥

施肥时需要掌握好氮、磷、钾等大量元素和微量元素成分的平衡。尤其是抹茶茶叶的生长中覆盖得较厚且周期较长，易使茶树长势缓慢，所以需要有意识地保持土壤肥力，保证以有机质为主体的氮元素、磷元素和钾元素及微量元素的平衡及足量。催芽肥最好在采摘前 40d 左右较好，冬管施肥在 10月底到 11 月中下旬（主要视天气温度来定）之间结合耕作进行。为了得到适合抹茶生产的饱满的新芽，施肥量大约为普通茶施肥量的 3 倍；尤其是春肥，氮素施用量是普通茶的 2 倍左右。一般抹茶标准施肥量，氮素成分是每年 35kg/亩；4 月上旬的催芽肥以速效性肥料为主，其余都施用以有机质肥料为主的肥料。为了维持肥力和施用方便，有些茶园配置混合肥料，春肥占 4成，秋肥占 3 成，一次的施用量氮素成分控制在 15kg/亩以内进行施肥。

（二）病虫害防治

在抹茶茶园管理中，要注意第一轮茶时期的病虫害管理。从开始萌芽到采摘的间隔时间长，新芽易受三角包卷叶蛾、螨的损害，另外由于覆盖导致通风不畅，容易产生病害。因此，尽量在覆盖开始前确认虫害发生状况，适时进行防除。

（三）修剪

优质抹茶生产上有一些比较重要的修剪管理技术，比如修整采摘面，不要混进老叶和木茎，以及采摘期的调整和茶树长势维持等。在实际的整枝过程中也要考虑气象条件和长势等因素，整枝方法有很多，但受气象条件和长势等因素影响会有所不同。

第一轮采摘之后，在采摘面 10cm 下方剪掉粗茶部分，修剪长度可根据长势进行调整；45d 后，对长出萌芽的二轮茶再次进行修剪采摘。再过 50～60d（即"三轮茶"），在二轮茶切面的 5cm 处进行修剪，这时候大概是 7 月中下旬到 8 月上旬之间；秋茶在 10 月中旬要观察秋芽的长势情况，在采摘面 5cm 处进行修剪。

（四）采摘

抹茶采摘期大概在新叶展开叶片 5～6 叶，色泽呈现出独特的浓绿开始，80%～90% 芽叶达到发育程度，在新芽硬化、老化前采摘是最重要的。

最优质的抹茶是在大棚覆盖且自然孕育条件下用手采的方式（平均每天每人约采 50kg）。由于抹茶生产线鲜叶生产量在 2000kg/d，要赶在新芽老化前结束采摘工作，就要做好前期采摘判断和人工数量的准备工作。

机采是目前抹茶生产常用的采摘方式，机采管理的茶园，要调整适合于机械采摘的树形，协调新芽发育，一年内要进行数次剪枝，要调整成有效采摘蓬面。

就抹茶的采摘时期来说，叶片张度要稍大一点，叶片张度在 80%～90%，开叶数在 5～6 叶为采摘较佳期。过早采摘的鲜叶虽然很新鲜，但是并不代表品质好。由于鲜叶不够成熟制造出来的制品因覆盖时间不够，味道清淡而且还有些许刺激感，味道欠醇和；这样的鲜叶叶质软，在生产过程中很难完全体现茶叶特质，缺少了碾茶覆盖型茶独有的清澈度。过了采摘适期的叶片则会变硬，导致品质大大降低。

任务知识思考

1. 抹茶生产茶园为什么要进行覆盖？
2. 抹茶生产茶园覆盖的方法有哪些？有何不同？

任务二　设施栽培茶园管理

任务目标

1. 知识目标

（1）了解茶树设施栽培的内涵及效应。

（2）了解茶树设施栽培的种类。

2. 能力目标

（1）学会简易塑料大棚的搭建。

（2）掌握设施茶园的管理。

任务导入

设施茶树栽培是一种新的茶树栽培管理模式，能够提早名优茶开采时间，可使春茶开采期比常规栽培茶园提早 10~30d，从而有效避免霜冻和防止"倒春寒"对茶树萌动新梢造成的伤害，这对提高种茶经济效益和满足市场需求，具有较大的现实意义。

任务知识

知识点一　茶树设施栽培的内涵及效应

（一）设施栽培内涵

设施栽培是使用人工设施，人工控制环境因素，完全或部分地摆脱传统农业受自然气候和土壤环境条件制约，使植物获得最适宜的生长条件，从而延长生长季节，获得最佳产品的农业生产方式。

我国现今使用的园艺设施大体可分为大型设施，如塑料薄膜大棚、单栋和连栋温室等；中小型设施，如中小棚、改良阳畦；简易设施，如风障、阳畦、冷床、温床、简易覆盖、地膜覆盖等。各种设施在生产中都能发挥特定的作用，但因其性能不同，各自的作用又有不同，在选用时应根据当地的自然条件、市场需要、栽培季节和栽培目的选择适用的设施进行生产。

（二）茶树设施栽培效应

1. 设施栽培可改善茶园小气候

设施栽培茶园晴天日平均温度和阴雨天日平均温度分别比露天对照茶园高 5.90℃和 1.80℃，并且可以提高不同层次的土壤温度。设施大棚在不同的天气里都有保温、增湿作用，它对茶园小气候环境的这种影响，改善了茶树的生长条件，有利于茶叶有机物质的积累，能促进茶叶良好品质的形成。

2. 设施栽培茶园经济效益显著提高

设施茶园高温、高湿的栽培环境促进茶芽早发，不但提早开采期，而且使得发芽密度和百芽重增加，相应地提高了鲜叶的产量；总的看来虽然增产幅度不大，但由于设施栽培茶叶提前上市，使市场竞争力大大提升，价格昂贵，经济效益显著。

3. 设施栽培环境下茶叶的品质明显改善

设施栽培小气候条件下昼夜温差大、湿度大、漫射光多的特点有利于氨基酸含量的提高，不利于茶多酚的形成，使得酚氨比值降低，并且粗纤维含量和咖啡碱含量也有降低，但茶水浸出物的含量略有提高。设施栽培茶叶内含成分的这种变化可以提高茶汤的浓度和鲜爽度，降低苦涩味，改善绿茶茶汤的滋味；并且能够提高茶梢持嫩性。从生化角度看茶叶品质，设施栽培环境能够促进茶叶良好品质的形成。

知识点二 茶园设施栽培技术

（一）设施栽培茶树的园地选择及定植

园地要求选择背风向阳、水源充足、土壤肥沃、土壤 pH 4.0~6.5 的缓坡地建大棚，或选择符合上述条件的现有茶园建棚。茶树种植要规范，一般采用双行矮化密植，株距 20cm、大行行距 1.5m、小行行距 30cm。品种应选择产量高、品质优、适制性好的早芽种，如龙井 43、福鼎大白、乌牛早等。新建茶园技术要求和露地栽培茶园基本一致。

（二）设施的建立与养护

目前应用较广泛的茶园设施有冬暖大棚和小拱棚。冬暖式茶树大棚，大多参照北方蔬菜大棚的建造方法，以琴弦结构为主，东西走向，长 35~50m，跨度 8~10m；东西北三面建墙，厚度 1m 左右，墙内填充碎草、锯末等物料；后墙高 1.8~2m，东西两面墙最高处 3m 左右，前端 1.5m，形成前后两个坡面，后坡坡度 45°；棚内立柱 4~5 排，柱间距 1.5~2.0m；顶部用竹竿搭成纵横交错的支架，覆盖聚氯乙烯无滴膜，用铁丝、竹竿等压住，并加盖一层草苫；冬暖大棚保温性能好，坚固耐用，但建造成本较高。小拱棚采用竹片、钢筋等材料弯成弓形做骨架；棚高 50~80cm，跨度 60~140cm，每隔 120~140cm 插设一条弓形竹片，用麻绳固定，上覆薄膜；小拱棚搭建简单，造价低，但保温性能差。

棚膜要求透光好、抗拉压、抗老化、不滴水；目前北方设施茶园多用厚 0.05~0.1mm 的无滴水 PVC 塑料薄膜。

覆膜后如遇大风和雨雪天气，要及时检查，清除膜上积存的雨雪，修复破损的薄膜，撤膜后将薄膜清洗干净，晾干后折叠整齐，在阴凉处保存，以备翌年再用。

茶园塑料大棚示意图如图 1-92 所示。

图 1-92　茶园塑料大棚示意图

（三）设施栽培管理技术

1. 覆膜与撤膜

茶园覆膜时间一般在 11 月中下旬，翌年 4 月中下旬撤膜，覆膜后将膜拉紧，膜上压杆或用卡簧固定，小雪前后盖上草苫或保温被。覆膜期间应注意温、湿度的调节，尤其是晴天的中午应注意降温，以免造成烧苗现象。撤膜前 7~10d，白天将通风口敞开，晚上关闭，并逐渐加大通风量，使茶树逐渐适应外界的环境条件。

2. 追肥

早春（2 月上旬）要及时追肥，催越冬芽的萌发，一般每亩施复合肥 30~40kg，根据茶树生长情况喷施叶面肥，喷施叶面肥必须在茶叶采摘前 20d 结束，主要喷施叶片背面。

大棚环境封闭，棚内空气中的 CO_2 量远远满足不了茶树光合作用的需要，为提高茶叶的产量和品质，大棚茶园应增施 CO_2 肥料。通常是用碳酸氢铵和硫酸混合产生 CO_2，在上午 9：00~11：30 时施用；另外，有机肥分解能产生大量的 CO_2，多施有机肥也能增加 CO_2 浓度。

3. 温、湿度调节

棚内温度应保持 15~25℃，最高不能超过 30℃，最低不能低于 8℃，晴天的中午前后棚内的温度有可能超过 30℃，此时必须开门或打开通风口降温；当温度降到 20℃时要及时关闭通风口，夜间温度迅速下降时，要加盖草苫保温，遇寒冷的阴雨天或大风天气，更要注意温度的变化，必要时要进行人工加温，保证夜间温度不低于8℃。

大棚覆膜后，茶树不能吸收雨水，因此覆膜前应将茶园灌一次透水。大棚是一个封闭的环境，水分不易排出棚外，棚内空气湿度处于饱和状态时，极易发生病虫害；为降低空气湿度、抑制病虫害发生，应结合通风降温进行换气排湿，同时，采取行间铺草、覆盖地膜等措施，可使空气湿度降至80%~70%，土壤相对含水量在70%~80%时，最有利于茶树的生长；除覆膜前浇1次水外，应根据茶园土壤墒情等，每隔5~20d浇1次水。

4. 茶树修剪

秋茶后结合封园进行一次轻修剪和边缘修剪，树冠蓬面整理成弧形。保持茶树行间有15~20cm的间隙，以利于通风透光和茶树养分的积累，有利于提高春茶的产量，春季修剪应从常规的春茶前推迟到春茶后（5月中下旬）进行，每隔2~3年进行1次深修剪，5~8年进行1次重修剪，控制树高60~70cm，彻底剪除鸡爪枝和瘦弱枝，以增强树势。切忌在每年的秋冬进行深修剪，以免影响翌年春茶的产量。

5. 病虫害防治

茶园害虫多冬眠，故对大棚冬茶危害较轻，勿需施药。对一些病害如茶赤叶斑病等，若危害严重，可选用高效、低毒、低残留的农药防治，并严格控制施药量及施药安全间隔期。最好采用农业措施和生物农药防治病虫害，尽量不使用化学农药。

6. 茶叶采收

大棚茶叶采收要突出一个"早"字，做到早采、嫩采，多加工名优茶。一般有5%左右的新梢达到一芽一叶初展即可开始采摘，前期留鱼叶采，后期留一叶采；揭膜后，春茶留一叶采，夏、秋茶不采，使叶面积系数保持在3~4，保证大棚茶园有充足的光合面积，可以提高翌年茶叶的产量和品质。

⬭ 任务知识思考

1. 茶树设施栽培的概念？

2. 茶树设施栽培的种类有哪些？

3. 茶树塑料大棚栽培管理技术有哪些？

项目七 茶叶质量安全追溯管理

任务一 茶叶追溯系统建立

任务目标

1. 知识目标

（1）了解茶叶追溯系统的概念。

（2）了解茶叶追溯系统的作用。

2. 能力目标

能够运用国家已经建成的农产品质量安全追溯管理信息平台来建立企业的茶叶追溯系统。

任务导入

茶叶质量安全是茶产业发展的生命线。当前，中国作为茶叶生产大国，对于茶叶的质量安全非常重视，因此，建立茶叶追溯体系既是对消费者负责，也是维护市场秩序所必需的，更是确保企业产品质量安全的重要手段。学习并建立企业自身的茶叶追溯系统，可确保企业产品来源可查询、去向可跟踪、质量可保障，有利于维护企业产品品牌信誉，促进企业做大做强。

任务知识

知识点一 茶叶追溯系统概述

（一）茶叶追溯系统概念

茶叶追溯系统是充分利用互联网和移动互联网技术，实现对茶叶产品从基地种植、鲜叶采摘、原料粗制、加工包装、仓储管理、运输流转的全过程信息化动态追踪，为每一件商品建立唯一的"电子身份证"——商品追溯码，消费者直接扫描后识别真伪，并查询到在该产品从种植到流转过程中各阶段的主要信息，追溯每件产品的来龙去脉，从根本上实现杜绝假冒、方便消费者识别的同时，实现产品品牌随着产品的销售流通而面向经销商和消费者传播的目的，通过产品追溯体系，让自己的产品在鱼龙混杂的市场环境中脱颖而出，从根本上建立可信度，提升品牌形象，为消费者负责。茶叶追溯系统功能架构如图 1-93 所示。

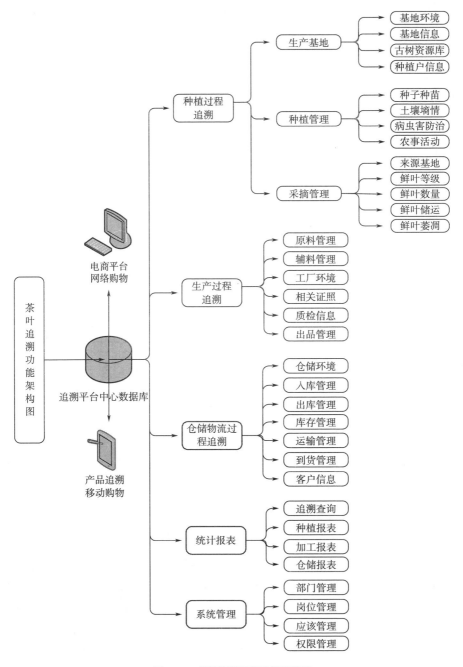

图 1-93　茶叶追溯系统功能架构图

（二）茶叶追溯系统作用

1. 实现全程追溯，杜绝假冒伪劣，重构商业诚信

通过对从茶叶种植、加工到仓储物流等各环节的全程建立电子标识和信息监控体系，实时采集在这些环节中的主要信息，并为每个产品建立唯一的电子身份证——"产品追溯码"，最终从实现产品追溯与防伪，确保产品货真价实，杜绝假冒伪劣，并让消费者和经销商可直接查询追溯每件产品的源头和流转信息，知道每件产品的来龙去脉，从根本上重构商业诚信，提升品牌影响力。

2. 方便识别

茶叶，特别是普洱茶、有机茶等的识别是一大难题，传统的模式是必须依赖专家品尝，而追溯防伪系统建立后，可以让每个消费者都变成专家，只需要扫描每件产品的唯一追溯码即可一目了然，识别真伪，知道该产品是哪年生产的，用的是什么原料，来自哪个种植基地等。为消费者、经销商解决了识别真伪的问题。

3. 全程监控，规范操作

茶叶追溯防伪系统的建立和实施，将实现从种植加工到仓储流转的各环节的信息化监控，帮助企业从制度和体系上规范了茶叶产销在各环节的基本流程，彻底摆脱茶叶制备加工方面的诸多问题，提升管理水平，杜绝管理漏洞和质量问题，并为申报有机认证打下坚实的基础。

4. 拓展产品分销渠道

茶叶追溯防伪系统的建立和实施，在实现产品追溯的同时，解决了仿冒伪造的后顾之忧，将为大力拓展产品的线下渠道分销和线上网络分销奠定基础。

5. 为电子商务打下基础

为每件商品提供了唯一的商品追溯码，消费者要识别、扫描追溯码，就必须关注相关网络平台，随着产品的流通，会聚合越来越多的经销商、消费者到网络平台上，不断积累用户资源，吸纳越来越多的粉丝，并通过口碑相传和网络扩散而实现粉丝倍增，届时，可以顺势推出线上商城，直接通过网络平台和网站让消费者直接购买产品，有效展开电子商务。

知识点二　茶叶追溯系统建立

目前从国内情况来看，茶叶追溯系统多由国家、省、市、县等市场监管部门、质量监管部门、农业农村部门或者第三方服务机构进行建立，符合条件的茶叶生产企业只需按照平台相关要求进行注册申请即可建立企业的茶叶追溯信息管理，下面以国家农产品质量安全追溯管理信息平台为例，对茶叶追溯系统建立进行阐述。

国家农产品质量安全追溯管理信息平台是农业农村部提供的国家追溯平台（网址为：http：//qsst. moa. gov. cn/），包括追溯、监管、监测和执法等业务系统，各级监管机构、检测机构和执法机构以及农产品生产经营者可直接使用国家追溯平台开展各项业务（图 1-94）。

图 1-94　国家农产品质量安全追溯管理信息平台登录界面

经营主体在主页中点击进入"信息采集系统"，再进入"追溯系统"，通过"企业账号注册"提交注册信息，经县级管理员审核通过后，获得企业账号和密码，即可登录使用。使用中按平台管理要求进行企业生产经营管理，并做好管理台账和过程资料。

农产品生产经营者注册流程图如图 1-95 所示。

图 1-95　农产品生产经营者注册流程图

　　追溯业务是国家追溯平台的重点，支持农产品生产经营者采集生产和流通信息。一是农产品生产经营者完成主体注册后，登录国家追溯平台，采集录入产品信息和批次信息，生成产品追溯码，可打印；二是农产品生产经营者在完成产品信息采集后，进入农业农村部门所管辖的流通环节，农产品生产经营者确定下游主体后，通过扫描下游主体电子身份标识，填写交易信息以及相关承运、储藏等追溯信息，提交国家追溯平台，下游主体即可收到推送信息，交易确认后，生成产品追溯码，下游主体尚未在国家追溯平台注册的，由上游主体手动记录相关追溯信息，并保证信息的真实性；三是农产品生产经营者在完成产品信息采集后，进入批发市场、零售市场或生产加工企业时，选择入市操作，如实填报交易信息，生成并打印入市追溯凭证并交给下游主体具体流程如图 1-96 所示。

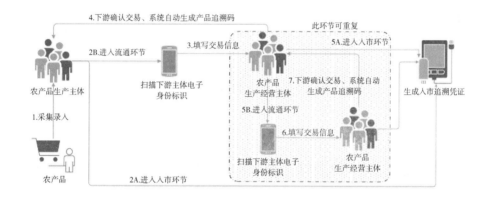

图 1-96　追溯业务流程图

任务知识思考

　　1. 茶叶追溯系统的概念是什么？
　　2. 建立茶叶追溯系统有什么作用？

任务二　茶叶追溯管理制度建立

任务目标

　　1. 知识目标
　　（1）了解茶叶追溯管理制度的概念。

（2）了解茶叶追溯管理制度的作用。

2. 能力目标

能够运用国家已发布的茶叶追溯管理要求及操作技术规程来建立企业追溯管理制度。

任务导入

茶叶质量安全关系到人民群众的身体健康和茶产业持续健康地发展，茶园产地环境、肥料和农药等投入品的使用直接关系产品的质量安全，因此，建立茶叶追溯管理制度对于确保茶叶产品质量安全、加强茶叶产品质量安全管理，实现产业生产全程可追溯，提高企业产品市场竞争力、企业生产效益等具有重要作用。

任务知识

知识点　茶叶追溯管理制度概述

（一）茶叶追溯管理制度的概念

茶叶追溯制度是在茶叶生产过程中，每完成一个工序或一项工作时，企业都要记录其检验结果及存在的问题，记录操作者及检验者的姓名、时间、实时地点及具体情况分析，在产品的适当部位做出相应的质量状态标志。这些产品追溯的记录会和带有标志的产品同步进行流转，包括产品的流通、销售、使用环节。这有助于企业明确各方责任，职责分明，遇到问题时查处有据，极大加强职工的责任感。

追溯管理流程示意图如图 1-97 所示。

（二）茶叶追溯管理制度作用

（1）以帮助企业实时、高效、准确、可靠实现生产过程和质量管理为目的，使企业能够实现对采、销、生产中物资的追踪监控、产品质量追溯、销售窜货追踪、仓库自动化管理、生产现场管理和质量管理等目标，向客户提供的一套全新的车间信息化管理系统。

（2）可以使企业具有更完善、更有竞争力的生产过程、提高全面产品的品质管理能力及客户的满意度，实现信息的实时分享。

（3）可以帮助企业降低生产成本，提高盈利，从而使企业在整个生产环节

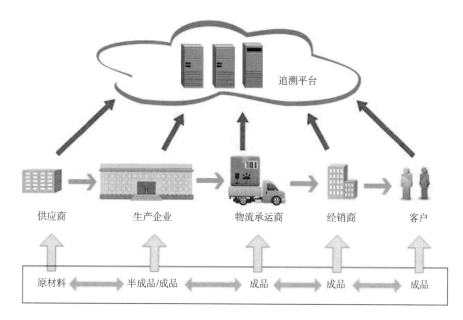

图1-97 追溯管理流程示意图

中具备了更多的竞争优势。同时通过系统提供的灵活 ERP 接口能够帮助企业快速进行信息平台的整合。

（4）可以实现车间生产计划和调度、生产任务查询、生产过程监控、智能数据采集、质量检测与控制、物料跟踪、原辅料消耗控制、车间考核和管理、统计分析、人力资源和设备管理等功能，彻底帮助企业改善生产现场管理的暗箱操作。

（三）茶叶追溯管理制度内容

茶叶追溯管理制度的建立，应依据《中华人民共和国农产品质量安全法》《中华人民共和国食品安全法》、GB/T 33915—2017《农产品追溯要求　茶叶》、NY/T 1763—2009《农产品质量安全追溯操作规程　茶叶》和其他相关法律法规来进行科学合理制定，一般来说，茶叶追溯管理制度应包括以下几个方面的内容。

1. 产地环境管理

建立产地编码，建立生产者茶叶产品质量安全责任制度。以农业企业和农民专业合作经济组织为主体，分散种植户为补充，建立茶叶产品产地编码和生产者基础信息，从源头做到茶叶产品身份可识别、可追溯。

2. 种植环节管理

按照标准化生产要求，规范生产过程，建立健全的各种生产档案，包括生产（经营）者编号、生产（经营）者名称、种植品种、肥料施用、农药施用、添加剂使用、收获和其他田间作业记录以及产品检测等相关信息，落实质量管理责任制，建立茶叶产品质量保障体系。

3. 产品检测管理

加强茶叶产品出厂检验，建立茶叶产品合格把关制度，完善不合格茶叶产品的处理措施。茶叶产品进入批发市场、储运各环节要有追溯记录。

4. 产品备案管理

对公司生产的茶叶产品，建立规范的包装标识。包装标识须标明产品名称、执行标准、生产许可证号、生产日期、保质期、生产者、产品认证情况、产地编码等信息，并建立详细的备案管理，确保产品流向可追踪。

5. 监管平台管理

建立相应的茶叶产品质量安全追溯与监管管理系统，建立茶叶产品生产档案数据库、茶叶产品检测数据库以及销售流向数据库，通过互联网，实现茶叶产品质量安全全程可追溯管理。

6. 追溯程序管理

对发生问题的组织以及个人，根据最初信息源立即启动追溯程序，包括查找生产日期、确定种植基地和批次号，通过查阅田间管理日志、台账、检测报告等分析原因。对于违规事实，相关部门经调查核实后，依法处置相关责任人，并及时进行整改修复。

（四）茶叶追溯管理制度的建立

在茶叶追溯管理制度建立方面，2009 年，中华人民共和国农业部制定发布了 NY/T 1763—2009《农产品质量安全追溯操作规程　茶叶》，对茶叶质量安全追溯的术语和定义、要求、信息采集、信息管理、编码方法、追溯标识、体系运行自查和质量安全应急等进行了规定；2017 年，中华人民共和国国家质量监督检验检疫总局、中华人民共和国国家标准化管理委员会制定发布了 GB/T 33915—2017《农产品追溯要求　茶叶》，对茶园管理及茶叶生产、茶叶加工、茶业流通、茶叶销售各环节的追溯要求进行了规定，各企业在建立茶叶追溯管理制度时候，均可按照 GB/T 33915—2017《农产品追溯要求　茶叶》和 NY/T 1763—2009《农产品质量安全追溯操作规程　茶叶》的规定及要求进行操作。

（五）茶叶种植及茶园管理环节追溯

1. 茶叶种植环节追溯内容

种植环节以地块为单位建立地块编码档案，主要追溯内容应包括种植基地名称、地块编号、面积、产地环境、责任人、植保员等。记录表格样式见表 1-57。

表 1-57 茶叶种植追溯记录表

基地名称：

地块编号	种植面积	栽培品种	产地自然环境	植保员	负责人

注：产地自然环境内容应包括：年平均温度、湿度，年最高、低温度；年降水量；海拔高度；土壤 pH；土壤类型（砖红壤、赤红壤、红壤、黄壤、黄棕壤、棕壤、褐土和紫色土等）。

2. 茶园管理追溯内容

茶园管理主要涉及茶园耕作、施肥、除草、病虫防控、修剪、灌溉、采摘等环节，管理过程中，应将投入品类别、投入品名称、采购人员、采购数量、入库人员、领取人、使用日期、使用面积、操作人员及茶园采摘情况等信息进行记录备查，记录表格样式见表 1-58、表 1-59、表 1-60、表 1-61。

表 1-58 茶园田间管理记录表

地块编号_____ 内部检查员（签名）_____

日期	农事活动内容	作业人

注：农事活动内容包括采摘、修剪、施肥、除草、耕作、防治病虫害、灌溉等；是否使用茶园投入品（农药和肥料），何种投入品。

表 1-59 茶园农业投入品管理记录

类别	名称	购买数量/kg	购买日期	采购人员	库房收货人	领用人	领用时间

表1-60 茶园投入品使用记录表

地块编号＿＿＿＿＿＿＿ 内部检查员（签名）＿＿＿＿＿＿＿

投入品使用时间	投入品使用名称	投入品使用人	备注

表1-61 茶叶采摘者记录表

采摘日期	姓名（名称）	采摘者编号	采摘数量/kg	采摘区域（地块编号）	采摘面积/亩	采摘品种	采摘质量	负责人

（任务知识思考）

    1. 茶叶追溯管理制度的概念是什么？

    2. 建立茶叶追溯管理制度有什么作用？

    3. 简述茶叶企业追溯管理制度操作技术。

项目一　茶树种质资源及良种繁育

任务一　茶树种质资源的收集、保存与利用

任务目标

1. 知识目标

（1）了解茶树种质资源的类别及特点。

（2）掌握茶树种质资源的收集及保存方法。

2. 能力目标

（1）会制定茶树种质资源收集、保存实施方案。

（2）会收集、保存茶树种质资源。

任务导入

种质资源是宝贵的自然财富，是人类利用和改良生物的重要物质基础。作为茶树的发源地，我国茶树种质资源丰富、分布广泛，为茶叶研究提供了优良的原始材料。掌握其分类、收集、保存方法、性状的鉴定和描述等知识和技能，在茶树新品种的选育中具有十分重要的价值和意义。

任务知识

知识点一 茶树种质资源的概述

（一）茶树种质资源的概念及重要性

种质指亲代通过生殖细胞或体细胞传递给子代的遗传物质。种质库又称基因库，是指以种为单位的群体内的全部遗传物质，由许多个体的不同基因所组成。

种质资源是指所有具有种质并能繁殖的生物体，包括品种、野生种及近缘种的植株、种子、无性繁殖器官、花粉甚至单个细胞。种质资源亦称遗传资源、基因资源、品种资源，以前习惯称为育种的原始材料，现在国际上大都采用种质资源这一名词。

种质资源是在漫长的历史过程中，由自然演变和人工创造而形成的一种重要自然资源。种质资源中一些优异基因的开发和利用，可以使产量、品质、抗逆性等取得突破性进展，是人类用以选育新品种和发展农业生产的物质基础，也是进行生物学研究的重要材料。

（二）茶树种质资源的类别和特点

种质资源的类别一般都是按其来源、生态类型、亲缘关系进行划分。

1. 根据来源划分

按其来源可种质资源分为本地的、外地的、野生的和人工创造的 4 类。

（1）本地种质资源 包括在当地自然条件和耕作制度下经过长期自然选择和人工选择得到的地方品种和当前推广的改良品种。它们对当地生态环境、栽培条件等有比较好的适应性，在利用种质资源时，可作为主要对象。地方品种指在一定区域范围内生产上长期栽培的农家品种，大多数地方品种是有性系品种，如石阡苔茶群体种、湄潭苔茶群体种。

（2）外地种质资源 是指从其他国家或地区引入的品种或材料。它们具有不同的生物学和经济上的遗传性状，其中有些是本地种质资源所不具备的。有些外来的优良品种，若原产地的生态环境和本地区基本相似，同时能够适应生产发展要求，就可以直接引种推广，例如福鼎大白、安吉白茶、中茶 108 等。

（3）野生种质资源 主要指各种近缘野生种和有价值的野生茶树。他们是在特定的自然条件下，经过长期适应进化和自然选择而形成的，往往具有一般栽培种所缺少的某些重要性状，如较强的抗逆性、独特的品质，是培育新品种的宝贵材料。

（4）人工创造的种质资源　主要指通过各种途径（如杂交、理化诱变等）产生各种突变体。如黔湄701，该品种是用湄潭晚花大叶茶与云南大叶种人工杂交后代中采用单株育种法育成的。中茶108是从龙井43插穗辐照诱变株中单株选择，经过无性繁殖的方法选育而成的。

2. 根据亲缘关系划分

按其亲缘关系将基因库分为初级基因库、次级基因库和三级基因库。

（1）初级基因库　即各资源材料能相互杂交，杂种可育，染色体配对良好，基因分离正常，基因转移较简单的茶种内的各种材料，如各个茶树品种之间、普洱茶和白毛茶变种之间。

（2）次级基因库　属于这一类的各种材料，彼此间基因转移是可能的，但必须克服由生殖器所引起的杂交不实和杂种不育等困难的近缘种。大部分集中在西南部的云南、贵州、四川等省。常见的与茶树同属的植物有红山茶、油茶、金花茶、白毛红茶等。

（3）三级基因库　亲缘关系更远的类型，它们与茶树杂交时，杂交不实和杂种不育现象十分严重。

3. 根据品种来源和繁殖方法划分

在茶叶生产上，按品种繁殖方法，将茶树品种划分为有性系品种和无性系品种。

（1）有性系品种　世代用种子繁衍的品种。植株生命力强，适应性广，繁殖简便，有性系后代易发生性状分离而导致茶树形态特征和生理特性的多样性，对茶园管理、鲜叶采收、加工和保持品质不利。

（2）无性系品种　世代用无性繁殖方法繁衍的品种。由同一植株的营养器官通过扦插、压条或组织培养等方法繁殖，不发生由两性细胞结合而导致的基因重组所造成的性状分离，个体间性状相对一致。

知识点二　茶树种质资源的收集、保存与利用

茶树种质资源的收集、保存与利用是一个复杂而漫长的过程，归纳起来，主要流程如图2-1所示。

（一）茶树种质资源的收集

1. 制订收集方案

首先做好考察前的准备工作，通过查阅已有种质资源和有关信息，制订出收集方案。内容主要包括目的任务、收集团队考察路线及时间、主要考察地点和内容、有关的调查记载表格、野外考察仪器和用具等。

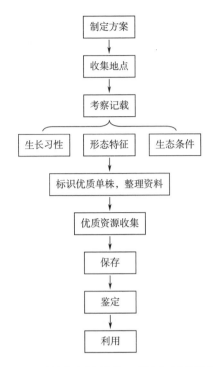

图 2-1 茶树种质资源收集、保存与利用流程图

2. 资源考察

考察过程中，要访问当地富有经验的科技人员和茶农，了解考察对象的类型、品种和近缘野生植物，栽培和饮用历史及利用方法、分布地区以及产地的气候、地理等生态条件，然后观察调查植株及营养器官和生殖器官的生长习性、形态特征及栽培要点等。

3. 资料整理

当实地考察结束后，应及时对种质材料进行分类、登记，并整理调查记录，修正考察计划和实施方案，发现遗漏应及时补充。

4. 资源收集

（1）尽可能到原产地收集　茶树起源中心收集地方品种、野生茶树和野生近缘种，栽培中心收集各类地方品种和具有独特性状的类型，遗传育种中心收集育成的优良品种。

（2）收集的材料要有代表性　取样时应注意在代表性较鲜明的茶区进行取样工作，同时还要注意取样茶园应尽量满足品种的纯度相对较高且病虫害并不严重等特点。如果涉及群体品种，还要注意不能对原始群体造成破坏，需要按照原样进行收集。收集数量种子在 0.5kg 以上（300 粒以上），幼苗 100 株以上，如果是扦插枝条，要以能剪取 300 个以上短穗为标准。

（3）对采样地的生态条件必须作详细的纪录　内容应包括资源的名称与征集地点，来历及原产地，征集地点的海拔高度、经纬度，以及温度（包括年、月平均温度与极端气温），雨量（包括年降雨量及各月的雨量分布），无霜期（包括初霜期与终霜期），土壤与地势，栽培特点及适制的茶类等。

（二）茶树种质资源的保存

种质资源考察结束后，将收集的资源（或者是标注的优质资源）进行保存。种质资源保存的方式可分为种植保存、种子保存、离体保存和基因文库。

1. 种植保存

种植保存可以分为就地种植保存和异地种植保存，前者是通过保护茶树原来所处的自然生态系统来保存种质，后者是保存在种质圃中。来自不同自然条件的种质资源，都在同一地区种植保存，不一定都能适应。因此应采取集中与分散保存的原则，分别在不同生态地点种植保存。杭州茶树圃和勐海茶树分圃作为茶树资源的异地保存基地，两圃共收集保存了我国 19 个省（区、市）及日本、肯尼亚等 8 个国家的野生茶树、育成品种、引进品种、珍惜资源等 3000余份。种植保存是目前保存茶树种质资源的主要方式，对多年生茶树来说虽然是一种较可靠的方法，但这种方法要消耗较大的人力和物力，而且极易受寒、旱和病虫害等自然灾害威胁。

具体保存方法为设 2 个种植区：一是自然生态区，单株种植，株行距为 2m×2m（若是大叶种，且土地较充裕，可设 3m×3m）。二是正常修剪的采摘区，单株种植，行距 1.5m，株距 0.5m，有性品种的种植数量必须 60 株以上（最好为100 株），无性繁殖品种必须在 20 株以上（最好在 60 株）。

2. 种子保存

茶树种子是茶树本身自然繁殖的后代，储藏着完整的遗传信息，作为保存材料携带、运输和储藏都非常方便，对繁衍和传播具有重要作用，长期保存种子也是解决品种退化的关键。

传统储藏种子的方法是沙藏法，即保存在一定湿度、温度和通气条件的环境中。茶树种子储藏方法有两种。

（1）堆藏法　在阴凉干燥的室内（种子少时可用缸或木箱），地面铺 30cm厚的细沙，在上面分层铺放种子和细沙，每层种子和细沙厚 3cm，堆高 30cm为宜，隔 15d 或面沙发白时适量淋水。

（2）沟藏法　种子量大时采用。选择室外缓坡地，挖宽 100cm、深 25～30cm 的沟，在沟底铺 5～10cm 厚的干草或细沙，铺上 2cm 厚的种子，再盖 5～10cm 厚的干草，然后做成中高 70cm 的屋脊形土堆，每隔 200cm 处安置一个通气竹筒，四周开排水沟。种子随着储藏时间的延长，发芽率迅速下降，半年后只有 20% 左右。

3. 离体保存

离体保存是在适宜的条件下，用离体的分生组织、花粉、休眠枝条等保存种质资源。利用这种方法保存种质资源可以解决用常规的种子储藏法所不宜保存的某些种质材料。可以大大缩小种质资源保存的空间，节省土地和劳力，避免病虫的危害和不良环境条件的影响。

近十多年来发展了培养物超低温长期保存法，即将原生质、细胞、组织器官或花粉提出来后，放入液态氮中保存。使用时，取出材料，经一定程序解冻，原生质、细胞组织或器官可通过组织培养诱导分化，形成再生植株，花粉可用于授粉。

4. 基因文库保存

基因文库可分为基因组文库和 cDNA 文库。基因组文库是将某种生物的全部基因组 DNA 切割成一定长度的 DNA 片段克隆到某载体上而形成的集合。cDNA 文库是指某生物某一发育时期所转录的 mRNA 经反转录形成的 cDNA 片段与某种载体连接而形成的克隆集合。建立某一物种的基因文库，不仅可以长期保存该物种的遗传资源，而且还可以通过反复的培养、繁殖、筛选，获得各种基因。

（三）茶树种质资源的利用

收集保存种质资源的目的就是为了有效地利用它们，以作为育种材料。要做到对种质资源的合理利用，就必须对所收集的种质资源进行全面系统的鉴定研究，做出科学评价，优选适合育种目标的资源作为材料进行新品种选育。

1. 茶树性状评价

（1）茶树基本性状评价　描述每份材料的植物学性状，有茎、叶、花、果实、种子的形态特征，如树型、树姿、树高、树幅、叶片大小、叶形、叶色、叶质、叶面、萼片数目、花瓣数目和颜色、花冠大小、柱头分叉部位及分叉数、子房有无茸毛、果实室数、种子形状和色泽、种子大小等性状。按照 NY/T 2422—2013《植物新品种特异性、一致性和稳定性测试指南　茶树》的规定，茶树基本性状描述见表 2-1。

表 2-1 茶树基本性状表

序号	性状	表达状态	标准品种
1	植株：生长势	弱	龙井瓜子
		中	龙井 43
		强	云抗 10 号
2	植株：树型	灌木型	龙井 43
		小乔木型	黔湄 419
		乔木型	云抗 10 号
3	植株：树姿	直立	碧云
		半开张	寒绿
		开张	英红 1 号
4	植株：分枝密度	稀	云抗 10 号
		中	碧云
		密	藤茶
5	枝条："之"字形	无	
		有	
6	新梢：一芽一叶始期	早	龙井 43
		中	碧云
		晚	黔湄 419
7	新梢：一芽二叶期第二叶颜色	白色	
		黄绿色	
		浅绿色	
		中等绿色	
		紫绿色	
8	新梢：芽茸毛	无	
		有	
9	新梢：芽茸毛密度	稀	龙井 43
		中	碧云
		密	云抗 10 号
10	新梢：叶柄基部花青苷显色	无	
		有	
11	新梢：一芽三叶长	短	锡茶 11 号
		中	龙井 43
		长	黔湄 419

续表

序号	性状	表达状态	标准品种
12	叶片：着生姿态	向上	龙井 43
		水平	藤茶
		向下	
13	叶片：长度	短	龙井瓜子
		中	碧云
		长	黔湄 419
14	叶片：宽度	窄	藤茶
		中	黔湄 419
		宽	云抗 10 号
15	叶片：形状	披针形	藤茶
		窄椭圆形	
		中等椭圆形	黔湄 419
		阔椭圆形	
16	叶片：绿色程度	浅	
		中	锡茶 11 号
		深	杨树林 783
17	叶片：横切面形态	内折	龙井瓜子
		平	锡茶 11 号
		背卷	
18	叶片：上表面隆起	无或弱	寒绿
		中	藤茶
		强	黔湄 4 四
19	叶片：先端形状	钝	
		急尖	云抗 10 号
		渐尖	藤茶
20	叶片：边缘波状程度	无或弱	云抗 10 号
		中	藤茶
		强	
21	叶片：边缘锯齿	浅	云抗 10 号
		中	英红 1 号
		深	

续表

序号	性状	表达状态	标准品种
22	叶片：基部形状	楔形	云抗 10 号
		钝	锡茶 11 号
		近圆形	
23	花：盛花期	早	龙井 43
		中	英红 1 号
		晚	黔湄 419
24	花：花梗长度	短	
		中	碧云
		长	杨树林 783
25	花：花萼外部茸毛	无	龙井 43
		有	黔湄 419
26	花：花萼外部花青苷显色	无	龙井 43
		有	碧云
27	花：花冠直径	小	杨树林 783
		中	锡茶 11 号
		大	云抗 10 号
28	花：内轮花瓣颜色	浅绿色	
		白色	
		粉红色	
29	花：子房茸毛	无	
		有	
30	花：子房茸毛密度	稀	
		中	龙井 43
		密	黔湄 419
31	花：花柱长度	短	杨树林 783
		中	碧云
		长	锡茶 11 号
32	花：花柱分裂位置	低	
		中	
		高	

续表

序号	性状	表达状态	标准品种
33	花：雌蕊相对于雄蕊高度	低于	云抗 10 号
		等高	黔湄 419
		高于	锡茶 11 号

（2）农艺性状评价　主要鉴定与栽培活动关系密切的性状、产量构成性状，如一芽三叶长、一芽三叶重、持嫩性、发芽密度和整齐度、单株和单位面积产量等。

（3）生物学特性评价　测定种质生长发育习性、物候期和环境因子，分析它们的关系，了解种质材料的生长发育规律，如春季萌芽期、开采期、年休止期、始花期、盛花期等。

（4）品质评价　品质的好坏可通过直接或间接的方法进行鉴定。

①直接鉴定：按照标准采摘鲜叶，并加工成干茶，进行感官审评。为了最大限度地消除其他干扰因素，使某品种的特有品质得到表现，绿茶用春茶采首批一芽二叶制成烘青绿茶，乌龙茶采春茶首批小到中开面新梢，夏季首批制红碎茶，机械加工，每一个茶样应不少于 100g。茶样由专职评茶师进行感官审评，品质总分是感官审评时的外形、汤色、滋味、香气和叶底 5 项因子加权后的总分。

②间接鉴定：一是根据芽叶形态、大小、色泽、茸毛多少可大致判定适制茶类和制茶品质，从叶型上判断，一般大叶适制红茶，中小叶适制绿茶；从叶色上判断，黄绿或紫绿色芽叶适制红茶，绿或深绿色适制绿茶；茸毛多适制毛峰、毛尖类特种名茶；二是测定一芽二叶中生化成分的含量及其比例，主要有水浸出物、茶多酚、氨基酸、咖啡碱、儿茶素总量及其组分，一般酚氨比较大的（>8）适制红茶，反之适制绿茶。

（5）抗逆性评价

①抗寒性评价：茶树抗寒性的鉴定有直接鉴定和间接鉴定，常需要一个评分标准来评定其抗寒性强弱，可用 5 级评分法评定（表 2-2），在同一温度和其他环境条件下，级别越高者，受害程度越重，反之越轻。同一植株的各部分受害程度，如不在同一个分数标准内，则根据各部分受冻程度评定分数，然后计算平均分数进行比较。对茶树抗寒性鉴定方法有以下 2 种。

a. 叶片形态和解剖结构：根据叶片大小、颜色、厚薄和硬脆等大致判断其抗寒性的强弱，叶片较小、叶色较深、叶片较厚、叶质较脆的抗寒性强，反之则弱。

表 2-2　　　　　　　　　　　　　　　　　冻害程度分级标准

级别	评定标准
0	芽、叶受害率 0~5%，一年生枝、骨干枝、地上部和根部为 0
1	芽、叶受害率 5%~25%，一年生枝 0~5%，骨干枝、地上部和根部为 0
2	芽、叶受害率 25%~50%，一年生枝 5%~25%，骨干枝 0~5%，地上部和根部为 0
3	芽、叶受害率 50%~75%，一年生枝 25%~50%，骨干枝 5%~25%，地上部 0~5%，根部为 0
4	芽、叶受害率>75%，一年生枝>50%，骨干枝>25%，地上部>5%，根部为>0

b. 细胞膜透性：细胞膜透性包括电阻值和丙二醛含量等内容。不同茶树品种的叶片电阻值随细胞膜受伤害程度不同而异，细胞原生质膜受害小，电阻值大，品种的抗寒性强，反之则弱。不同茶树品种遭受冻害后，其丙二醛含量变化存在明显差异，积累越多表面组织的保护能力越弱，细胞膜遭受破坏越严重，抗寒性也就越弱，反之越强。

②抗旱性评价：大部分茶区，茶树的旱害通常是在茶树营养生长期内发生的，生长期发生的旱害症状是嫩梢萎蔫、嫩叶脱落、叶色变红、叶片焦枯、枝干干枯，甚至全株枯死，严重影响茶叶产量和品质。同抗寒性鉴定相似，抗旱性鉴定的标准也可用 5 级评分法（表 2-3），根据下列标准，同样条件下，级数越高者，旱害越重。

表 2-3　　　　　　　　　　　　　　　　　旱害程度分级标准

级别	评定标准
0	生长正常，枝叶全部没有旱害（或仅个别叶片受害），产量稳定
1	受害较轻，约 10%叶片受害
2	受害较重，叶片部分脱落，树冠表层叶片 1/3~1/2 发生焦伤
3	受害重，叶片大部分或全部枯焦或脱落，枝梢干枯
4	枝叶全部枯焦，或整株枯死

③抗病虫性评价：茶树害虫可分为咀叶性害虫、吸汁害虫、钻蛀害虫和地下害虫 4 类；茶树病害可分为芽叶病害、枝干病害和根部病害 3 类。对于任何一个单位都可以调查到有病（虫）或无病（虫）两种状态，这是按质的不同来区分的调查结果。如果进一步细分，在不同取样单位上害虫的个体数量或发病程度还是会有很大差别。为此，还需要对有病虫的单位进行分级调查或数值调查。

病原物大多很小，不容易计数，所以病害调查中多采用发病面积（或体积）占调查叶片面积（或体积）的百分比来表示，如式（2-1）所示，也称严重度。

$$严重度=\frac{病斑面积}{叶片总面积}\times100\% \qquad (2-1)$$

只有大量个体发生病虫害时才能对生产构成损失，所以重要的是了解群体发生病虫的程度，这就需要在个体观测的基础上进行统计分析。

④产量评价

a. 直接评价：根据采摘标准（红茶和绿茶品种采摘一芽二、三叶和同等嫩度的对夹叶，乌龙茶品种采摘小到中开面叶），分批适时采摘，统计单位面积鲜叶产量。有3种采摘计算方法，即全年采摘计算法、季节采摘计算法和高峰期采摘计算法。全年采摘计算法是采摘春、夏、秋三季产量，这是工作量最大、但是最精确的方法；季节采摘计算法是采摘一季或两季鲜叶，根据各季产量推算全年产量；高峰期采摘计算法是采摘高峰期鲜叶，一般高峰期产量占各季节产量的60%以上，根据高峰期产量推算全年产量。新品种产量评价采取定植后第四年开始记产，统计全年产量，连续三年。

b. 间接评价：多、重、快、长是茶树产量因子，通过与产量因子密切相关的一些性状，如树高、树幅、单株芽叶数、百芽重、发芽密度等，可间接判断其产量。芽数由单位面积采摘面的大小与发芽密度决定，分枝多，采摘面大，发芽密，则芽数多，产量高。采摘面是指采叶茶树的树冠，通常以树幅表示。由于茶树一年内要多次采摘，发芽密度的调查要注意准确性，方法如下：在采摘面上固定若干测量框，每采摘一次调查一次；或者于每季萌发期调查1~2次；或者在全年采摘结束时调查单位面积内的采摘小桩数。一般发芽早、休眠迟、营养生长期长、新梢生长快、轮次多均有利于单位面积内芽数的增加，都是高产的重要特性。

2. 茶树种质资源的利用

茶树种质资源的收集、保存和评价，最终目的是为了有效地利用，利用方式一般可分为直接利用、间接利用和潜在利用。

（1）直接利用　对收集到的适应当地生态环境、具有开发潜力、可取得经济效益的种质资源，可直接在生产上应用。如野生茶树早期被当地居民栽培利用的就有50多个。

（2）间接利用　对在当地表现不理想或不能直接应用于生产，但具有明显优良性状的种质材料，可作为育种的原始材料。在野生大茶树中，发现了一批特异资源，如云南西南部高黎贡山野生乔木大茶树中，有含量高达40%的高多酚资源；生长在云南中部哀牢山里的一种野生大茶树，有含量高达6.5%的氨基酸资源；在云南东南部的野生大茶树，有含量1%以下的低咖啡碱资源，在广东北部山区还发现无咖啡碱的野生茶树。这些都可以用于单株选种、杂交亲本、诱变或克隆有用基因的原始材料。

（3）潜在利用 对于一些暂时不能直接利用或间接利用的材料，也不可忽视，其潜在的基因资源有待于人们进一步研究、认识和利用。

> 任务知识思考

1. 什么是茶树种质资源？有哪些类别？
2. 简述茶树种质资源的收集保存方法。
3. 简述如何对所搜集的种质资源进行全面评价。

> 任务技能训练

任务技能训练一　茶树物候期及长势田间观察记载

（一）训练目的

茶树植物学特征的田间观察方法是进行茶树栽培科学研究的最基本的方法，也是观察掌握茶树生态的基本方法，在实践中有着重要作用。本训练主要是掌握茶树物候期、生长势、鲜叶机械组成的分析方法。

（二）训练内容

（1）茶树营养生长期的物候期观察。
（2）生长势的观察。
（3）鲜叶机械组成分析。

（三）场地与工具

（1）场地 茶园实训基地。
（2）工具 记载表、干湿球温度表、方框（$0.11m^2$）、钢卷尺、台平秤、标签、尺、放大镜。

（四）训练内容与步骤

（1）春季营养芽萌发期观察 自芽开始膨大至鳞片展开，芽体向上伸长为新梢萌发期；鱼叶展开到驻芽开始形成为新梢伸长期；驻芽开始形成，为新梢开始进入成熟期。各期规定标准如下：

①萌发初期：鳞片开展达 10%～15%；

②萌发盛期：鳞片开展达 50% 以上；

③伸长初期：鱼叶展开达 10%～15%；

④伸长盛期：真叶展开 3～4 叶达 50% 以上；

⑤成熟始期：新梢形成驻芽达 10%～15%。

观察方法：用随机取样的方法，在试验区的处理中均匀地随机选取 3～5 点，在每点上选取一定面积树冠（0.11m²），在方框内观察营养芽、鱼叶及真叶开展情况及其数量，平均后计算各占的百分比，确定当时茶树处于何种营养生长期，详记表 2-4、表 2-5，每隔 2～3 天观察一次，观察时间规定在上午 8～11 时。

（2）茶树生长势的观察 茶树生长势包括单株或单丛茶树高度与树冠幅度、树冠分枝层次，密度与当年新梢生长发育情况等。

①丛高：从每个小区中以对角线，任意选取 10 丛茶树，由每丛根颈处测量至树冠面上枝条最多的顶端高度，求其平均值，如果树冠不整齐，枝条参差不一，以最高枝条和一般枝条测量 10 枝平均。

②丛幅：树冠幅度以侧枝最多的两边，测量其直径，若为条栽则测量两行间的一个方向，若为丛植则测量两个方向交叉，量高度的同时测量丛幅，求其平均值。

③骨干枝：在测量幅度的同时测量每丛茶树骨干枝数及骨干直径，然后取 10 丛茶树平均值。

④生长枝（小桩）：选 3～5 个观察点，用方框放在树冠表面，测定生长枝数量（以采摘面可见的为标准）。

⑤新梢生长情况：在采摘前测量。在每个小区中，随意选取 5～10 丛茶树，以方框放在树冠面上，统计冠内新梢数量（以树冠面上可见的为准）并测量各种新梢的长度（新梢长度测量方法是由老叶叶腋处量起，到芽的基部），着生叶数以及各种新梢的质量（质量的测定每种新梢采 5 个，自老叶叶腋处采下）。

（3）鲜叶机械组成分析 每一个试验最好从开始到结束由 1 个人或一个组按照标准进行采摘，在同一个上午采完，以减少误差。采后立即进行芽叶组成分析，从大量采叶中任意取样 10 处。每处取样约 50g，拌和后从中称出 20～25g，分析芽叶情况，重复一次，并详细记录数据。

（五）训练课业

（1）填写观察记载表（表 2-4，表 2-5）。

（2）总结实训技术要点、收获及体会。

表 2-4 茶树春季萌发物候期观察

观察日期	观察点	0.11m² 内茶芽萌发情况									备注
		鳞片展开数	鱼叶展开数	真叶开展数						合计	
				一叶	二叶	三叶	四叶	五叶	六叶		
	1										
	2										
	3										
	平均										

表 2-5 茶树种质资源生长势观察表 单位：枝、cm

观察日期		观察点	丛高	丛幅	骨干枝		采摘面小桩	备注
月	日				根数	平均茎粗		

注：骨干枝离地面 20~30cm 部位分枝粗壮的枝条测量

（六）考核评价

训练结果按表 2-6 进行考核评价。

表 2-6 茶树物候期及长势田间观察考核评价表

考核内容	评分标准	成绩/分	考核方法
观察茶树营养芽萌发期特征	观察全面、细致、正确（20分）		每个考核要点根据训练情况按评分标准酌情评分
观察茶树生长势特征	观察全面、细致、正确（20分）		
鲜叶机械组成分析	方法正确、分析数据可靠（20分）		
撰写茶树生长情况报告	观察判断结果正确、报告完整、全面、分析透彻（40分）		
总成绩			

任务二　茶树良种繁育

任务目标

1. 知识目标
（1）了解茶树繁殖的方法及特点。
（2）掌握茶树有性繁殖技术的相关知识。
（3）掌握茶树扦插繁殖技术的相关知识。
2. 能力目标
（1）学会根据实际情况选择繁殖方法。
（2）能指导茶树短穗扦插繁殖。

任务导入

　　茶树良种繁育的任务是在保持和不断提高良种种性的前提下，迅速扩大良种数量以及所采取的一套完整的种苗生产技术措施，茶树良种繁育分有性繁殖和无性繁殖两种方式。良种繁育工作要求数量与质量并重，普及与提高兼顾。必须掌握完整的繁育技术，提供更多的良种苗木，满足茶产业发展的需要。

任务知识

知识点一　茶树良种繁育概述

（一）茶树繁殖的种类及其特点

　　繁殖是指生物发育到性成熟阶段后，滋生后代的现象。繁殖途径分为有性繁殖和无性繁殖两种方式。

　　有性繁殖亦称种子繁殖，是高等植物繁衍后代的一种主要方式。有性繁殖指通过有性过程产生的雌、雄配子结合，形成合子胚发育成新个体繁殖后代，有完整的个体发育周期。在栽培茶树中绝大多数品种都具有有性繁殖的能力。

　　无性繁殖亦称营养繁殖，是利用营养器官或体细胞等繁殖后代的繁殖方式，不涉及性细胞的融合，其实质是通过母体细胞有丝分裂产生子代新个体，后代一般不发生遗传重组，在遗传组成上和亲本是一致的，主要有嫁接、扦插、压条等方法。组织培养和人工无性种子也属于无性繁殖方式，但目前还未进入生产实用化阶段。

茶树繁殖的特点表现在以下几个方面：

（1）除极少数茶树品种不结实或结实率极低外，大多数茶树品种既能进行有性繁殖，也能进行无性繁殖。

（2）茶树在幼年期经过几年的生长，即可在以后几十年通过有性或无性方式每年繁殖后代，因此，母本的保存与管理较容易。

（3）茶树属异花授粉植物，有性繁殖尤其在无隔离条件下留种，后代产生性状分离，难以保持品种的纯度。

（4）茶树是叶用作物，繁育种子和留蓄扦插枝条与鲜叶生产存在矛盾。

（5）茶树是多年生植物，种植成园是一项长远性的工作，选用品种的优劣和种苗的好坏对以后的生产将产生长期的影响。

（二）茶树良种繁育的任务

茶树良种繁育的任务主要体现在以下两个方面。

1. 大量繁殖良种种苗

良种种苗是发展茶产业的重要生产资料，迅速大量繁殖优良品种，不断扩大良种种植面积是加速茶园良种化的中心环节。只有大量繁育良种，在数量上能及时地满足生产的需要时，良种普及才有迅速实现的可能。

2. 防止品种混杂退化

采取先进的农业技术措施和防杂保纯措施，按良种繁育生产技术规程，保持和提高良种的种性。对生产上现有的良种在繁育中首先要采取有效的防杂、保纯措施，并通过良好的培育和选择不断提高种性。对已经混杂、退化的良种，要及时提纯复壮，有计划地组织品种更新换代。

知识点二 茶树良种繁育技术

（一）有性繁殖技术

1. 有性繁殖的特点

茶树有性繁殖亦称为种子繁殖，其繁殖的品种称为有性系品种。茶树是异花授粉作物，其所产生的种子具有不同的两个亲本（父本和母本）的遗传特性。与无性繁殖相比，种子繁殖表现出以下特点：

（1）遗传基因较为复杂、后代适应环境条件的能力强，有利于引种、驯化和提供丰富的选种材料。

（2）茶苗的主根发达，入土深，抗旱、抗寒能力强。

（3）繁殖技术简单，苗期管理方便、省工，种苗成本低，比较经济易行。

（4）茶籽便于储藏和运输，有利良种推广。

（5）由于种子兼具两个亲本的遗传特性，常出现植株间经济性状杂、生长差异大、生育期不一、不便于管理的缺点。

（6）对于结实率低或根本不结实的优良茶树品种，难以用种子繁殖。

2. 有性繁殖技术

茶树有性（种子）繁殖既可直播又可育苗移栽。历史上最早是采用直播，其能省略育苗与移栽工序所耗劳力和费用，且幼苗生命力较强。育苗移栽可集约化管理，便于培育，并可选择壮苗，使茶园定植苗木较均匀。该繁殖技术主要是用于选育新品种或者是北方低温气候条件下新建经济茶园时使用。其繁殖技术概况如下：

（1）采种园的建立与管理　茶树采种园可分为专用采种园和兼用采种园两种。这里着重讨论专用采种园的建立与管理的问题。目前我国茶区专用采种园很少，繁殖用的种子绝大部分都是从群体采叶茶园采得的。由于专用采种园有许多优点，如茶籽产量高、种子质量好、后代性状较稳定等。因此，在有条件的地方，应该有计划地建立专用采种园，作为长期繁育良种的基地。建立采种园应注意以下几个环节：

①确定适宜品种：为了保证品种纯度和推广价值，一般应选择适宜于推广地区种植的无性繁殖系良种，结实力要高，品种的母性遗传力要强，这样才能使无性繁殖系的有性后代，分离范围小，性状相对一致。

②选择适宜地点：茶树是异花授粉植物，为了避免母本与非父本茶树自然杂交，采种园必须具备良好的隔离条件。采种园与其他生产茶园的距离不少于1km。隔离方法可以因地制宜，如利用地形、地势与种植防护林带均能达到隔离的效果。采种园的位置应选择避风向阳、土质肥沃、土层深厚且不易受旱的缓坡地段，以利提高结实率。

③种植密度适宜：为有利茶树生殖生长，增加授粉机会，采种园茶树的种植密度应低于采叶茶园。有试验表明，采种园的行株距以 3m×1m 的茶籽产量最高。每公顷株数以 2700~3150 丛为宜。每穴苗数可根据品种而定。一般乔木或小乔木型的每穴一株，灌木型的每穴 2~3 株，均应选健壮的苗木。定植前要求深耕 50~60cm，并施足基肥。

（2）采种园的管理　采种园在培养母树具有一定骨架和树冠的基础上，主要是促进生殖生长，控制营养生长。具体措施如下：

①修剪：修剪方法和常规茶园修剪方法一致，根据茶园的长势情况分别采取定型修剪、轻修剪、深修剪等方式。

②施肥：在幼龄阶段，主要是培养骨架，施肥水平和氮、磷、钾比例与采叶茶园相同。由于成年的采种园，每年开花结果要消耗很多养分，因而施肥是

补充和增加茶树营养的主要方法。采种园施肥应采取有机肥和矿物质肥料相结合。三要素中，除氮肥外，还需增施较多的磷、钾肥料，氮、磷、钾的比例应接近 1∶1∶1 为宜。

③适当采摘：在采摘上必须根据茶树开花结果的生物学特性，不采二茶或头茶，如采二茶，采摘标准以采一芽二叶为宜。对专用采种园，留养新梢更为重要。

④人工辅助授粉：进行人工辅助授粉可增加结实率，人工辅助授粉应在盛花期进行，授粉用的花粉有从采种茶园的授粉树上采集，也可以从其他茶园培育的授粉树上采集。授粉工作宜选晴朗无风的天气。此外，蜜蜂是传播花粉的天然媒介，对留种茶园放养蜂群有利传粉授粉，提高结实率。要注意在开花期间，不能在茶园施用农药，以免毒杀蜂群。

（3）茶籽采收与茶籽储运

①茶果采收：茶籽的成熟期一般在霜降前后，即 10 月中下旬。茶籽成熟的标志是果壳呈棕褐或绿褐色，背缝线微微裂开，种壳呈棕竭或黑褐色，富光泽，种仁饱满，呈乳白色，根据这些标志注意检查，采收过早或过迟都会造成损失。采收过早，种胚发育不全，种仁中淀粉和脂肪等物质的含量低，水分含量高，采收后容易变质而丧失发芽力，即使发了芽，种苗的生活力很弱；采收过迟，大量茶果开裂，茶籽自行脱落，使种子的产量遭受损失。在一般情况下，茶树有 70% 以上茶果的果皮失去光泽，5% 左右的茶果开裂时，即应采收。

因此，采收茶果，要及时、分批进行，做到先熟先收，后熟迟收，以保证茶籽质量，虫蛀的茶果不能采收。不同品种的茶果，要分别采收。

②茶果脱粒：采回的茶果要及时摊放在干燥、阴凉、通风的室内，摊放的厚度不要超过 10cm，过厚会引起茶果发热而霉烂变质。同时，每天要翻动 1~2 次，以散发水分和热气，并使上、下层的茶果失水均匀。采回的茶果最好不要放在阳光下暴晒，以免影响发芽力。茶果经 1 周左右时间的摊放，大部分茶果开裂，经翻动，茶籽即脱壳而出。尚未开裂的茶果应继续摊放或人工剥去果壳，筛除果壳，剔除虫蛀、霉变、空壳以及过小、过嫩的种子，然后过筛（筛孔直径 12mm）分级，即可储藏或播种。

③茶籽的储藏：茶籽采收后，如果当年不播种，必须进行储藏。储藏过程中，应保持低温干燥，适当通气。要求温度 5~7℃，相对湿度 60%~65%，茶籽含水量 30% 左右，有效保存期在 6 个月左右。常用的有室内沙藏、室外沟藏、畦藏和简易储藏法。

a. 室内分层沙藏法：选择朝北或朝西北的阴凉房间，先在地面铺一层干草，再铺炭沙混合物（用 3 份细沙、2 份炭硝拌成）或干净细沙，厚 5~6cm，上铺茶籽，厚 10cm 左右，再撒一层炭沙混合物或细沙，以茶籽不露出为度，如此相间铺茶籽 5~6 层，最后在上面覆盖一层干草。储藏数量多的，可安置若干个通气筒。

b. 室外沟藏法：室外沟藏适合储藏大量茶籽。选地势高燥、排水良好、朝北的地方，挖掘储藏沟。沟深 25~30cm，宽 100cm，长度依茶籽多少而定。然后将沟底、沟壁敲实，并薄薄地铺一层稻草，再倒入茶籽，厚约 10cm，上面再铺一层稻草或细沙，以茶籽不露出为度。如此相间铺茶籽 2~3 层，最后铺盖一层稻草，上面再用泥土紧封成屋脊形。储藏沟中部，每隔 1~2m 安置一通气筒。储藏沟周围还应开设排水沟，以防储藏沟中积水。

c. 室外畦藏法：选地势高畦，畦面宽 100cm 左右，畦长视茶籽储藏量而定。畦面上盖土紧封，土上再盖一层稻草。先铺一层细沙，再铺一层茶籽，厚 4~5cm。如此相间铺茶籽 2~3 层，在最上层的细沙上再盖土紧封，土上再盖一层稻草。

d. 简易储藏法：比较简便的方法是在干燥的室内地下铺一层湿沙，沙厚 4~5cm，沙上铺茶籽，厚度为 7~10cm。如此一层沙一层茶籽，可铺 3~4 层。最上面铺一层沙子盖一层干沙即可；沙的湿度以手握成团、松手即散为宜。储藏堆的形状和大小视储藏的场地而异，以便于操作管理为原则，堆的四周最好用砖块或木板拦挡。如果储藏的茶籽较多，铺放时可在堆中竖立几根竹篾编的气筒，以便空气流通。储藏期间每隔半月左右检查一次堆内的温度、沙的温度和茶籽的含水量。要求温度 5~7℃，相对湿度 60%~65%，茶籽含水量以 30%~40% 为宜。

（4）茶籽播种与育苗

①播种前处理：将经储藏的茶籽在播种前用化学、物理和生物的方法，给予种子有利的刺激，可促使种子迅速萌芽、生长健壮、减少病虫害和增强抗逆能力等，方法如下：

a. 浸种：茶籽经浸种后播种，可提早出土并提高出苗率。方法为将茶籽倒入容器中，用清水浸泡 2~3d，每日换水 1 次，除去浮在水面的种子，取沉于水底的种子作为播种材料。经过清水选种和浸种，茶籽出苗期可以提早 10d 左右，发芽率提高 12%~13%。

b. 催芽：浸种后的优质茶籽，经过催芽后播种，一般可以提早 1 个月左右出土。具体方法为首先把细砂洗净，用 0.1% 的高锰酸钾消毒，再将浸过的茶籽盛于砂盘中，厚度为 6~10cm，置于温室或塑料薄膜棚内，加温保持 20~30℃，每日用温水淋洒 1~2 次。春播催芽 15~20d，冬播催芽 20~25d。当有 40%~50% 茶籽露出胚根时，则可播种。

②播种技术：由于茶籽脂肪含量高，且上胚轴顶土能力弱，故茶籽播种深度和播籽粒数对出苗率影响较大。同时，播种方法对幼苗的生长势和抗逆性以

及成活率也有影响。为保证育苗质量，播种时必须掌握下列关键技术。

a. 适时播种：关于茶籽的适播期，大多数茶区为 11 月至翌年 3 月。从各地的表现来看，冬播（11～12 月中旬）比春播（2～3 月）提早 10～20d 出土。若延迟到 4 月以后播种，不仅出苗率低，而且幼苗易遭受旱、热危害，故在冬季不发生严重冻害的地区，采用冬播比春播好。对于冬季冻害较严重或播种地未整理的情况，可将播种时期移至第二年早春进行，并通过浸种、催芽等方法，促使其早出苗。

b. 适当浅播和密播：播种时盖土不宜太厚，最适宜的播种深度为 3～5cm。但又随季节、气候、土壤的变化而异，即冬播比春播稍深，沙土比黏土深，旱季亦适当深播。茶籽播种可分为茶园直播和苗圃地育苗两种。茶园直播简便易行，但苗期管理工作量大。茶园直播则按照茶园规划的株行距直接播种，每穴播种因品种而异，如大叶种为 2～3 粒/每穴，中小叶种为 3～5 粒/每穴。苗圃地育苗方式的苗期管理较集中，易于全苗、齐苗和壮苗。苗圃地育苗播种方式有穴播、撒播、单株条播、窄幅条播及阔度条播等，在生产上采用较多的为穴播和窄幅条播。一般穴播的行距为 15～20cm，穴距为 10cm 左右。播种量为 1200～1500kg/hm^2。窄幅条播的行距为 25cm，穴距为 5cm 左右，播种量为 1500～1800kg/hm^2。

③幼苗培育：培育幼苗的最终目标是壮苗、齐苗和全苗。不论是采用茶园直播，还是苗圃地育苗，播种后都要精心培育幼苗。

幼苗培育主要应抓好几项工作：及时除草，减少杂草与茶苗争夺水分；注意病虫害防治，以确保茶树正常生长，如茶饼病、小绿叶蝉等病虫的危害；少量多次追肥，一般在茶籽胚芽出土至第一次生长休止时开始施用追肥，一般在 6～9 月间追施 4～6 次，常施用稀薄人粪尿或畜液肥（加水 5～10 倍），或用 0.5%浓度的硫酸铵。浇施人粪尿后能使土壤"返潮"，有吸收空气中湿气的作用，并有一定的抗旱保苗效果。苗木达到标准后起苗移栽。

（二）茶树无性繁殖技术

1. 茶树无性繁殖的特点

无性繁殖不经过雌、雄生殖细胞的融合，后代能完全保持母本的遗传特性。与有性繁殖相比，无性繁殖具有以下特点：无性繁殖后代能保持母本品种的特征特性；后代性状一致，有利于茶园的管理和机械化作业；繁殖系数大，有利于迅速扩大良种面积；母树的病虫害容易传给下一代；苗木的抗逆能力比实生苗要弱。

2. 茶树无性繁殖技术

（1）茶树短穗扦插繁殖技术　茶树扦插通常用一个叶片带一个节间，所以又称为短穗扦插，是我国茶农独创的繁育方法，也是无性系品种繁殖的主要方法。短穗扦插具有母穗用量省、成活率高、繁殖系数大等特点。

①茶树采穗母树的培育：茶树采穗母树是指专门用于提供扦插繁殖材料的品种茶园，是保证插穗质量和数量的重要基础，一般在正常培育管理下，6~10年生的采穗母树园每亩产穗条600~1200kg，可供1334~2000m²（2~3亩）苗圃扦插。各地在建立采穗母本园时，可根据苗圃面积按比例配建。

a. 茶树采穗母本园的建立：茶树采穗母本园的建立可按丰产茶园的标准建立实施，园址应尽量选择在低海拔位置，若海拔过高，枝条生长慢，产量低。建立采穗母本园用的茶树良种一定要保证原种，其纯度应达到100%。

b. 采穗母本园的管理：由于采穗母树每年要进行较重的修剪，并剪取大量穗条，养分消耗很大，必须加大施肥量，以氮肥为主。基肥用量为每亩施饼肥200~250kg或厩肥2000~2500kg。追肥用量为每亩施15kg纯氮肥，第一次在春茶前（占60%），第二次在插穗剪取后（占40%）。其他管理措施与常规茶园相似。

②扦插苗圃的建立：扦插苗圃是扦插育苗的场所，其条件的好坏，不但直接影响插穗的发根、成活、成苗或苗木质量，而且直接影响到苗圃地的管理工效、生产成本和经济效益。所以，必须尽量选择和创造一个良好的环境，以提高单位面积的出苗数量和质量。土壤条件要求适合茶树生长。

③整地做畦：苗圃地选择好后，进行苗圃地规划。在规划好的基础上，进行苗圃的整理，要做好以下工作：

a. 土壤翻耕：为了改良土壤的理化性质，提高土壤肥力，消灭杂草和病虫害，苗圃地要进行一次全面的翻耕，深度在30~40cm（水稻田作为苗圃地需要提前1个月开沟排水，再进行深耕）。深耕一般结合施基肥进行，按每亩1500~2000kg腐熟的厩肥或150~200kg腐熟的茶饼量，在翻耕前基肥均匀撒在土面上，再翻耕，翻耕后打碎土壤，地面耙平待做畦。

b. 苗畦的整理：扦插苗畦的规格以长15~20m、宽100~120cm为宜，过长管理不便，过短则土地利用率不高；过宽苗床容易积水，不利于苗地管理，过窄则土地利用不经济。苗畦的高度随地势和土质而定，一般平地和缓坡地，畦高10~15cm，水田和土质黏重地，畦高25~30cm，畦沟底宽30cm左右，面宽1~1.2m，苗地四周开设排水沟，沟深25~30cm，沟宽40cm（图2-2）。开沟做畦前要先进行一次15~20cm深耕，剔除杂草、碎土，然后做畦平土，待铺心土。

c. 铺盖心土：作为短穗扦插育苗的苗床，铺上红壤或黄壤心土，育苗成活率高。苗床整理好后，在畦面铺上经1cm孔筛过筛的心土3~5cm作为扦插土。心土要求pH 4.0~5.5，铺心土要求均匀，铺后稍加压使畦面平整，利于扦插时插穗与土壤充分密接。

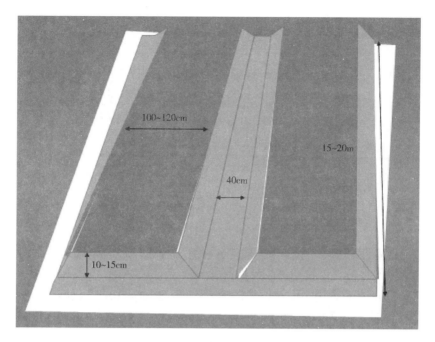

图 2-2 扦插苗畦的规格图

④剪枝：用作穗条的枝的基本要求是枝梢长度在 25cm 以上，茎粗 3～5cm，2/3 的新梢木质化，呈红色或黄绿色。剪枝的时间以上午 10 时前或下午 3 时后为宜，不能剪未成熟和过嫩的枝条，否则水分管理困难，容易霉烂，同时要注意病虫枝、弱枝不能剪取做穗条。为保持穗条的新鲜状态，剪下的穗条应该放在阴凉、湿润处。尽量做到当天剪的穗条当天插完。如需外运，穗条要充分喷水，堆叠时不要使枝条挤压过紧，以减小对插穗枝条的伤害。储运不能超过 3 天，期间得注意堆放枝条的内部是否发热，避免因堆压过紧发热，灼伤枝条。在剪取穗条时，注意在母树上留 1 片叶，以利于恢复树势。

⑤剪穗：插穗剪口须平滑，上下剪口平行，剪口斜向与叶片相同，上剪口留桩不宜过长或过短。留桩过长会延迟发芽，留桩过短又易损伤腋芽。长度以 3cm 为宜，带有 1 片成熟叶和 1 个饱满的腋芽，通常 1 个节间剪取 1 个插穗，但节间过短的，可用 2 个节间剪成 1 个插穗，并剪去下端的叶片和腋芽（图 2-3）。要求插穗新鲜，同时应边剪、边运、边插，不能及时扦插的应放在阴凉处，薄摊喷水，但不能超过 2d。

⑥扦插

a. 扦插时间的选择：一般而言，只要有穗源，茶树一年四季都可以扦插。但由于各地的气候、土壤和品种特性不同，扦插的效果存在一定的差异。一般

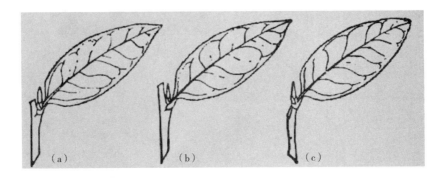

图2-3 插穗示意图

(a) 符合标准的插穗　　(b) 上端小桩过长　　(c) 上端小桩过短

采取秋插或春插。2~3月间利用上年秋梢进行的扦插称为春插；8月中旬至10月利用当年的夏梢和夏秋梢进行的扦插称为秋插。

b. 扦插的方法：生产上常用的扦插规格为行距7~10cm，株距依茶树品种叶片宽度而定，以叶片稍有遮叠为宜，中小叶种的穗间距1~2cm，每公顷可插225万~300万株（图2-4）。春插、秋插的生长周期较短可适当密些，夏插生长周期长，生长量大，为防止部分小苗生长受压制，扦插密度应稀些。

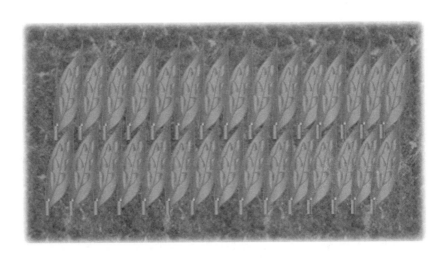

图2-4 扦插示意图

扦插前将苗畦充分洒水，经2~3h水分下渗后，土壤呈"湿而不黏"的松软状态时，进行扦插为宜。这样既可防止土壤过干造成扦插过程中损伤插穗，又解决了土壤过潮湿、扦插时容易黏手、影响扦插的质量和工效低等问题。

扦插时，沿畦面划行，留下准备扦插的行距印痕，按株距要求把插穗直插或稍倾斜插入土中，深度以插入插穗的 2/3 长度至叶柄与畦面平齐为宜。边插边将插穗附近的土稍压实，使插穗与土壤密接，以利于发根。插完一定面积后立即浇水，随时盖上遮阳物。如果在高温烈日下，要边插、边浇水、边遮阳，以防热害。

⑦搭棚遮阳：为了避免阳光的强烈照射和降低畦面风速，减少水分的蒸发，提高插穗的成活率，扦插育苗必须搭棚遮阳。各地采用的遮阳棚形式多样，按高度可分为高棚（100cm 以上）、中棚（70～80cm）和低棚（30～40cm），按结构形式可分为平棚、斜棚、拱棚等。目前在生产上应用较多的是拱形中、低双棚。中棚以 1m 宽的苗畦标准，用长 2.3～2.5m 长的竹竿，隔 1m 插 1 根，竹竿两端插入畦的两侧，形成中高 60～70cm 的弧形，再将上、中、下部各支点用小竹竿或竹片链接，上部覆盖遮阳网。低棚用塑料薄膜拱棚，高度 40cm 左右，主要用于冬季保温，解决空气湿度较低的问题，待来年气温回升，4 月左右揭棚。

拱形中棚式遮阳棚（图 2-5）在茶树育苗中得到了迅速采用，这种棚的优点是土壤利用率高，省工省力。目前，这种棚在秋茶中采用最多，起到遮阳、保温、保湿的作用，节省劳动力。

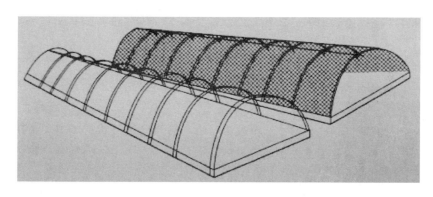

图 2-5 拱形中棚示意图

⑧苗圃管理：从扦插至苗木出圃的整个过程，是由一系列配合密切的环节组成，必须把握好每一个环节，避免不必要的损失。一般以保持土壤持水量 70%～80% 为宜，发根前高些，应保持在 80%～90%。在扦插发根前，晴天早、晚各浇水 1 次，阴天每天 1 次，雨天不浇，注意及时排水。发根后（插后 40d）应每天浇 1 次水，天气过于干旱时，也可每月沟灌 2～3 次，灌至畦高的 3/4，经 3～4h 后及时排干。2 个月后，视天气和苗畦土壤状况灵活掌握，以保持土壤湿润、土色不泛白为度。阳光是插穗发根和幼苗生长的必需条件，一般遮阳

度以 60%～70% 为好。施追肥时，注意先淡后浓，少量多次。其他管理措施与常规茶园管理相似。

（2）茶树嫁接繁殖技术　茶树嫁接技术，既是茶树良种繁育推广的一项新技术，又是改造低产、低质茶园行的有效方法。这项技术的推广，不仅可克服茶树短穗扦插中育种周期长等问题，而且可防止因改建茶园而造成的水土流失，具有建园投入少，成园投产快等特点。

①茶园的基本条件：嫁接茶园要求选择地势较平坦或缓坡，而且是水平带的条栽茶园，距离水源近。土壤 pH 在 4～5.5，土层深厚，土质疏松，保水能力强，有机质含量丰富。茶树树龄最好在 25～30 年，不宜太老，主干粗壮在 1cm 以上。

②嫁接接穗的选择：作为嫁接用的接穗，最好是一个生长季的枝条。留养接穗的母本若上部枝梢细弱，必须对留穗母树进行较重的修剪，使母树上部枝条粗度在 0.5cm 左右，这样抽生出的接穗质量好。待留养枝条基部已转为红棕色，顶芽形成驻芽时，进行打顶，即采摘枝条顶端 1、2 叶嫩梢，以促进新生枝条增粗，腋芽膨大，1～2 周后可剪下嫁接。一些新种质的良种茶园，结合对其进行定型修剪，也可从中选择合适的枝梢作为嫁接用接穗。

③嫁接砧木的选择：砧木应是待改造的茶园，必须是立地条件良好、无积水发生的茶园。对于茶园土层薄、积水严重、根系长期生长不良的老茶园不宜进行嫁接。砧木应选取直径在 0.6～2.5cm，生长健壮的茎干，每丛选择 8～10 个为宜。

④砧木及接穗的处理：

a. 砧木的处理：将需要嫁接的茶树齐地剪去或锯掉地上部所有枝条，从中选取符合要求的茎干作为砧木。剪锯砧木时，要使留下的树桩表面光滑，并将茶园杂物及时清理干净。剪锯后的砧木，有些剪口较粗糙，可用刀、剪将其削平。根据粗度，用劈刀在纹理通直处的砧木截面中心或 1/3 处纵劈一刀。劈切时不要用力过猛，可以把劈刀放在劈口部位，轻轻地敲打刀背，使劈口深约 2cm。注意不要让泥土落进劈口内。

b. 接穗的处理：接穗应削成两侧对称的楔形削面，整穗长 2～3cm，带有完整的芽叶，削面长 1～1.5cm。接穗的削面要求平直光滑，粗糙不平的削面不易结合紧密，影响成活率。操作时，用左手握稳接穗，右手推刀斜切入接穗。推刀用力均匀，前后一致，一刀不平，可再补一刀，使削面达到要求。

⑤插接穗：用劈接刀前段撬开切口，把接穗轻轻插入，若接穗削有一侧稍薄，一侧稍厚，则应薄面向内，厚面朝外，使插穗形成层和砧木形成层的一侧（接穗与砧木一侧的树皮和木头的结合部）对准，然后轻轻撤去劈刀，接穗被紧紧地夹住。用准备好的薄膜带自下而上将接穗与砧木绑紧，并用薄膜带反包

接穗顶部，砧木断面也要用薄膜全部包住。

⑥嫁接后的田间管理技术：加强嫁接后期管理，是提高嫁接成活率的有效途径。管理的重点是遮阳、浇水、保温。不同时期嫁接的茶树，后期管理上各有侧重。

（3）组织与器官培养繁殖技术　组织与器官培养是建立在植物细胞全能性学说的理论基础上，以无菌操作为核心的现代生物技术的重要组成部分。指将离体的植物体的各种结构材料（如细胞、组织、器官以及幼小植株），在无菌的人工环境中使其生长发育，以获得再生的完整植株或生产具有经济价值的其他生物产品的一种技术。茶树组培过程中的一些问题，如愈伤组织易褐化、难以分化、基因不能按序表达等制约了茶树组织培养的进程。目前，要获得经过多次继代培养的完整茶树植株，同时保证植株在大田中存活仍有较大的难度，使组织培养在茶树无性快繁保存种质资源、建立外源基因转化的受体系统等育种中的应用还有较大距离。

（4）"二段法"快速繁育技术　该技术结合水培和扦插的双重优点，形成了"二段法"快繁育苗技术体系，包含水培愈合与土培生根，缩短了茶树育苗周期，可实现半年育苗出圃，降低了育苗成本，实现了茶树工厂化快繁育苗，繁殖流程见图2-6。

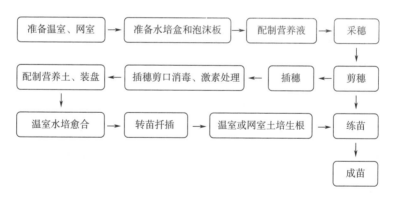

图2-6　"二段法"快速繁育技术流程图

①温室（网室）：水培温室要求水电齐全，地面水泥硬化，洁净，遮阳率50%，水培设备齐全，能实现控温、控湿最佳。土培温室（网室）要求供水系统良好，遮阳率70%，顶部覆有棚膜，地面分厢，厢面铺盖碎石或粗砂，排水畅通。

②水培盒和泡沫板：水培盒的适宜规格为 120cm×80cm×（6~8）cm（长×宽×高）；泡沫板规格为 40cm×37.5cm×（0.8~1.0）cm（长×宽×厚度）。每个水培盒放泡沫板6块。泡沫板上打托插孔，孔间距1.0~1.5cm、行距

8cm、孔直径 0.5cm，每块泡沫板可打孔 125~160 个。

③配制营养液：营养液采用无菌水，添加 0.005% 尿素、0.005% KH_2PO_4，将配好的营养液加入水培盒中，营养液深度为 4~5cm。

④采穗：采穗最好在早上 10：00 之前进行，有母本园的宜现采现用，穗条要求叶片新鲜、健康、无病虫害，青梗穗或红梗穗均可。

⑤剪穗：每节穗长 2.5~3.0cm，带 1 片叶、1 个饱满的腋芽，上端不宜过长，下端剪口呈平口。

⑥插穗：在温室中进行，每孔一穗。扦插时去掉病弱穗、无芽穗，且最好将青梗穗和红梗穗分开，并分别放到不同的培养盒中培养。

⑦插穗剪口消毒、激素处理：采用 2% 的多菌灵浸泡插穗剪口 5~10min，然后采用 150mg/kg 的 2，4-D 浸泡剪口 8~12h，最后将处理好的插穗放到营养液中水培。

⑧温室水培愈合：水培适宜时期为 4~12 月，其中以 5 月至 6 月上中旬最佳。水培温室的温度宜控制在 25~30℃，培养时间 25~30d。培养期间若营养液中出现绿色微生物，需更换一次营养液。5 月至 6 月上、中旬水培，25d 插穗愈合率可达 95% 以上，茶芽均高可达 4.5~5.0cm，愈伤组织连接成环状、颗粒状，此时适宜转苗培养。

⑨配制营养土与装盘：

a. 配制营养土：将泥炭土、疏松的园土、蛭石、珍珠岩按 4：1：3：2 的比例进行配比。营养土配好后有条件的可采用高压灭菌锅灭菌，也可直接用甲基托布津 500 倍液进行消毒，用喷雾器均匀喷雾，边喷雾边翻动营养土，最后将营养土堆成堆，盖上塑料膜，静置 5~7d。

b. 装盘：将消毒后的营养土分装到穴盘中，每穴装至 9 分满，要求不紧不松。营养土装好后先用 1000 倍 "禾奈施" 或 "都尔" 等芽前除草剂进行芽前除草，然后浇一次水，水要浇透，静置 2~3d，备用。适宜的穴盘规格为 55cm×32cm×6.0cm×5.0cm×54（长×宽×高×穴直径×穴数）。

⑩转苗扦插：选择愈合穗扦插，每穴 1~2 株，要求插穗叶片方向一致，且要避免叶片遮盖茶芽。扦插后立即浇一次定根水。扦插后 1 周内采用多菌灵 500 倍液再进行一次叶面消毒。然后进行土培生根，进行精细化管理，至平均苗高 18~25cm 时，大约 11 月份，需进行约 1 个月练苗，达到标准时起苗。

（任务知识思考）

1. 简述茶树繁殖的种类及特点。

2. 简述短穗扦插技术要点。

3. 谈谈你对"二段法"快速繁育技术的看法。

任务技能训练

任务技能训练一 茶树短穗扦插训练

（一）训练目的

扦插育苗是良种繁殖上保持品种固有的性状和特性，加速良种繁殖的一种方法。通过本训练，要求学生掌握苗圃地的选择、整理、穗条的选择、插穗剪取、插法及插后管理等一系列整套技术措施，了解不同规格插穗对生根及成活率的影响。

（二）训练内容

（1）苗圃地的选择及整理。
（2）插条的选取、插穗剪取及扦插。
（3）苗期管理及观察记载。

（三）材料与设备

（1）材料 穗条、遮阳网、竹条、多菌灵、肥料。
（2）工具 剪枝刀、卷尺、锄头、水桶、营养钵。

（四）训练内容与步骤

（1）苗圃地的选择 要求土地疏松、偏酸性、保水力强、通气性好。
（2）苗圃地的整理 将选好的苗圃地按要求进行深耕，开设排灌系统，施基肥，整地做畦，镇压划行。
（3）搭荫棚 棚式采取中、低双拱棚。中棚搭遮阳网、低棚搭塑料薄膜，棚架材料用竹竿。
（4）插条选取 剪取插穗的母树枝条要求生长旺盛，茎秆粗壮，呈半木质化，腋芽饱满，节间长，叶片大。
（5）剪取插穗 短穗扦插的插穗应带1片叶和1个饱满的腋芽，穗长3～4cm，注意保持芽、叶完整无伤，剪口断面略斜，光滑而无撕裂，一般一穗一节，节间过短时也可两节一穗，但只保留最上片叶。
（6）短穗扦插 扦插前先将苗床洒水湿润，待稍干不黏手时即可开始。扦插时，用拇指和食指夹住插穗上端的腋芽和叶柄处，按划好的行株距痕迹插入土中。

（7）插后苗期管理　按时浇水，苗圃水分以保持土壤湿润为原则，做到不干不渍。按时施肥、除草，揭膜。

（8）观察记载　插穗生长50d左右，调查插穗的根部愈合及发根情况、4~5月份调查成活率。

（五）训练课业

总结实训技术要点、收获及体会，编写实训报告。

（六）考核评价

训练结果按表2-7进行考核评价。

表 2-7　　　　　　　　茶树短穗扦插训练考核评价表

考核内容	评分标准	成绩/分	考核方法
材料与工具准备	材料与工具准备充分，能保质保量完成训练（10分）		每个考核要点根据训练情况按评分标准酌情评分
苗圃地的选择与整理	苗圃地选择适宜，整理规范得当，操作正确（30分）		
插穗剪取及扦插	插穗剪取正确，芽、叶完整无伤，扦插方法正确，操作规范（30分）		
苗期管理及观察记载	苗期管理规范、科学，观察细致，记载全面、详细、真实（15分）		
实训报告	报告总结全面，能提出实训过程存在的问题及改进措施（15分）		
总成绩			

任务技能训练二　茶树嫁接

（一）训练目的

茶树嫁接技术，是改造低产、低质茶园行的有效方法。通过本训练，要求掌握茶树嫁接一整套技术。

（二）训练内容

（1）嫁接接穗、砧木的选择。

（2）砧木、接穗的处理及嫁接。

（3）苗期管理及观察记载。

（三）材料与设备

（1）工具 锋利柴刀、手锯、嫁接刀。

（2）材料 塑料膜、遮阳网、水壶。

（四）训练内容与步骤

（1）嫁接接穗的选择 作为嫁接用的接穗，最好是一个生长季的枝条。待留养枝条基部已转为红棕色，进行打顶，即采摘枝条顶端1、2叶嫩梢，以促进新生枝条增粗，腋芽膨大，1~2周后可剪下嫁接。

（2）嫁接砧木的选择 砧木应选取直径在0.6~2.5cm，生长健壮的茎干，每丛选择8~10个为宜。

（3）砧木的处理 将需要嫁接的茶树齐地剪去或锯掉地上部所有枝条，从中选取符合要求的茎干作为砧木。用刀在纹理通直处的砧木截面中心或1/3处纵劈一刀，使劈口深2cm左右。

（4）接穗的处理 接穗应削成两侧对称的楔形削面，整穗长2~3cm，带有完整的芽叶，削面长1~1.5cm。

（5）插接穗 用劈接刀前段撬开切口，把接穗轻轻插入，若接穗削有一侧稍薄，一侧稍厚，则应薄面向内，厚面朝外，使插穗形成层和砧木形成层在同一侧。用准备好的薄膜带自下而上将接穗与砧木绑紧，并用薄膜带反包接穗顶部，砧木断面也要用薄膜全部包住。

（6）嫁接后的田间管理技术 加强嫁接后期管理，是提高嫁接成活率的有效途径。管理的重点是遮阴、浇水、保温。不同时期嫁接的茶树，后期管理上各有侧重。

（五）训练课业

总结实训技术要点、收获及体会，编写实训报告。

（六）考核评价

训练结果按表2-8进行考核评价。

表 2-8　　　　　　　　　**茶树短穗扦插训练考核评价表**

考核内容	评分标准	成绩/分	考核方法
材料与工具准备	材料与工具准备充分，能保质保量完成训练（10分）		每个考核要点根据训练情况按评分标准酌情评分
嫁接接穗、砧木的选择	嫁接接穗、砧木选择正确，枝条、砧木生长健壮（10分）		
砧木、接穗处理	处理方法正确，砧木切面平滑，切口干净，离地高度合理，接穗削面平滑，带有完整的一芽一叶（20分）		
插接穗	嫁接方法正确，操作规范，成活率高（30分）		
苗期管理及观察记载	苗期管理规范、科学，观察细致，记载全面详细、真实可靠（15分）		
实训报告	报告总结全面，能提出实训过程存在的问题及改进措施（15分）		
总成绩			

任务技能训练三　　茶籽发芽率检测

（一）训练目的

茶籽育苗技术的核心是设法促进胚芽出土和幼苗生长，而茶籽的发芽率直接影响茶苗的出苗率。通过本训练，要求必须掌握茶籽催芽技术。

（二）训练内容

（1）茶籽浸种。
（2）种子催芽。
（3）发芽率检测。

（三）材料与设备

（1）工具　1L烧杯、盛沙盘。
（2）材料　塑料膜、细沙、0.1%高锰酸钾溶液。

（四）训练内容与步骤

（1）茶籽浸种　将茶籽倒入烧杯中，用清水浸泡 2~3d，每日换水 1 次，除去浮在水上面的种子。

（2）种子催芽　首先将细沙洗净，用 0.1%高锰酸钾消毒，再将浸泡过的种子盛于盛沙盘中，厚度为 6~10cm，置于温室或塑料薄膜棚内，使其温度保持在 20~30℃，每天洒水 1~2 次。

（3）发芽率检测

种子催芽 20d 后，观察并记录发芽的种子个数，计算其发芽率见式（2-2）。

$$发芽率（\%）= \frac{已发芽的种子个数}{种子总个数} \times 100 \qquad (2-2)$$

（五）训练课业

总结实训技术要点、收获及体会，编写实训报告。

（六）考核评价

训练结果按表 2-9 进行考核评价。

表 2-9　　　　　　　　茶籽发芽率考核评价表

考核内容	评分标准	成绩/分	考核方法
材料与工具准备	材料与工具准备充分，能保质保量完成训练（10 分）		每个考核要点根据训练情况按评分标准酌情评分
茶籽浸种	浸种方法正确，浸泡效果好（20 分）		
催芽	催芽方法正确，操作规范，催芽效果好（30 分）		
发芽率检测	观察细致认真，检测结果准确（20 分）		
实训报告	报告结构完整，各项内容技术要点、注意事项总结全面（20 分）		
总成绩			

项目二 茶树品种选育

任务一 茶树引种

任务目标

1. 知识目标
（1）了解引种驯化的概念和意义。
（2）了解引种驯化的遗传学原理和生态学原理。
（3）掌握引种驯化的工作程序和措施。
2. 能力目标
（1）会制定茶树引种方案。
（2）能够根据引种方案进行实施。

任务导入

　　农业生产发展史表明，引种是人工栽培作物、丰富作物种类最早采用的重要手段之一，作物的遗传多样性和品种的改良就是通过相互引种而逐步发展丰富起来的。茶树更是如此，世界上种植的茶树品种，都是直接或间接从中国引种的。

任务知识

知识点一　引种驯化的内涵

　　引种是指将茶树从现有分布区域（野生茶树）或栽培区域（栽培茶树）人为地迁移到其他地区种植的过程。也就是从外地引进本地尚未栽培的新的茶树品种和类型。引种到新地区后，可能有两种情况：一种情况是原分布区域与引种地的自然条件基本相似，或由于引种的茶树品种适应范围较广，经过简单试验证明适合本地区栽培后，直接引入并在生产上推广应用，这属于简单引种；另一种情况是原产地与引入地区的生态条件差别大，或该茶树品种适应性窄，只有经过精细的栽培管理，或结合杂交、诱变、选择等改良措施，逐步改变该品种的遗传特性，使它适应新的环境，这称为引种驯化。

通过引种可以使新品种逐步替代当地老化品种，以提高茶叶产量和品质；也可以扩大茶树遗传资源，丰富育种物质基础，使我国茶树品种资源更加丰富。

知识点二　引种驯化的原理

（一）引种驯化的遗传学原理

遗传学原理表明，表现型（phenotype，P）是基因型（genotype，G）与环境（environment，E）共同作用的结果，如式（2-3）所示：

$$P=G+E \tag{2-3}$$

P 是引种的效果，G 是指茶树不同品种适应性的反应范围，即适应性的宽窄（大小），E 是指原产地与引种地的生态环境的差异。没有任何两个地方的环境条件完全相同，E 是变数，但又是定数，因为这种环境条件的差异是可以度量的。如果把 E 作为定数，那么 G 就成为决定引种效果 P 的关键因素。

从引种驯化的遗传学原理来看，所谓简单引种与驯化引种的本质区别，就在于引进茶树品种适应性的宽窄及其对两地环境条件差异大小的反应。茶树品种对环境适应能力的差异，根本的原因是其遗传物质不同所决定的。一般栽培种比野生种、新育成的品种比地方品种、中小叶种比大叶种系统发育历史短，遗传变异程度和可塑性较大，适应能力强。

在个体发育的早期阶段（幼龄）比晚期阶段具有更大的可塑性，所以，引种幼苗比成年茶树易驯化。实生苗比扦插苗遗传变异潜力大，适应能力强。

茶树品种适应能力的强弱，与栽培管理措施关系密切。良好的管理措施，可减少不良环境对茶树生长的影响，使茶树生长健壮，增强其对不良环境的抵抗力。

（二）引种驯化的生态学原理

环境条件对茶树的影响，即式（2-3）中 E 对 P 的问题。其中许多内容与植物生态学、气象学、土壤学或地理学有关。在此只讨论与引种驯化密切相关的一些生态学原理。

1. 气候相似论

茶树是多年生植物，不同于一二年生植物。它不仅必须经受栽培地区全年各种生态条件的考验，而且还要经受不同年份生态条件变化的考验。因此，茶树引种到不同气候带时，为了减少引种中的盲目性，应注意原产地与引种地区之间的生态环境，特别是气候因素的相似性，从生态条件差距大的地区引种不易成功。引种相似到足以保证品种互相引种成功时，引种才有成功的可能性。

但是，不能简单地认为凡与原产地的生态条件有差别就不能引种。引种驯化时，不但要考虑生态条件的相似性，还要考虑引进茶树品种的适应能力，尤其是在长期进化过程中形成的巨大的、潜在的适应性。

2. 主要生态因子

茶树的生存和繁殖，必须有一定的环境条件。在这个环境中，对茶树的生长发育有明显影响和直接同化的因素称生态因子。生态因子有气候的、土壤的、生物的，这种起综合作用的生态因素的复合体称生态环境。生态环境中各个因子的作用不是相等的，限制茶树引种的主要生态因子有水分、温度、光照和土壤酸碱度等。引种驯化时，除对原生态环境进行综合分析外，还应对影响茶树生长发育的主要生态因子进行分析。

知识点三　茶树引种后的性状变异

（一）南茶北引的性状变异

茶树在温暖湿润、雨量丰沛、日照短的南方气候条件下形成许多遗传特性，如乔木或小乔木树型、叶大色淡质薄、芽壮毫多、发芽早、生长期长、茶多酚和咖啡碱含量高、喜温等特点。向北引种后，在树型、叶片性状、生长期、开花结实和化学成分等性状上，出现一系列的变异。

（1）树型　植株矮化，最低分枝部位降低。

（2）叶片　大叶种北引后，虽仍表现大叶型，但与原产地相比，叶片变小、增厚，叶色加深。

（3）生长期　南茶北引后，随着当地气温比原产地降低的不同程度，发芽期相应推迟，年生长期相应缩短。

（4）开花结实　由于日照和气温的影响，一般花期缩短，开花结实率减少。

（5）抗寒性　南方茶区的品种抗逆性比北方茶区的品种差，特别是抗寒力弱，北引后容易受冻，甚至产生冻害。越往南方的茶树品种，抗寒性越弱。

（二）北茶南移的性状变异

北部茶区的茶树长期生长在积温小、雨量少、冬季寒冷干燥的气候条件下，形成了典型灌木树型、叶小色深质厚、生长期短、抗寒性强、氨基酸含量高等特征。河南信阳种、陕西紫阳种，南迁后，依旧保持灌木型茶树特征，但全年生长期延长，茶多酚含量增加，开花结实增多，比当地南方品种抗寒性强。安徽祁门槠叶种南移后，叶片解剖结构发生了一系列与南茶北引相反的变异。

知识点四　引种训化的工作程序和措施

（一）明确引种目标和要求

第一要考虑当地的生态条件。这在引种驯化的生态学原理中已有详细阐述。第二，要考虑是否能满足市场的需求以及经济效益。市场要求是动态的，是多方面的，而茶树是多年生的木本植物，一经种植，很难换种。第三，了解引进品种的适制性。要看当地生产、消费什么茶类，要了解该品种适制什么茶类。如果是为了直接利用，尤其应该注意与当地生产条件和耕作制度相适应。每一个品种不可能适制任何茶类。但一个地区的气候条件和生产的茶类是比较稳定的，切忌盲目引进。比如，一个龙井茶区引种体大毛多、多酚类含量高的品种，必然生产不出色绿、香郁、味甘、形美的龙井茶。同样，用叶厚、毛少的品种也加工不出形如螺、满披毫的碧螺春。第四，注意品种搭配。栽培品种不能太单一，这既是满足市场的需要，也是抵抗各种不良环境可能造成危害的需要。品种搭配是多方面的，如不同茶类适制性的品种搭配，早、中、晚生品种的搭配、不同风格品质的品种搭配以及对各种环境胁迫因子抗性的品种搭配等。

（二）先试后引

引种有一般的规律，但品种之间的适应性有很大差异，大量引种前，要进行多点小规模引种试验。原因有二：一是一个品种的数量可少些，但引入品种个数，只要符合引种目标，应尽可能多些，以期经过试种，有利优中选优；二是多点进行小规模试验，用空间争取时间，加速引种进程。证明可以引种直接利用时，再较大量的引种或就地建立母穗园，大面积推广种植。

（三）与栽培试验相结合

新引进的品种有适应当地环境条件的可能性，如果没有采取与新品种相适应的栽培方法，那么这种可能性很可能就无法实现。所以，引种的同时，应根据引进品种的生物学特性，进行一系列的栽培试验。试验时应以当地具有代表性的优良品种作为对照，以便总结出一套发挥外来良种潜力、适应当地环境条件的优良栽培方法，以免因栽培措施未跟上，使品种优良性状未发挥出来而被否定。

（四）与繁殖相结合

少引多繁，不要盲目调种。试验成功后，最好在本地建立母穗园扩大繁殖，这样既可节约开支，又有把握能适应当地气候条件。

（五）防止病虫传播

病虫害的发生往往有局部性，不同的茶区发生的病虫害是不同的。例如浙江杭州茶区、江苏南部的一些茶区，茶尺蠖为害比较严重，但云南、湖北等省的茶区却较少；西南茶区茶饼病较严重，但其他产茶省却较少。所以不应只顾引种，而忽视病虫传播。尤其是本地以前没有的病虫害、生产有机茶的地区以及苗木和种子容易携带的害虫和病菌，一旦传入，后患无穷。

（六）引入的品种选择

引入品种栽培在不同于原产地的环境条件下，它的性状常会发生一些变异。变异的范围决定两地环境条件差异的大小和品种本身遗传的稳定程度。因此引种后，一方面要保持引入品种的优良性状，另一方面有可能从中选育出新的良种，这就需要不断进行选择。

如果要求引进良种能在当地适应，得以迅速推广时，就希望该品种的所有个体性状相对一致，且稳定。而当引入品种是作为进一步选育新品种的原始材料时，若作为系统育种和诱变育种的原质材料时，或作为杂交育种的亲本，则希望引进的品种能产生较多的变异而且是能遗传的，以利于新品种的选育。

引种过程中，在不遗传的变异中进行选择，对选育新品种来说是没有意义的。但从生产角度出发，对引入品种选优去劣，除去表现不好的单株，以保持品种的一致性，获得比较一致的后代，则还是需要的。

无性繁殖系品种，由于品种内个体间有相同的遗传物质，经过试种，根据它们性状好坏，在品种间进行选择，以决定整个品种的取舍，而在品种内选择一般是没有意义的，除非发生了突变，则可进行单株选择。例如，从外地引进了甲、乙、丙3个无性繁殖系品种，经过试种，根据性状表现甲品种符合生产要求，而乙和丙品种不能满足引种目标，则淘汰乙和丙品种，引进甲品种。需要注意的是茶树是异花授粉植物，无性繁殖系品种的有性后代，即无性系的种子，是不同父本异花授粉的结果，个体间性状具有差异。所以，无性系品种的有性后代，在性状上与原无性系品种是有差异的。

有性繁殖系品种，在品种内的个体间由于遗传物质的不同，性状有差异。这些差异因母本遗传力的强弱和授粉品种（父本）的不同而异。有的品种遗传力强，引入到新地区以后，如果授粉品种单一，后代就能基本保持母本性状，变异类型少，性状表现较一致。有的品种遗传力弱，引入到新地区以后，如果授粉品种多，后代变异就比较丰富，母本性状就难以保持。因此，有性繁殖系品种在引种过程中的选择工作应根据不同的情况来进行。

任务知识思考

1. 试述重要生态因子与茶树引种的关系。
2. 试述简单引种与驯化引种的区别。
3. 如何进行茶树引种驯化的试验研究？
4. 如何处理综合环境的气候相似性与主导因子的限制性作用？

任务技能训练

任务技能训练一　茶树引种方案制定

一、训练目的

通过制定茶树引种方案，熟悉引种工作的各个环节，提高开展引种工作的实践能力，达到能独立设计茶树引种方案，科学有效地进行引种试验的目的。

二、训练内容

（1）调查目标引种区域的气候、茶树品种资源等情况。
（2）调查拟引茶树品种的特征特性及原产地等情况。
（3）制定目标引种区域引种方案。

三、材料与工具

（1）材料　引种区域相关资料。
（2）工具　电脑、笔、记录本等。

四、训练方法与步骤

（1）资料收集及整理　收集有关拟引茶树品种原产地的分布、生物学特性及系统发育历史等方面的相关资料；收集引入地的地理、气候、土壤、植被、品种资源等资料；收集有关拟引茶树品种引种成功的经验、总结报告。

（2）引种限制因子分析　根据掌握的资料，分析对比原产地和引入地各种因素的相似程度，提出引种的限制因子，如纬度、海拔、气候（光照、温度、雨量和湿度）、土壤、植被组成、栽培历史、栽培管理及经济发展水平等。

（3）引种方案制定　方案应包括以下内容。

①引种的必要性：阐述拟引茶树品种的综合价值，预测未来社会发展需要的迫切程度和经济、社会环境效益。

②引种的可行性：阐述拟引茶树品种的生物学特性、系统发育历史和本身可能潜在的适应性；阐述引进地与引种植物自然分布区、栽培区、引种成功地区的地理、气候、土壤条件及植被组成等。还应注意引进地多年一次的灾害性天气；在对比分析的基础上，找出引种的限制因子，论证引种成功的可行性。

③引入地点：阐述拟引入地块的土地环境条件、土地面积、土壤肥力等情况。

④引入品种：阐述拟引入品种的名称、数量、特征特性等。

⑤制定出相应的引种栽培措施：根据引入地的实际情况及品种特性制定。

编写要求：具体编写提纲根据自己的写作思路确定。

五、训练课业

编写茶树引种方案。

六、考核评价

训练结果按表2-10进行考核评价。

表 2-10　　　　　　　　茶树引种计划制定考核评价表

考核内容	评分标准	成绩/分	考核方法
资料收集及整理	资料收集全面、有效、内容正确，并整理有序（20分）		每个考核要点根据训练情况按评分标准酌情评分
引种限制因子分析	限制因子分析正确、细致，具有指导意义（20分）		
引种方案制定	计划因地制宜、全面、细致、操作性强（60分）		
总成绩			

任务二　茶树选择育种

任务目标

一、知识目标

（1）了解选择育种的概念和作用。

（2）了解单株选择法、集团选择法与混合选择法的区别。

（3）掌握系统选种的基本方法。

二、能力目标

（1）会茶树无性优良单株选择实施方案制定。
（2）能进行单株选择育种的实施。

（任务导入）

遗传、变异、选择是生物进化的三大要素。茶树育种就是通过对茶树产生的变异（包括自然变异和人工创造的变异）进行鉴定，选择符合人类需要的有利变异加以培育，使其遗传下去，从而育成新的优良品种供生产利用。选择育种过程包含了所有的育种程序，即原始材料的收集、创造，优良性状的鉴定、选择，以及品比试验、区域试验、审定等一系列过程，是茶树育种中最重要和常用的方法。

（任务知识）

知识点一　选择育种的概念和作用

（一）选择育种的概念

选择育种又称系统选种，是指从茶树群体中，选择符合育种目标的类型，经过比较、鉴定和繁殖，培育出新品种的方法。

从茶树群体中，之所以能选择出符合育种目标的类型或单株，是因为茶树品种在长期种植或引种过程中，其群体内常会出现遗传变异。如果其中有符合育种需要的基因型，加以选择和试验，则可省去人工创造变异（如杂交、诱变等）这样繁重的工作环节，而直接进入育种试验程序。

（二）选择育种的作用

（1）优中选优，简便有效　选择育种不像人工杂交、诱变、基因工程等方法，而是利用自然变异材料从中进行选择。优良个体是在原品种上优中选优，一般保持原品种优点，只是个别性状发生了变化。

（2）连续选优，不断提高　一个比较优良的品种在不同生态条件的广大地区推广种植，产生新的变异，从中选择优良的变异育成新品种。新品种又出现变异，为进一步选择育种提供了选择的材料。这样，连续选优，使品种不断改进提高。

知识点二　选择育种的类别

（一）一次选择和多次选择

一次选择和多次选择是指在一个选种计划中对一个或几个世代进行选择。一次选择的作用仅限于对现有变异类型的筛选，而多次选择则能起到定向积累变异的作用。茶树的世代时间较长，通常一个选种计划中往往只包括 1~2 个世代，即只选择利用现有优良变异。

（二）单株选择、集团选择和混合选择

1. 单株选择法

单株选择法是从原始群体中选取优良单株，分别编号，分别繁殖，各单株单独种植成一小区，根据各株系表现进行鉴定的选择方法。在此方法中，由于一个单株就是一个基因型，选中单株形成了一个谱系，故又称系谱选择法、系统选择法或基因型选择法。与集团选择和混合选择相比，单株选择可以对所选优株进行鉴定，消除环境饰变引起的误差，提高选择效率，而且茶树用无性繁殖的方法容易固定所选优株的性状，所以单株选种是最常用的方法。

2. 集团选择法

集团选择法是根据不同性状（如发芽期、叶形等）从群体中选出单株，把性状相似的单株归并到一起形成若干集团，不同集团分别采种或无性繁殖，分别种植于小区内，以便集团间及与对照品种进行比较试验，选出优良集团。如将龙井群体品种分为龙井长叶、圆叶、普通叶、瓜子叶 4 个集团，以龙井长叶的经济性状最好。集团选择法的优点是简便易行，后代生活力不易衰退，集团内性状一致性比混合选择法提高快，对迅速改良混杂的地方群体品种有较大的作用。但集团内个体间性状仍有差异，效果不及单株选择。

3. 混合选择法

混合选择法是从原始混杂的群体中按育种目标选出若干优良单株，混合繁殖，种植于同一块圃地，与同龄对照种及原始群体（即未经选择的群体品种）进行比较鉴定的选择法。此法简便易行，能较快地从混杂群体中分离出优良类型，在较短时间内获得较多的繁殖材料，便于及早推广。对混杂严重的农家品种也可提纯复壮，可以保持丰富的遗传特性，不会造成生活力衰退。但是，混合选择法是把当选优株的繁殖材料混合在一起繁殖，不能鉴别每一母株的基因型优劣和遗传动态，因而有可能将一些由于环境条件优越而性状表现突出，但其基因型并非优良的个体选入，从而降低了选择效果。

（三）独立淘汰选择和性状加权选择

独立淘汰选择法是对所选择的各个性状都规定一个最低标准，供选个体只要其中的一个性状不够标准，不管其他性状如何优越也不入选。

性状加权选择法是对选择的性状按其不同的重要性和遗传力等因素给予适当的加权评分（指数），然后根据全部性状的加权总分决定取舍。采用这种方法时首先要考虑性状的相对经济价值、不同性状的遗传力大小和性状间的相互关系等，合理制定选种指数和具体的、容易掌握且行之有效的选种标准。测定单株各性状的观测值，将其转换为极差值并乘以加权系数后累加，即得该植株的总分数，根据总分高低择优录取。对有些不便度量的性状，如叶色的深浅、叶质的软硬、茸毛的多少、发酵性、各种抗性的强弱等，可以根据群体内性状变异幅度划定分级标准，分别给予一定的极差值，统计时用极差值乘以加权系数。有些性状的极差值因育种目标的不同而异。如对于选育红茶品种来说，发酵性能越强越好，但对于绿茶品种则不是。叶色黄绿者适宜作为红茶品种，而叶色深绿的品种适宜作为绿茶等。使用此法时，还要注意统一性状观测值的大小与性状优劣的关系，如产量的数值大者为优，萌发期以日期前者为优，抗病性以极值大者为优。

知识点三 系统选种田间记载观察主要内容及方法

在系统选种过程中，品试及区试均要求按照《非主要农作物品种登记指南 茶树》（农业部令 2017 年第 1 号）进行试验观察记载，主要内容包括以下几个方面。

（一）基本情况

基本情况包括需记载区试点的地理位置（经纬度、海拔），气象条件（年、月平均气温、各月极端高温和极端低温、年和月的降水量），土壤质地（类型、pH、肥力、深度），试验地布置（平面布置图、试验品种、对照品种、布置排列方式、重复次数、小区面积），种植情况（茶园开垦时间、耕作深度、种植方式和时间、施肥种类、数量和时间、种植密度等），当地主产茶类和主栽品种。

（二）田间管理

记录试验过程中的管理活动，包括施肥、除草、修剪、灌溉、采摘和除虫等。

（三）特异性、一致性、稳定性测试

依据 NY/T 2422—2013《植物品种特异性、一致性和稳定性测试指南　茶

树》进行测试，主要内容包括以下两点。

（1）新梢　一芽一叶始期、一芽二叶期第2叶颜色、一芽三叶长、芽茸毛、芽茸毛密度、叶柄基部花青苷显色；叶片包括着生姿态、长度、宽度、形状，树形，树姿，分枝密度，枝条分支部位，花萼外部茸毛，子房茸毛，生长势，以及其他与特异性、一致性、稳定性相关的重要性状，形成测试报告。

（2）品种标准图片　新梢、叶片、花果以及成株植株等的实物彩色照片。

（四）品种特性测试

1. 品种适应性

正式投产后，根据不少于2个生产周期（试验点数量与布局应当能够代表拟种植的适宜区域）的试验，如实描述以下内容：品种的形态特征、生物学特性、产量、品质、抗病虫性、适宜种植区域（县级以上行政区）及季节，品种主要优点、缺陷、风险及防范措施等注意事项。

2. 品质分析

根据品质分析的结果，如实描述以下内容：品种的茶多酚、氨基酸、咖啡碱、水浸出物含量等。

3. 抗病虫性鉴定

针对品种的对茶炭疽病、茶小绿叶蝉等重要病虫害的耐寒、旱性等抗性进行田间鉴定，并如实填写鉴定结果。

茶炭疽病抗性分4级，即抗（R）、中抗（MR）、感（S）、高感（HS）。

茶小绿叶蝉抗性分4级，即抗（R）、中抗（MR）、感（S）、高感（HS）。

转基因成分检测：根据转基因成分检测结果，如实说明品种是否含有转基因成分。

4. 产量鉴定

产量和品质鉴定从移栽后4年开始，连续3年。

知识点四　系统选种的基本方法

（一）无性系系统的选种程序和方法

1. 根据育种目标选拔优良单株

由于群体品种和有性系品种个体间遗传组成差异大，所以，通常在这些品种的茶园中进行个体选拔，以便继续进行周年观察。观察项目主要包括生长势、发芽期、采摘期、抗寒性、抗病虫性、发芽密度、单株产量、适制性、制茶品质等。如果无法对有些性状进行直接鉴定，也可以通过多种方法进行间接鉴定。

优良单株的选拔常采用加权评分比较法，根据不同性状的相对重要性分别给予不同的加权系数。可通过多次综合评比法，更准确的鉴定优良单株，即在初选株内按综合性状的较高标准进行复选，淘汰一部分植株，确定中选株。

2. 优良单株的修剪与繁殖

优良单株选定后，一般应根据树势进行不同程度的修剪，培养无性繁殖用的枝条，用短穗扦插的方法培养苗木，供品系比较试验用。在苗圃繁殖中应调查插穗成活率、成苗率、苗高、茎粗、分枝数、根系生长发育状况等。夏插一个月后测定发根率。一般中、小叶品种为6个月，大叶品种3~5个月后测定抽梢率和成活率。出圃时测定成苗率。测定结果可作为进一步选拔优良个体的依据。

3. 品系比较试验

品系比较试验简称品比试验，是指入选单株的无性后代与同龄的对照品种在相对一致的条件下进行比较试验。这里我们需要了解什么是品系，它与株系、单丛的概念有什么异同，对照品种有什么要求，哪些品种可以用来作为对照品种，以及试验设计的方法等问题。

（1）品系、株系与单丛　品系是起源于同一单株或同类植株，遗传性状相对一致，已通过品种比较试验但尚未进行区域试验或未经审定（登记）的作为育种材料的一群同类个体。如从祁门槠叶群体中选出一株抗寒植株，经性状鉴定、无性繁殖、品种比较试验之后，就称××抗寒品系。

株系是育种过程中的前期材料。入选单株时，经初步观察鉴定、无性繁殖、具有一定数量的同类个体，在品种比较试验之前统称株系。如从祁门槠叶群体中选出的××抗寒品系，前期即称××株系。

单丛亦称名丛。广东潮汕乌龙茶区和福建武夷茶区，将一些制作乌龙茶的品质优异、风格独特或具有特殊韵味的单株称为单丛。一般从有性群体中采用单株选择法育成，如凤凰单丛系从凤凰水仙中选出。单丛有其独特的加工工艺，并形成固有的商品茶品牌，售价显著高于群体种。产于广东的著名单丛有凤凰单丛、岭头单丛等；福建以武夷山的大红袍、白鸡冠、铁罗汉、水金龟四大名丛最著名。

（2）对照品种　茶树品比试验和区域试验常以国家和省级良种作为标准对照种。如绿茶品种用福鼎大白茶，红茶品种用云南大叶种，或祁门槠叶种、英红1号，乌龙茶品种用黄棪或武夷水仙。为了客观评价参试品种的水平，最好设两个甚至三个对照品种，除了用标准种作为对照品种以外，还可用原始材料和（或）当地主栽的优良品种作为对照品种。例如，在安徽某茶区从引进的龙井种有性后代中，发现有抗寒性极强的变异单株，品系比较试验时，可用福鼎大白茶作为第一对照品种，评价该品系综合性状的好坏，还可选用原始材料龙井种和（或）当地主栽的优良品种祁门槠叶种作为第二对照品种。原始材料用作对照种的优点是可以比较准确地判断所选择的单株是否确实发生了变异，在哪些性状上发生了变异。当地主栽的优良品种用作对照种的优点是可以判断待选育的品种在当地是否有推广价值，即根据适应性和适制性等原因判断能不能在其他茶区推广，如果综合性状好于当地主栽的优良品种，则在当地就有推广价值。

（3）试验田间设计及管理

①试验地选择：要求四周空旷，地势较平坦，土层深厚，无隔土，肥力中等均匀，pH 4.5~6.0，试验地附近有水源，排水良好的地方。

②试验设计：田间试验设计主要目的是减少试验误差，提高试验精确度，田间试验设计应遵循以下3条基本原则。

a. 设置重复：在田间试验中，同一种处理种植的小区数即为重复次数。如每种处理种植了两个小区，则称为二次重复。重复最主要的作用是估计试验误差，试验误差是客观存在的，只能通过同一处理不同试验单位间的差异来估计。另一个主要作用是降低试验误差，从而提高试验的精确度。试验误差与重复次数成反比，因此重复多，则试验误差小。但重复太多不易管理，不同试验重复次数的多少还要根据具体情况来确定。

b. 随机排列：是指每次重复中的每个处理都有同等的机会被安排在任何一个试验小区上，而不带有任何的主观成见。

c. 局部控制：在田间试验中，要将所有的非处理因素控制得均衡一致是很难做到的。但可以进行局部控制，即将整个试验环境划分成若干个相对最为一致的小环境（称为区组或重复），再在每个小环境内分别设置一套完整的处理。

田间试验设计依处理（品种或品系）多少而定，处理较多的（如5个以上）一般用对比法（图2-7）、间比法和多次重复排列法，处理较少的用随机区组法（图2-8）。对比法特点是每一供试品种都直接排列于对照区旁边，即每隔两个供试品种设一对照，使每一小区可与其邻近的对照直接比较。随机区组法是应用重复、随机化和局部控制3个基本原理设计的试验。该设计优点是能提供无偏的试验误差估计，有效降低单向肥力差异，降低误差，保证试验的精确度和准确度。对试验地的地形要求不严，必要时不同区组可以安排在不同地段。缺点是处理数不允许过多，当处理数目太多时，区组内的试验单元数就增加，会降低局部控制的效率；只能一个方向控制土壤差异。

③种植规格和密度：种植有单行条栽和双行条栽。

单行条栽：行距150~165cm，株距25~33cm，每丛定植2~3株。双行条栽：双行错穴，大行距1.50m，小行距0.40m，株距0.33m。

灌木型中小叶种株行距适当减少，小乔木型大叶种则适当加大，行长10m左右。单行条栽的茶树可以更好地表现个体的性状，观测也更加方便。

保护行	A	CK	B	C	CK	D	E	CK	F	保护行

（a）

保护行	C	CK	D	E	CK	F	A	CK	B	保护行

（b）

保护行	E	CK	F	A	CK	B	C	CK	D	保护行

（c）

图 2-7　6 个品系 3 次重复的对比法
（a）重复Ⅰ　（b）重复Ⅱ　（c）重复Ⅲ

保护行	CK	A	B	C	CK	C	B	A	CK	C	A	B	CK	保护行

（a）　　　　　　（b）　　　　　　（c）

图 2-8　3 个品系 3 次重复的随机区组法
（a）重复Ⅰ　（b）重复Ⅱ　（c）重复Ⅲ

④修剪时间和方法：定植修剪离地 15~20cm，第二年春离地 30~35cm，第三年春离地 45~50cm，夏秋梢打顶。

⑤其他管理：施肥一基二追，肥料种类、施肥量和日期可参照当地丰产茶园的管理水平，每个区的施肥量要保持一致。每年一耕三锄，及时防治病虫害。

（4）品种区域性试验　区域性试验简称区试。区试的目的和任务是在不同的生态区域，对茶树新品种的适应性、产量、品质和抗性等进行鉴定，科学、公正、客观地评价其利用价值，茶树无性系选种程序见图 2-9。

①由国家专业机构统一组织：在各类茶区中选择土壤、气候条件及栽培管理水平，茶类结构具有代表性，具有基本试验条件和相应专业技术人员的单位设点，按统一试验设计同时进行。

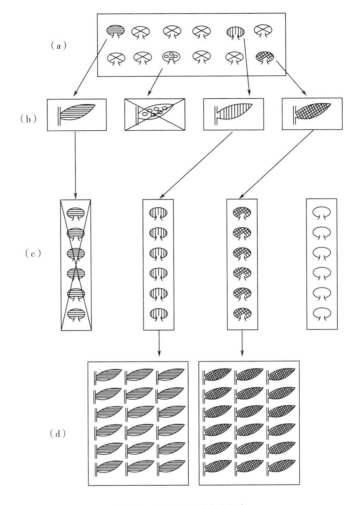

图 2-9　茶树无性系选种程序

（a）第 1 年从原始群体中选择优良单株　（b）第 2~3 年分株初步繁育

（c）第 3~10 年品系比较和区域性试验（右第 1 列为对照品种）　（d）10 年以后

②一般在品系比较试验基础上进行：区域性试验时不需再种已淘汰的品系。茶树是多年生木本作物，为了缩短年限，也可适当提早布置。这是一个时间与空间之间如何平衡的问题。如果在品系比较试验之后进行区域性试验，时间至少要延长 6 年以上。如果品系比较试验和区域性试验同时进行，则无法淘汰不好的品系，各区试点就需要更多的土地、人力和资金。

③试验分国家和省（区、市）两级：按《国家茶树品种区域试验实施细则》规定的方法鉴定供试品种的物候期、产量、品质和抗性（遇灾害随时鉴定），连续 6~7 年。对照种、田间设计、管理及观察记载的要求与品系比较试

验相仿。统一布置各试验点，其供试品种、试验设计及观察项目与方法等应统一。

④结束后由区试组织单位提出试验总结报告：对参试品种按照中华人民共和国农业部令 2017 年第 1 号《非主要农作物品种登记办法》的要求进行评价，编写试验总结。

（5）繁育推广　通过品系比较试验和区域性推广试验，如新品系在产量或品质、抗性显著优于对照，或在发芽期、生化成分等方面有突出表现，并向"全国非主要农作物品种登记信息平台"填写相关信息，申请登记。登记受理成功后，按照农业部登记的品种名称，进行繁育推广。

（二）有性系系统选种程序和方法

茶树是异花授粉作物，由于长期异花授粉，有性系品种的纯度比无性系品种要差得多，其产量和品质比无性系品种低。但是，有性系品种的遗传多样性要比无性系品种丰富，适应性和生活力比无性系品种强。因此，有性系选种仍有实用价值，根据茶树的遗传与繁殖特点，有性系选种的方法与程序如下。

1. 选拔优良单株

选拔优良单株的标准和方法与无性系相同，但需调查开花期和结实率等。

2. 采种与育苗

采种与育苗的目的同无性系选种中初步繁殖，供家系比较试验用。从初选单株上分株采收自然授粉的种子，并调查种子的产量和品质，分家系（每个单株上的种子即为一个家系，相当于无性系的株系）播种于苗圃。在自然杂交情况下，每个单株上的种子有可能是不同父本花粉授粉的结果，为了减少由于自然杂交而造成的后代混杂，也可采取人工控制授粉。

调查各家系的出苗率、苗高、主茎粗、分枝数、发芽期、叶色与大小、抗性等。主要性状不良或整齐度差的家系应予以淘汰。

3. 家系比较试验

家系比较试验相当于无性系选种中品系比较试验。将初入选家系的二年生茶苗，进行单株定植，逐年调查其发育期、生长势、产量与品质等。特别要对主要性状的整齐度进行观察，从中选出优良家系。同时，对那些优良家系的母树，进行无性扦插繁殖，为种子生产试验提供足够优良苗木。

4. 种子生产试验

将入选单株的无性后代，按专业采种园的规格进行种植。待进入结实期，鉴定种子生产能力，即鉴定优良单株无性后代的种子生产能力。

5. 家系适应性试验

家系适应性试验相当于无性系选种中区域性试验。将最后入选的优良单株无性后代的种子，在不同生态条件的地区，进行适应性试验，确定优良品种的适应范围。

6. 繁育推广

将优良品种进行品种登记，将入选家系建立采种园，繁育良种种子，进行推广。

任务知识思考

1. 简述茶树有性群体内的个体间变异是由哪些原因造成。
2. 试述选择育种的理论依据。
3. 单株选择法和混合选择法有哪些区别？

任务技能训练一　茶树单株选择训练（三氯甲烷发酵法）

（一）训练目的

鲜叶发酵性能与红茶品质密切相关，三氯甲烷熏蒸一二片嫩叶，就能迅速鉴别发酵性能的优劣，通过实训，让学生掌握如何用三氯甲烷发酵法鉴别茶树品种的适制性。

（二）训练内容

利用三氯甲烷熏蒸茶叶，其分子进入叶内后，使液泡膜具有可渗透性，从而使液泡内的多酚类向原生质扩散，并与多酚氧化酶接触，发生氧化作用，鲜叶的颜色也就逐渐变为红棕色，在一定时间内，可根据变化的深浅和速度来确定其发酵性能的优劣。从而确定入选单株的适制性。

（三）材料与工具

（1）材料　三氯甲烷、可供选择的成龄茶树（当地群体品种或杂交后代）。
（2）工具　卷尺、记载板、铅笔、具塞试管、脱脂棉花、滴管、计时钟。

（四）训练内容与步骤

（1）取具塞试管若干支（每品种5支），管底塞入小团棉花，管外贴上标签编号，用滴管滴入10滴三氯甲烷（约0.5mL），随即加塞放置5min左右，以待三氯甲烷蒸汽充满管内。

（2）取所选单株的一芽二叶上第一叶（即芽下第一叶）5片，分别放入5支试管，立即加塞，平放白瓷盘内。

（3）投叶后每隔15min观察一次，记下变色情况及时间，60min即可观察最终叶色变化情况，并按下列标准定级。多次重复，可初步确定入选单株适制性。

叶色变化情况：

①一级：叶色棕红、均匀明亮，变色速度快，发酵性好。

②二级：叶色金黄，叶背变色较好，叶面呈棕色或棕绿色，发酵性较好。

③三级：叶色黄绿，变色速度慢，发酵性差。

（4）注意事项

①芽叶嫩度要一致，芽叶上不带雨水或露水，最好选晴天进行。

②同一批单株比较，应基本控制在相同气温条件下，一般在30℃下测定结果较稳定。

③所用试管不能有裂缝，防止三氯甲烷挥发。

④各容器内加入的三氯甲烷量应相等，且叶片不能与液态三氯甲烷接触。

（五）训练课业

按要求进行观察并编写实训报告。

（六）考核评价

训练结果按表2-11进行考核评价。

表 2-11　　茶树单株选择训练（三氯甲烷发酵法）考核评价表

考核内容	评分标准	成绩/分	考核方法
材料与工具准备	材料与工具准备充分，能保质保量完成训练（20分）		每个考核要点根据训练情况按评分标准酌情评分
测定操作	测定方法正确，操作规范，测定结果准确（50分）		
实训报告	报告结构完整，各项内容技术要点、注意事项总结全面（30分）		
总成绩			

任务三　茶树有性杂交育种

任务目标

1. 知识目标

（1）了解有性杂交育种的类别和意义。

（2）了解有性杂交亲本的选择和选配。

（3）了解茶树开花与结实习性。

（4）掌握杂交育种的方式和方法。

2. 能力目标

学会茶树授粉技术。

任务导入

有性杂交的目的是获得基因重组所产生的优良单株，即把两个或更多亲本品种的理想基因，结合于同一杂种个体内，以便培育出具有多个亲本的综合优良性状的新品种。杂交育种是茶树培养新品种的主要途径，是近代育种工作最重要的方法之一。

任务知识

知识点一　有性杂交育种的类别和意义

（一）有性杂交育种的类别

1. 近缘杂交和远缘杂交育种

根据参与杂交亲本亲缘关系的远近，杂交育种可分为近缘杂交和远缘杂交育种。

2. 有性杂交和无性杂交育种

按杂交性质不同，又可分为有性杂交和无性杂交育种。无性杂交育种是用现代生物技术将体细胞融合而形成杂交育种的方法，它不涉及配子之间的结合。

3. 自然杂交和人工杂交育种

按杂交方式分，可将杂交分为自然杂交和人工杂交。自然杂交又称天然杂交，是指基因型不同的亲本在自然状态下的交配。如浙农 12、迎霜、福云 6 号等品种都是从云南大叶种与福鼎大白茶的自然杂交后代中选育而成的。人工杂交是用人工授粉使母本卵子受精的杂交方法。如蜀永 2 号是以四川中叶种为母本，云南大叶种为父本，经人工杂交而成的。

（二）有性杂交育种的意义

1. 创造新品种、新类型的重要手段

杂交引起基因重组，双亲控制优良性状的基因可组合到后代，产生加性效应，并利用某些基因互作，形成超亲新个体。也可以将野生资源中适应性和抗病虫性强的优良特性转入到栽培品种中，为培育选择人类需要的新品种提供遗传基础。

2. 生物进化的重要方式

自然界通过生物群体间的天然杂交而产生变异，成为自然选择和生物进化的物质基础。人类通过人工杂交和选择，有意识地将不同亲本的理想基因组合一起，创造新的种质资源，选育前所未有的优良新品种，更具有重大的创造性意义。

3. 研究遗传理论的重要方法之一

在豌豆杂交试验中发现了遗传因子（基因）自由分离和独立分配规律；香豌豆的杂交试验中发现了连锁遗传现象；紫茉莉杂交中发现了细胞质遗传（母性遗传）；杂交亲和性可为分类提供依据，是研究遗传理论的重要方法之一。

知识点二　杂交方式

（一）两亲杂交

两亲杂交是指参加杂交的亲本只有两个，又称为成对杂交或单交。两亲杂交可以互为父母本，因此，有正反交之分。正反交是相对存在的，如 A×B 为正交，则 B×A 为反交。如果育种目标的性状不受细胞质基因控制，正交和反交的育种效果相同。习惯上常以优良性状较多的亲本或地方品种作为母本，而当栽培品种与野生或半栽培类型杂交时，多以栽培品种作母本。

两亲杂交只进行一次杂交，简单易行，育种时间短，杂种后代群体的规模相对较小，在多年生茶树有性杂交中被普遍采用。当 A、B 两个亲本的性状基本上能符合育种目标，优缺点可以相互补偿时，便可采用两亲杂交方式。

（二）多亲杂交

多亲杂交是指 3 个或 3 个以上的亲本参加的杂交，又称复合杂交或复交。多亲杂交与单亲杂交相比，最大优点是能将分散于多个亲本上的优良性状综合于杂种之中。但在多年生茶树中运用多亲杂交，育种年限会很长，所以较少采用。多亲杂交根据参加杂交的亲本次序不同又可分为添加杂交和合成杂交。

1. 添加杂交

添加杂交指多个亲本逐个参与杂交的方式，如（A×B）×C，是指 A 材料与 B 材料的杂交后代再和 C 材料杂交。每杂交一次添入一个亲本，添加的亲本越多，杂种综合优良性状也越多。但每增加一个有性世代，育种年限就要相应延长。如台茶 14 号是黄柑和 Kyang 的杂种一代（台农 938）与白毛猴杂交而成

（图 2-10）。杂交的各亲本在杂种核遗传物质所占的比例因参加交配的次序而异。黄柑和 Kyang 各占 1/4，而白毛猴占 1/2，即早期参加杂交的亲本，在杂种核遗传组成中所占比例较小。因此，如何安排亲本的组合方式和在杂交中的先后次序是很重要的问题。这需要考虑各亲本的优缺点、性状互补的可能性，以及期望各亲本的核遗传物质在后代中所占的比例等。一般先将遗传力高的性状进行亲本组配，而把综合性状较好的亲本安排在最后一次杂交。

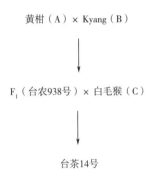

黄柑（A）× Kyang（B）

↓

F₁（台农938号）× 白毛猴（C）

↓

台茶14号

图 2-10　添加杂交示意图

2. 合成杂交

合成杂交是指参加杂交的亲本先配成单交种，然后将两个单交种杂交。如（A×B）×（C×D）或（A×B）×（A×C）等组配方式。在（A×B）×（C×D）组配中是指 A 材料与 B 材料的单交种再和 C 材料与 D 材料的单交种杂交，如台茶 16 是大叶乌龙和 Kyang 的杂种一代（台农 335）与台茶 20 和白毛猴的杂种一代（台农 1958）杂交而成（图 2-11）。有时为了加强杂交后代内某一亲本性状，可以将该亲本重复参加杂交。例如（A×B）×（A×C）的组配方式，则 A 的核遗传组成在杂种中占 1/2。

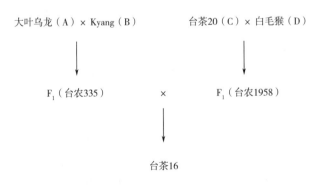

图 2-11　合成杂交示意图

3. 多父本授粉

多父本授粉指用一个以上父本品种的混合花粉授给一个母本品种的方式。方法是将母本种植在若干选定的父本之间，任其自由授粉。也可采用人工授粉的方法。这种方法简单易行，在一个母本品种上同时可得到多个单交组合。

4. 回交

杂交第一代及其以后世代与其亲本之一再进行杂交称回交。采用回交育成新品种的方法称回交育种。格鲁吉亚 1 号即是印度种与中国种的杂种一代再与中国种回交育成的（图 2-12）。该品种表现了中国种的耐寒特性。

中国种 × 印度种

F_1（印中杂种）× 中国种

格鲁吉亚1号

图 2-12　回交示意图

用印度茶与滇缅茶杂交，然后 F_1 与滇缅茶回交，已成功地培育出生产上利用的 TV_{24} 无性系品种。用日本茶与茶梅进行种间杂交所获得的茶梅茶，其抗寒性、抗病虫性大大提高，但成茶品质不佳。据研究认为，该杂种与茶树经过几代回交后，可望育出抗病、抗寒都出色的新品种。

回交育种是改进品种个别不良性状的一种方法。当 A 品种综合性状良好，而个别性状有欠缺时，可选择在这些（各）性状上具有良好表现的 B 品种与 A 品种杂交，F_1 及以后各代仍用 A 品种进行一系列回交和选择，准备改进的性状（即 B 品种表现良好，A 品种有欠缺的性状）借选择以保持，A 品种原有的优良性状通过回交而恢复。A 品种称为轮回亲本。因为是有利性状（目标性状）的接受者，又称为受体亲本。B 品种只参加一次杂交，称为非轮回亲本。它是目标性状的提供者，故又称供体亲本。多次回交使回交后代的性状除要改进的性状外，与轮回亲本基本一致，从回交后代可培育轮回亲本的近等基因系。

知识点三　有性杂交亲本的选择和选配

（一）亲本的选择原则

1. 广泛收集符合育种目标的原始材料，从中精选亲本

根据育种目标尽可能多的搜集种质资源，从中精选具有育种目标性状的材料作亲本。搜集材料丰富，则容易从中选得符合需要的杂交亲本。如果某些目标性状在一般栽培品种中不能找到时，还应该把搜集范围扩大到半栽培类型或野生类型。

2. 亲本应尽可能具有较多的优良性状

亲本的优良性状越多，需要改良的性状越少，越容易选配与之互补的亲本，从而在短期内达到预期的育种目标。否则，就需要采用多亲杂交方式，增加育种工作的复杂性和育种年限。如果亲本带有遗传力很强的不良性状，会对后代性状的改良增加难度。

3. 明确亲本目标性状，分清目标性状主次

目标性状一要具体，二要了解目标性状的构成性状。许多经济性状是由多种构成性状（或称单位性状）合成的复合性状。如茶叶产量是由多、重、快、长等单位性状所构成的复合性状，茶叶品质是由色、香、味、形等单位性状所构成的复合性状等。根据构成性状进行选择比由它们构成的复合性状进行选择更具有操作性，选择效果更好。

4. 重视选用地方品种

地方品种是经过当地长期自然选择和人工选择的产物，对当地的自然条件和栽培条件有良好的适应性。很多茶叶产品受欢迎的程度与当地的消费习惯有关。如福建、台湾喜喝用乌龙茶品种加工的乌龙茶，江、浙、皖一带偏爱中、小叶品种制作的绿茶。所以，用地方品种作为亲本选育的品种，在当地适应性强，且容易推广。

5. 亲本一般配合力要高

一般配合力是指某一亲本品种和其他若干品种杂交后，杂种后代在某个数量性状上全部组合的平均表现。一般配合力的高低反映了杂种后代的表现受亲本性状数值的影响大小。亲本优良性状多，缺点少，固然是选择亲本的重要依据，但是，并非所有优良品种都是好的亲本，或好的亲本必是优良品种。一般配合力的高低与品种本身性状的好坏有一定的关系，但两者并非一回事。有时一个本身表现并不突出的品种确是好的亲本，能育出优良品种。

（二）亲本的选配原则

1. 双亲应具有较多的优点，其优、缺点能互补

性状互补是指杂交亲本双方优良性状综合起来应能满足育种目标的要求，亲本之一的优点能克服另一亲本的缺点。双亲互补有两方面的含义：一是不同性状的互补；二是构成同一性状的不同单位性状的互补。

2. 选用不同生态型的亲本配组

不同生态型、不同地理来源和不同亲缘关系的品种，由于亲本间遗传差异大，杂交后代的分离比较广，易选出性状超越亲本和适应性比较强的新品种。利用外地不同生态类型的品种作为亲本，引进新种质，可以克服双亲都是当地推广品种的某些局限性或缺点。

3. 以具有较多优良性状的亲本作为母本

由于母本细胞质对后代的影响，后代性状较多倾向于母本。为了使细胞质基因控制的有用性状也得到利用，一般以具有较多优良性状的亲本作为母本。另外，当栽培品种与野生类型杂交时，通常用栽培品种作为母本；本地品种与外地品种杂交时，多以本地品种作为母本也是这个道理。

4. 用一般配合力高的亲本配组

选择一般配合力高的亲本配组有可能育成超亲的品种。应该借鉴前人的经验，了解杂交育种中常用的亲本品种（这些品种的一般配合力较高），选择那些最符合育种目标的亲本材料。从福鼎大白茶与云南大叶种的自然杂交后代中选育出一系列新品种。

5. 注意父、母本的开花期

如果双亲花期不遇，则用开花晚的材料作母本，因为花粉可在低温、干燥的条件下储藏一段时间，等晚开花的母本开花后再授粉。

（三）杂交前准备

根据育种目标制定相应的杂交工作计划，包括杂交组合数、配组方式、父本母本的确定、是否进行正反交以及每个杂交组合杂交花数。杂交花数取决于计划培育的杂种株数。

准备必要的杂交用具，如去雄用的镊子、隔离用的套袋、杂交标签、授粉工具、储藏花粉的干燥器和干燥剂、消毒用的酒精等。

（四）花粉采集与储藏

在授粉前1~2d，从父本植株上采集即将开放、花粉呈金黄色的花朵，装入干燥的容器中，携回放置在比较干燥的地方。一般次日花粉就已成熟，可用

毛笔将花粉从花朵上轻轻刷下，除去杂质，收集待用。在有性杂交中，父本花粉生活力的强弱直接影响杂交效果。如果对父本花粉生活力不了解，或者是经储藏后的花粉，有必要对其发芽率进行测定。

（五）隔离

茶树是异花授粉植物，为防止天然异交，必须对母本的花朵进行隔离。隔离时间应在花朵未开放之前进行。因为一旦花朵开放，昆虫就有可能将非父本的花粉授予母本的柱头上。隔离方法分套袋隔离和全株隔离。全株隔离是用网纱制成的框子将母本植株全部罩盖。一株成龄茶树的花一般有数千朵之多，而且花期又较长，不可能对每朵茶花都进行杂交，应选择盛花期开放、着生在短枝上发育良好的花蕾进行隔离，其余花蕾最好摘除，以防止混杂，减少养分消耗，提高杂交结实率。

（六）去雄

茶树虽是异花授粉，但仍有一定自交结实率。原浙江农业大学茶叶系用无性系紫芽种试验证明，自花人工辅助授粉的结实率为 5.8%。由此可见，人工杂交须做去雄处理。茶花去雄是一项费时、费工的细致工作，所以对自花授粉结实率较低的品种，当杂交的目的是为了产生基因重组，创造新品种时，也可免去繁重的去雄工作。去雄的时间一般在母本植株开花前 1~2d。去雄的方法通常是用镊子将花瓣轻轻拨开，仔细钳去雄蕊的花药，既彻底除去雄蕊，又不伤及雌蕊。此外，还有化学去雄和温汤去雄法。这些方法的共同特点是将雄蕊杀死，而雌蕊不受影响。

（七）授粉

去雄后 1~2d，或花朵开放后当天，当柱头分泌出黏液时，花粉易黏着和发芽，为授粉最适宜时期。授粉时间最好在母本盛花期、晴朗无风的上午 8：00~10：00 时进行。8：00 之前，露水太多，10：00 之后，气温较高，阳光较强，柱头黏液容易干燥，花粉不易黏着和发芽。

授粉方法是打开隔离袋或隔离框上的小门，用毛笔蘸着花粉轻轻涂在柱头上，至肉眼可见柱头上有金黄色的花粉。授粉完毕，套上隔离袋或关上小门，挂上标牌。标牌上注明父母本（组合）名称、株号、授粉花数和授粉日期，还应该另备杂交登记表（表 2-12），供以后分析记载，同时可防止遗漏。

表 2-12　　　　　　　　　　　　有性杂交登记表

组合名称：

母本 株号	去雄 日期	授粉 日期	授粉 花数	果实 成熟期	结实数	结实率 /%	有效 种子数	备注

（八）授粉后管理

为防止套袋不严、隔离袋脱落或破损而发生非目的性杂交，保证杂交结果正确可靠，杂交后的最初几天应注意检查。授粉后 1 周左右，花瓣凋萎脱落，柱头呈褐色干缩状，此时即可去掉隔离袋或隔离框，以便受精后的子房在自然条件下正常发育。因为授粉工作是逐日进行的，故去袋也应逐日进行。检查中若发现整个花朵全部凋萎或脱落，表示未受精。

任务知识思考

1. 选择和选配茶树有性杂交亲本应注意哪些原则？
2. 茶树常用的杂交方式有哪些？

任务技能训练

任务技能训练一　茶树人工授粉

（一）训练目的

人工授粉是一种有效的常用育种方法，通过本实验要求初步掌握茶树授粉技术。

（二）训练内容

（1）授粉前的准备工作　亲本选择、隔离、去雄、花粉采集等。

（2）简单杂交授粉操作及后期管理。

（三）材料与工具

（1）材料　不同品种茶树亲本。

（2）工具　杂交箱、玻璃纸袋、纱网、花粉收集瓶、培养皿、毛笔、解剖针、回形针（或大头针）、镊子、纸牌、铅笔、记录本等。

（四）训练内容与步骤

（1）母本选择与隔离　在品种园茶树处于花蕾期时，选择生长健壮的成龄茶树作为母本，并用网纱制成的框子将母本植株全部罩盖，插上竹竿或挂牌作标志。

（2）套袋与去雄　在母本花朵未开放之前选短枝上发育正常的花朵10~20朵，先用镊子或剪刀轻轻将全部花药去掉，然后套上隔离袋。

（3）父本选择及采集花粉　在授粉前1~2d，前往品种园，选择好父本，做好标记，并进行花粉采集。

（4）实施授粉　在去雄后1~2d按要求进行授粉，套上原纸袋，挂上纸牌，注明父本编号、授粉日期等。

（5）授粉后管理　授粉一周后，可去袋检查，如柱头呈褐色干枯状的，则不必再套纸袋。如整个花朵已凋谢者，表明授粉失败。其纸牌应收回保存，便于以后考查。

（6）注意事项

①去雄与授粉工作必须认真细致，否则容易损伤花朵，影响受精率。

②由于同一母本植株的花朵开放时间不同，授粉工作必须逐日进行，所以每天应采收父本花粉，使之保持较高的生活力。

③当授粉工作结束后，应将母本植株上未经杂交处理的花朵和花蕾全部摘除干净，以利杂交幼果的发育，便于调查结实率。

（五）训练课业

（1）按要求完成实训记录及记载观察，并填入表2-13。

（2）完成实训报告。

表 2-13　　　　　　　　　茶树有性杂交调查表

杂交组合：

茶花编号	去雄日期	授粉日期	授粉方法	杂交朵数	受精朵数	受精率/%	结实个数	结实率/%

（六）考核与评价

训练结果按表 2-14 进行考核评价。

表 2-14 茶树授粉考核评价表

考核内容	评分标准	成绩/分	考核方法
材料与工具准备	材料与工具准备充分，能保质保量完成训练（10分）		每个考核要点根据训练情况按评分标准酌情评分
授粉前准备工作	父本选择恰当、处理正确、规范（30分）		
授粉操作	授粉方法正确，操作规范，受精率高（20分）		
记载观察	记载观察数据详细、准确（20分）		
实训报告	报告结构完整，各项内容技术要点、注意事项总结全面（20分）		
总成绩			

任务四 茶树其他育种技术

任务目标

1. 知识目标

（1）了解诱变育种、生物技术育种、分子育种的概念及特点。

（2）了解诱变育种、生物技术育种、分子育种的方法和程序。

（3）掌握基因工程技术、分子标记技术的应用。

2. 能力目标

（1）学会秋水仙素诱导茶树多倍体的方法。

（2）学会组织培养技术产生茶树再生植株的方法。

任务导入

除选择育种、杂交育种方法外，诱变育种、生物技术育种、分子育种等新技术，已在育种工作中广泛运用，对其进行了解，对于指导基层工作者的育种工作有着重要意义。

（任务知识）

知识点一　诱变育种技术

（一）辐射诱变育种

1. 辐射诱变源的种类

辐射诱导属于物理因素诱变。目前常用的辐射种类有 β 粒子、中子、X 射线、γ 射线和紫外线（表 2-15）。

表 2-15　　　　　　　　　　辐射诱变射线种类

微粒辐射	电磁辐射	短波光辐射	宇宙线辐射	地壳辐射
带电粒子（α 射线、β 射线、质子）中性粒子、中子（快中子、慢中子、热中子）	X 射线、γ 射线	紫外线	微粒辐射、电磁辐射	由各种放射性物质产生

2. 辐射诱变的机理

辐射诱变主要是细胞水平上的染色体畸变和分子水平上的基因突变。

（1）染色体畸变　大剂量的射线可直接杀伤迅速增殖的细胞。这主要是由于辐射诱发染色体断裂的结果。染色体对辐射十分敏感，所以，染色体畸变在辐射的遗传效应中占有重要的地位。辐射也会引起染色体数目的改变而出现非整倍体。

（2）基因突变　辐射引起 DNA 的氢键断裂、脱氧核糖与磷酸基之间的磷酸二酯键断裂，在一个键上相邻的胸腺嘧啶碱基之间形成新键，构成二聚物，以及各种交联现象等，从而产生 DNA 结构上的多样性变化。

3. 辐射处理的方法

茶树中应用较多的是 ^{60}Coγ 射线外照射，按照辐射处理的器官组织不同可分为下列几种：

（1）种子照射　可采用干种子、湿种子或萌动种子进行照射。照射种子操作简便，体积小，处理数量多，并易储存和运输。就茶籽辐射处理而言，要求种子生命力强、成熟度和含水量一致。休眠状态的干种子与催芽种子比较，干种子较能避免辐射损伤，要有较高的剂量率。催芽种子往往因催芽处理所造成的复杂因素不易重复，剂量也不好掌握，如不及时播种会在短期内丧失生命力。

（2）营养器官照射　种子发育需要较长时间，采用扦插和种播苗进行照射处理，诱发无性繁殖材料的突变来选育新品种是重要途径之一。

（3）花粉照射　照射的方法有两种：一种是将花粉收集于容器内，经照射后立即授粉，这种方法适用于那些花粉生命力强、寿命长和花粉量大的植物；另一种是直接照射植株上的花粉，这种方法一般仅限于有辐射圃设备的单位，可以进行田间照射。茶树在这方面研究很少。

（二）化学诱变育种

化学诱变育种是指采用化学诱变剂处理植物材料，诱发植物遗传物质发生突变，进而引起特征、特性的变异，然后根据育种目标，对这些变异进行鉴定、培育和选择，最后育成新品种的途径。化学诱变剂，由于成本低和应用方便，应用日益增多。特别是物理和化学因子复合处理进行诱变育种，诱变频率提高，给化学诱变育种带来了更多的机遇。

1. 常用化学诱变剂及作用机理

化学诱变剂主要有烷化剂类、核酸碱基类似物、简单有机化合物、简单无机化合物、抗生素、生物碱等。主要作用机理是使 DNA 或 RNA 分子结构发生变化，从而导致复制或转录过程中遗传密码的改变，进而发生变异。

2. 化学诱变方法

（1）浸渍法　将试剂按浓度要求配制成溶液，将试材浸渍于溶液中，经一段时间处理后，用清水冲洗。此法常用于种子、接穗、插条等试材的处理，也可用于浸幼苗根。

（2）注入法　将试剂配制好后，用微量注射器将药液注入处理部位。常用于生长点、腋芽及其他有机械组织包裹的部位处理。

（3）涂抹法和滴液法　将试剂溶于羊毛脂、凡士林、琼脂等黏性物质中，取适量涂于试材处理部位，或将脱脂棉球放于处理部位后，定期滴加药液。此法多用于生长点、芽、腋芽等试材处理。

（4）熏蒸法　将试材放入密闭潮湿的小室，通入药剂产生的蒸气进行处理，常用于花粉、花药、子房、幼苗等试材。所用的试剂一般是沸点较低的液体或易升华的固体，或用专门装置发生气态诱变剂。

（5）施入法　将试剂加入到培养基中，用于组织和器官培养阶段的处理，或在相对隔离的栽培环境中，施于植株根部。

（三）多倍体育种

1. 多倍体的概念

茶树多倍体育种就是在茶树有性世代或无性世代的某一阶段，用物理的或化学的方法使茶树染色体倍数增加，然后经过选择培育而育成新品种的途径。染色体数目成倍地增加后，就有可能导致产量提高，或品质改进、抗性增强，具有较强的适应能力。如三倍体甜菜、无籽西瓜等多倍体品种的育成，在生产上发挥了巨大的作用。

2. 人工获得多倍体的方法

人工获得多倍体的方法有物理诱变、化学诱变和有性杂交等。在茶树多倍体育种中主要采用化学诱变的方法。

（1）化学试剂诱变多倍体　诱变的化学试剂有秋水仙素、萘嵌戊烷、富民农等。在茶树上应用最多的是秋水仙素。用秋水仙素诱导多倍体的方法很多，在茶树上常使用的有以下3种：

①处理萌动的种子：日本横山俊佑等用秋水仙素处理萌动的茶树种子，获得四倍体茶树。其具体做法是先将茶籽及用具消毒，以免细菌感染发生霉烂，然后将茶籽浸种催芽，待胚根长到 1.0～1.5 cm 长，胚芽长到 2mm 长左右，即可进行处理。

②处理新梢：具体处理方法是将顶芽小心去皮，使分生组织露出，然后用含 0.2%～0.5% 秋水仙素的 1% 琼脂胶囊套住。处理期满后，小心除去胶囊，用清水喷洗，再让它生长。处理后生长的新梢，不断地把处理点以下发生的腋芽摘除，以促进被处理的主茎生长。当顶芽生长到 5～6 片叶时，剪断新梢，进行扦插繁殖。

③处理黄化枝条：经黄化处理（暗处理）后的茶树芽叶同化率和叶绿素含量均降低，含水率较高。在扦插苗主干高 15cm 处，侧枝 5cm 处剪除，并除去其着生的叶和芽，用带有黑色的泥土埋没茶树，灌足水分后，用黑色薄膜盖上，形成黑暗环境。2个月后，主干和枝条会发生黄白色软弱的腋芽，这时除去黑土，用水洗清腋芽（不要损伤芽），然后用秋水仙素进行处理。处理结束后，暂时避免阳光直射，并摘除新发生的腋芽，以促进处理芽的伸长。

（2）物理因素诱变多倍体　物理因素诱变植物成为多倍体有温度激变、机械损伤、电离射线以及离心力等。吕伦道夫（Randolph，L. F.）在 43～45℃ 处理新形成的玉米合子，获得四倍体植株；激烈的温度变化能阻止植物细胞的正常分裂。

（四）诱变育种的方法和程序

1. 材料的选择

正确选择诱变处理的材料是非常重要的，应考虑以下原则。

（1）根据育种目标选择亲本材料，亲本材料应是综合性状优良，只是 1～2 个不好的性状需要改进。因为诱变育种的主要特点之一是它最适宜改变某一品种的个别不利性状（即产生单个基因的突变）。

（2）不同品种或类型其遗传物质存在着差异，它们对诱变因素的敏感性不同，优良变异出现的概率和优良程度都有差别，故在人力、物力等条件许可下，适当多选几个亲本材料进行诱变。

（3）处理部位的选择，应有利于物理或化学诱变剂最大限度地发挥诱变作用，一般选择敏感性强的部位，如芽、生长点、花粉、花药、子房和分生组织等。

2. 诱变剂量的确定

除了根据育种目标和育种研究者的具体条件选择物理或化学诱变剂外，还必须考虑处理的剂量。一般参考过去研究者研究的结果，参比同种植物或相近植物（如同属、同科植物等）的同类器官诱变剂量。一般认为在改良个别性状时，为了减少多发性突变，处理剂量要稍低些；如果期望产生多类型的突变体，供作进一步育种工作需要，应采取较高的剂量，使产生中等损伤。

3. 处理群体大小的确定及后代选择

种子处理的数量，应根据剂量的高低、品种的敏感性大小、繁殖系数的高低、育种目标和人力、物力条件而定。有人提出处理茶籽用量为 $1\sim2kg$。对处理后茶籽所育茶苗，一般生长较弱，无论好坏，应该栽上，以免错失有利变异，影响育种效果。

茶树是能无性繁殖的异花授粉植物，诱变处理无性繁殖材料如枝条、扦插苗所发生的突变是体细胞，由它长成的变异枝条，在无性繁殖条件下能够遗传给后代，不会发生像种子繁殖时常见的分离现象。应抓住在当代选择，进行无性繁殖，保持其变异特性，这样见效快。选择后再行品比、生产示范和区域试验，进一步鉴定其产量、品质、发芽期、抗性等经济性状。鉴定方法与常规育种相同。最后选育出新品种。

在生产中，为了使变异显现出来，应该尽量给予良好的栽培条件，采取修剪顶芽和侧芽的方法，促使其长出更多的侧枝，从中选择有价值的变异枝条进行无性繁殖。

知识点二　生物技术育种

（一）组织与器官培养的概念和应用

1. 组织与器官培养的概念

植物组织与器官培养是建立在植物细胞全能性学说的理论基础上，以无菌操作为核心的现代生物技术的重要组成部分。广义的植物组织细胞培养是指将离体的植物体各种结构（如原生质体、细胞、组织、器官以及幼小植株）在无菌的人工环境中使其生长发育，以获得再生的完整植株或生产具有经济价值的其他生物产品的一种技术。因此，组织培养也称离体培养。根据培养所用植物外植体的种类和培养目的，植物离体培养技术主要有以下类型。

（1）胚胎培养　指以胚及具有胚的器官作为外植体，在离体培养条件下，使其再生完整植株的技术。它包括胚（幼胚、成熟胚）培养、胚乳培养、胚珠培养、子房培养以及试管受精等。

（2）组织培养　这里所指的组织培养是狭义的，指以植物各部分的组织（如分生组织、形成层组织、表皮组织、薄壁组织和各器官的组织）作为外植体的离体培养技术。

（3）器官培养　指以植物的某一器官的全部或部分器官原基作为外植体的离体培养技术。用于器官培养的外植体常有根尖、茎尖、茎段、茎的切块、叶片、花瓣、花蕾、花托、子房、子叶以及未成熟的果实等。它是植物离体培养中进行的种类最多、取得成功事例也最多的一种培养类型。

（4）花粉与花药培养　花粉培养通常是指未成熟花粉作为外植体的离体培养技术。花药培养通常是指以未成熟花药作为外植体的离体培养技术。花粉培养与花药培养应分别属于细胞培养和器官培养的范畴。但因其目的主要是为获得单倍体植株，而且在植物育种中具有特殊作用，所以通常做专门介绍。

（5）细胞培养　指以能保持较好分散性的单细胞或很小的细胞团作为外植体的离体培养技术。

（6）原生质体培养　指以除去细胞壁而获得的原生质体作为外植体的离体培养技术。

（二）组织与器官培养在育种中的应用

1. 扩大变异范围

植物组织细胞培养物与再生植株在遗传物质上并非是同一的。体细胞无性系变异的变异谱及随机性甚广。它包括染色体数目改变、结构变异和基因突变等。通过对突变体的筛选，可获得变异的后代。

2. 克服远缘杂交的一些障碍

利用胚珠和子房培养进行试管授粉和受精，可以克服由于柱头或花柱等障碍所造成的杂交或自交不亲和性。另外，许多远缘杂交的失败，往往是由于胚的早期败育所致。如果在无菌条件下进行幼胚剥离和人工培养，使其继续发育，便有可能获得真正的杂种。

3. 获得体细胞杂种

通过原生质体的培养，经过原生质体的融合途径可以克服部分有性杂交种间的障碍，获得体细胞杂种，可以极大地促进种间或属间甚至科间的广泛杂交。

4. 倍性控制

通过对胚胎、器官及细胞培养，可以实现对再生植株的倍性控制。如三倍体植株可以通过胚乳培养途径而获得；单倍体植株可以通过花药、花粉培养获得。

5. 快速无性繁殖

通过茎尖、茎段培养，对许多名特优新品种（种类）等均可快速形成无性繁殖系。具有快繁周期短、繁殖数量大、不受季节和环境条件的限制、适合进行工厂化生产、防止苗木带病退化等优点。这也是今后茶树繁殖方式的一个发展方向。

6. 获得脱毒苗

利用尚未分化维管束的茎尖或其他分生组织进行离体培养，就有可能获得脱病毒的试管苗。这样就可以使种植的作物不会或极少发生病毒感染。茶树虽然主要以扦插无性繁殖方式繁殖后代，但茶树主要以真菌病害为主，很少感染病毒性病害。

7. 种质资源的保存

利用茎尖及细胞培养结合低温或超低温冷冻储藏来保存种质资源已引起科学家极大重视。茶籽属顽拗型种子，目前还不能用种子长期保存茶树种质资源，种植保存存在不少的缺点，因此，试管保存茶树种质资源其意义更大。

8. 作为外源基因转化的受体系统

随着 DNA 重组技术及外源目的基因的分离、克隆等一系列技术的不断完善，利用植物组织、细胞及原生质体作为受体，通过某种途径和技术将外源目的基因导入植物细胞，经过离体培养使其再生完整植株，便可获得能使外源目的基因稳定表达的转基因植株。茶树在这方面的深入研究，有待组培技术的发展和完善。

（三）培养的步骤与方法

植物组织与器官培养的全过程可分为以下四个阶段。

1. 无菌培养的建立

无菌培养的建立过程包括外植体的选择、灭菌、接种、培养等，此阶段要求培养物无明显的污染，接种的外植体中有适当比例的成活并继续较快地生长。

2. 营养繁殖体的增殖

营养繁殖体增殖阶段的目的是使繁殖体实现最大限度地增殖。增殖的方式主要有 3 种：诱导腋芽发生、诱导产生不定芽、体细胞胚胎发生。

3. 生根

这个阶段的目的是使在第二阶段诱导的无根或根系很弱的新梢形成根系，从而获得完整植株。本阶段还包括对再生的完整植株进行驯化锻炼，使其逐渐适应外界的自然环境。

4. 试管苗移栽大田

在移栽初期，应保持土壤适当的湿度，切忌水分过多，植株出现轻度失水时，可喷雾解决。其次，是如何使其由异养为主转变为完全自养状态，方法是使移栽小苗经过一段生长后，逐渐适应自然光照。

知识点三　分子育种技术

（一）基因工程技术

1. 基因工程的概念

应用人工方法把生物的遗传物质（通常是 DNA）分离出来，在体外进行切割、拼接和重组，然后将重组的 DNA 导入某种宿主细胞或个体，从而改变它们的遗传特性；有时还使新的遗传信息在新的宿主细胞或个体中大量表达，以获得基因产物，这种创造新生物并给予新生物特殊功能的过程就是基因工程，也称 DNA 重组技术。

2. 植物基因工程的方法和步骤

（1）目的基因的获取　方法有从基因文库中获取、利用 PCR 技术扩增和人工合成。

（2）基因表达载体的构建　是基因工程的核心步骤，基因表达载体包括目的基因、启动子、终止子和标记基因等。

（3）将目的基因导入受体细胞　根据受体细胞不同，导入的方法也不一样。将目的基因导入植物细胞的方法有农杆菌转化法、基因枪法和花粉管通道法；将目的基因导入动物细胞最有效的方法是显微注射法；将目的基因导入微生物细胞的方法是感受态细胞法。

（4）目的基因的检测与鉴定　分子水平上的检测：①检测转基因生物染色体的 DNA 是否插入目的基因（DNA 分子杂交技术）；②检测目的基因是否转录出了 mRNA（分子杂交技术）；③检测目的基因是否翻译成蛋白质（抗原-抗体杂交技术）。个体水平上的鉴定：抗虫鉴定、抗病鉴定、活性鉴定等。

3. 基因工程的安全性评价

生物安全是指生物技术从研究、开发、生产到实际应用整个过程的安全性问题。基因工程技术的出现，使人类对有机体的操作能力大大加强，基因可在动物、植物和微生物之间相互转移，甚至可将人工设计合成的基因转入到生物体内进行表达，创造出许多前所未有的新性状、新产品甚至新物种，这就有可能产生人类目前的科技知识水平所不能预见的后果。为此，中华人民共和国国务院发布了《农业转基因生物安全评价管理条例》《农业转基因生物安全评价管理办法》等文件，规范了基因工程育成品种的安全性评价。

（二）分子标记技术

遗传标记是基因型特殊的易识别的表现形式。遗传学中通常将可识别的等位基因称为遗传标记，用来研究基因的遗传和变异规律。遗传标记随着遗传学，特别是基因概念的发展，其范围不断地拓宽，从古老的形态学水平扩展到生理、生化、细胞、发育、病理和免疫等多方面。遗传标记分为形态标记、细胞标记、生化标记和分子标记四种类型。

借助与目标基因紧密连锁的遗传标记基因的基因型分析，鉴定分离群体中含有目标基因的个体，以提高选择效率，即采用标记辅助选择手段，减少育种过程中的盲目性，加快育种的进程，这就是分子标记辅助育种。

分子标记在育种中的应用包括用分子标记进行种质资源分类和遗传多样性分析，杂交育种亲本选择、杂交后代重组个体筛选等育种环节，以及利用 DNA 指纹进行新品种保护。

任务知识思考

1. 诱变育种的原理是什么？
2. 生物技术育种在茶树育种中的应用有哪些？
3. 分子标记辅助选择在茶树育种中有何重要意义？

任务技能训练

任务技能训练一 秋水仙碱诱导茶树多倍体

（一）训练目的

秋水仙碱可抑制细胞分裂时纺锤体的形成，染色体不能分离，细胞分裂过程受阻，出现染色体加倍。通过本实训要求掌握秋水仙碱诱导茶树多倍体的处理技术，为提供育种新材料打基础。

（二）训练内容

（1）实训材料及工具准备。

（2）实训试剂配制，如秋水仙碱溶液、秋水仙碱胶冻。

（3）实训材料的处理。

（4）生长情况观察及成活率记载。

（三）材料与工具

（1）材料

①已催芽的茶籽、幼苗根尖、新梢顶芽或插穗。

②试剂

a. 秋水仙碱溶液：按处理浓度需要的药液量计算用药数量，先配成高浓度的原液，然后再稀释成不同浓度的试液。

b. 秋水仙碱胶冻的配制：按浓度要求先把琼脂置于蒸馏水中加热溶解，另外把秋水仙碱放在冷水中溶解，再把两液混合均匀（注意混合后的浓度恰为所需浓度）。

（2）工具　恒温箱或培养箱、培养皿、滴瓶、脱脂棉、天平。

（四）训练内容与步骤

根据材料不同，分为根部处理、新梢活动芽及种子处理。

（1）茶苗根部处理　小心挖取扦插苗若干株，注意根系完整，洗净泥砂，把茶苗分成若干组（每组不少于 5 株），然后分别把茶苗根部浸入不同浓度的药液中，处理 12h 取出洗净，移入清水中浸 12h 反复 3~6 次。对照处理用清水代替药液，同法进行处理。在试验过程中注意观察根尖的变化，最后在清水中把茶根的药液洗净，把茶苗栽入盆钵或试验地，观察其生长情况。

（2）活动芽及插穗处理

①芽的处理：选取供试验用的茶树，每树选定若干个处于生长活动期的顶芽，可按不同浓度和不同处理时间分组进行处理。一般用点滴法，在芽头上缠以脱脂棉花团，分早、晚两次滴上药液，也可用琼脂混合配制的药液涂抹，需在未凝结时进行涂成环状或囊状，处理部位要保持湿润，不使药液干燥，处理完后，把棉团和琼脂囊除去，以后定期观察芽的生长情况，为促进处理芽的生长，可摘去附近未经处理的芽。

②插穗处理：剪取腋芽饱满并处于萌动的插穗，按不同品种、不同药液浓度、不同处理时间分别进行处理，把插穗浸在药液中，处理完毕后用清水将插穗洗净再插入苗床，记载插穗的成活情况及生长情况。

（3）种子处理　先将茶籽催芽，待其胚芽长出 3~5mm 时，淘汰生长不好的茶籽，选取一定数目的茶籽作处理之用。把催芽后的茶籽移入培养皿，培养皿内垫有净砂或吸水纸，保持湿润。每个培养皿内放茶籽 5~10 粒，按不同浓度分成若干处理组，并设对照处理。先将脱脂棉小心缠住胚芽顶端，按不同浓度把药液滴在棉球上，直到棉球湿润为止。培养皿上贴上标签、注明日期、浓度，然后把处理材料移入恒温箱内，温度控制在 20~25℃，8~12h 检查一次，在整个处理时间内应使棉球始终保持湿润。

处理完毕后，把材料冲洗干净分别播种，并定期检查，记载成活情况及幼苗的性状。

（4）注意事项

①用来诱导多倍体的材料，应选用细胞最活跃的部位如萌动的种子、顶芽、腋芽或根尖等，处理的材料应生长健壮，经济价值高，并要注意处理时的温度条件。

②注意药剂的浓度和处理时间，处理茶树的药液浓度在 0.06%~0.5%，处理种子或成年茶树枝条的浓度可稍高，根部及幼苗的浓度可稍低。处理时间与浓度有关，浓度大、处理时间短；浓度低则时间长。通常依据处理材料完成细胞分裂时期所需的时间决定，每一处理周期与细胞分裂周期相同。

③处理过的材料除观察其形态变化外，最后需经细胞学鉴定，确定其是否已形成多倍体。

（五）训练课业

每人处理茶芽 20 个并定点观察记载及镜检，完成实训报告。

（六）考核评价

训练结果按表 2-16 进行考核评价。

表 2-16　　　　　　秋水仙碱诱导茶树多倍体考核评价表

考核内容	评分标准	成绩/分	考核方法
材料与工具准备	材料与工具准备充分，能保质保量完成训练（20分）		每个考核要点根据训练情况按评分标准酌情评分
材料处理	根据所选材料选择正确的处理方法，操作规范、认真细致，成活率高（60分）		
实训报告	报告结构完整，各项内容技术要点、注意事项总结全面（20分）		
总成绩			

任务技能训练二　茶树组织培养

（一）训练目的

通过学习茶树种子子叶的培养，初步了解组织培养的原理及基本技术，并掌握适宜培养基的选用、配制技术。

（二）训练内容

（1）实训材料与工具准备。

（2）实训试剂配制，如培养基母液、培养基及相关化学试剂。

（3）容器、材料的消毒及接种。

（三）材料与工具

（1）材料

①待培养的茶树种子若干粒。

②药品：$MgSO_4 \cdot 7H_2O$、$CaCl_2 \cdot 2H_2O$、KNO_3、NH_4NO_3、KH_2PO_4、$FeSO_4 \cdot 7H_2O$、Na_2-EDTA、KI、$CoCl \cdot 6H_2O$、$ZnSO_4 \cdot 7H_2O$、$CuSO_4 \cdot 5H_2O$、H_3BO_3、$Na_2MnO_4 \cdot 2H_2O$、甘氨酸6-BA、IBA（吲哚丁酸）、维生素 B_1、维生素 B_6、烟酸、琼脂、KOH、HCl、次氯酸钠溶液、95%乙醇、精密试纸。

（2）工具　超净工作台、培养箱（或培养室）一个、高压灭菌锅一个、电炉、玻璃器皿、弯头镊子、尖头镊子、手术刀、酒精灯、滤纸、防潮纸、橡皮圈等。

（四）训练内容与步骤

（1）培养基母液配制

①母液 I：称取 $MgSO_4 \cdot 7H_2O$ 3.700g、KH_2PO_4 1.700g、KNO_3 19.000g、NH_4NO_3 16.500g，溶于800mL 去离子水中，$CaCl_2 \cdot 2H_2O$ 4.400g 溶于100mL 去离子水中，二者混合、定容至1000mL，混匀置于棕色试剂瓶冷藏保存。

②母液 II：称取 KI 83.6mg、$CoCl_2 \cdot 6H_2O$ 2.5mg、H_3BO_3 620mg、$ZnSO_4 \cdot 7H_2O$ 860mg、$CuSO_4 \cdot 5H_2O$ 2.5mg、$Na_2MoO_4 \cdot 2H_2O$ 250mg，溶于去离子水中，定容至1000mL，混匀，置棕色试剂瓶冷藏保存。

③母液 III：称取 Na_2-EDTA 3.730g 溶于150mL 热去离子水中，$FeSO_4 \cdot 7H_2O$ 27.800g 溶于100mL 去离子水中，定容至1000mL，混匀置棕色试剂瓶冷藏保存。

④母液 IV：称取维生素 $B_1$1mg，维生素 $B_6$5mg，甘氨酸20mg，烟酸 5mg，肌醇1g溶于去离子水中，定容至100mL 混匀，置100mL 棕色试剂瓶冷藏保存。

⑤母液Ⅴ：称取 6-BA 20mg，加少量 0.1mol/L HCl 溶解后加去离子水混匀，定容至 100mL，混匀，置 100mL 棕色试剂瓶冷藏保存。

⑥母液Ⅵ：称取 IBA 20mg，加少量 95%乙醇溶解，然后加去离子水混匀，定容至 100mL，混匀置棕色瓶冷藏保存。

（2）培养基配制

①称取蔗糖 30g，置 1000mL 烧杯中，加入母液Ⅰ 100mL，母液Ⅱ、母液Ⅲ、母液Ⅳ、母液Ⅴ各 10mL，母液Ⅵ 20mL，搅拌使蔗糖充分溶解。

②称取琼脂 5g，置 500mL 三角瓶，加去离子水 300mL 左右，加温至沸，文火使其完全溶解（切勿溢出）。

③将步骤②配制好的琼脂溶液倒入步骤①的母液内充分搅拌，加去离子水定容至 1000mL，倒入烧杯内，用 0.1mol/L HCl 或 0.1mol/L KOH 调至 pH 5.7 左右。

④将步骤③配制的溶液趁热用分注器，注入 500mL 三角瓶内，每瓶 20mL。

⑤用棉花塞将瓶口塞紧，用防潮纸包住棉花塞及瓶颈，然后用橡筋捆紧。

⑥将上述做好的培养基，置高压蒸汽灭菌器内，110~113℃保温 15min。

⑦当压力表降至零时，将培养瓶取出，平置阴凉、干净处。

（3）其他化学试剂配制　0.1mol/L HCl 100mL；0.1mol/L KOH 100mL；饱和次氯酸钙溶液（加少许肥皂水）

（4）消毒及接种

①容器消毒：培养皿直径 10cm 的 10 个（内置滤纸一张），100mL 烧杯 3 个，分别装入牛皮纸袋内，铁夹子封口，置烘箱内 120℃保温 1h，然后移入接种箱中。

②材料消毒及接种

a. 将 4℃下储存 1 周以上新鲜茶果，去除果壳，置于 70%乙醇的烧杯中，浸泡 3min 转入盛有饱和次氯酸钙溶液中，烧杯外部和内部与次氯酸钙未接触处，用浸有乙醇的脱脂棉擦洗后，放入已经消毒过的接种箱（或超净工作台）内。15min 后，用去离子水在无菌烧杯内充分洗净，置无菌培养皿内，备用。

b. 用肥皂将手洗净，用浸有 70%乙醇的脱脂棉将手擦洗一遍，将手伸入培养箱操作。

c. 左手捏住茶籽，右手持无菌尖头镊子，从种脐处挑开茶籽种壳，将胚置于无菌培养皿内，从子叶柄处切除胚轴，将每片子叶切成 4 块，接种在培养基上，封好瓶口。

d. 在 22~30℃，光强 1500lx，光照 12h 的条件下置于培养箱或培养室培养。

③注意事项

a. 接种箱周围环境必须洁净，最好每次使用前用灭菌剂消毒。

b. 防止人身带入杂菌。

c. 操作用的镊子、手术刀最好每操作一次在 70%乙醇溶液中浸泡好，在酒精灯上烤干。

（五）训练课业

认真完成实训操作并编写实训报告。

（六）考核评价

训练结果按表 2-17 进行考核评价。

表 2-17　　　　　茶树组织培养考核评价表

考核内容	评分标准	成绩/分	考核方法
材料与工具准备	材料与工具准备充分，能保质保量完成训练（20分）		每个考核要点根据训练情况按评分标准酌情评分
试剂配置	称取药品正确，配置过程操作规范、认真细致（30分）		
消毒及接种	消毒方法正确，接种过程操作规范、认真细致，接种效果好（30分）		
实训报告	实训报告结构完整，各项内容技术要点、注意事项总结全面（20分）		
总成绩			

任务五　品种登记

任务目标

1. 知识目标
（1）了解品种登记的概念及意义。
（2）了解品种登记机构及其工作内容。
（3）了解目前已登记的茶树品种的基本情况。
（4）掌握茶树品种的登记流程。
2. 能力目标
学会登记茶树品种。

任务导入

做大做强优势特色产业，把地方土特产和小品种做成带动农民增收的大产业，以品种登记为抓手，引导优质、专用、营养品种的选育与推广，为深入推进农业供给侧结构性改革，优化产品产业结构，做大做强优势特色产业以提供品种支撑，满足消费市场对多样化农产品的需求。为此，对地方茶树资源进行选育登记，对丰富茶产业品种资源有着重要意义。

(任务知识)

知识点一　品种登记

（一）品种登记的概念

品种登记是指由种子企业和育种单位自行安排新育成品种的测试，取得满意的数据，报农作物品种管理部门登记后即可进入市场，而不通过行政管理部门组织试验和进行实质审查的品种管理制度。

农业主管部门负责审查种子企业提供的信息和资料是否履行了信息披露，对申请人提交的文件、数据的完备性、有效性进行审查，不进行实质性判断。品种的价值完全由种子使用者去判断，农业主管部门不介入。

（二）品种登记的意义

2015 年 4 月，第十二届全国人大常委会第十四次会议初次审议了《中华人民共和国种子法（修订草案）》第十八条提出：国家建立非主要农作物品种登记制度。《中华人民共和国种子法（修订草案）》第七十四条第三条中规定稻、小麦、玉米、棉花、大豆以及中华人民共和国国务院农业行政主管部门和省、自治区、直辖市人民政府农业行政主管部门各自分别确定的其他 1~2 种农作物为主要农作物外，其他农作物均属非主要农作物，包括蔬菜、果树、茶树、中药材、烟草、食用菌等作物。由于我国非主要农作物品种管理法律依据不足，无专门的审定程序，市场监管困难，建立非主要农作物品种登记制度十分必要。

（三）品种登记机关

2017 年第 4 次常务会议审议通过的《非主要农作物品种登记办法》第五条规定：中华人民共和国农业部主管全国非主要农作物品种登记工作，制定、调整非主要农作物登记目录和品种登记指南，建立全国非主要农作物品种登记信息平台（以下简称品种登记平台），具体工作由全国农业技术推广服务中心承担；第六条规定：省级人民政府农业主管部门负责品种登记的具体实施和监督管理，受理品种登记申请，对申请者提交的申请文件进行书面审查。

（四）茶树品种登记流程

1. 申请者提交申请

（1）申请方式　申请者通过中国种业信息网（http：//www. seedchina. com. cn/），进入全国种子管理综合业务平台，实名注册后登录非主要农作物品种登记管理系统，提交申请。

（2）申请材料　对新培育的茶树品种，申请者应当按照《非主要农作物品种登记指南》的要求提交以下材料：

①申请表；

②品种特性、育种过程等的说明材料；

③特异性、一致性、稳定性测试报告；

④种子、植株及果实等实物彩色照片；

⑤品种权人的书面同意材料；

⑥品种和申请材料合法性、真实性承诺书。

《非主要农作物品种登记办法》实施前已审定或者已销售种植的茶树品种，申请者可以按照品种登记指南的要求，提交申请表、品种生产销售应用情况或者品种特异性、一致性、稳定性说明材料，申请品种登记。

对原审定茶树品种只提交申请表（表2-18）；已销售茶树品种提交申请表、推广应用证明、销售发票、DUS说明材料。

表2-18　　　　　　　非主要农作物品种登记申请表

品种名称		品种来源	
申请者			
邮政编码		地址	
联系人		手机号码	
固定电话		传真号码	
电子邮箱			
育种者			
邮政编码		地址	
联系人		手机号码	
固定电话		传真号码	
电子邮箱			
申请日期			
备注			

注："品种来源"一栏填写品种亲本（或组合），在生产上已大面积推广的地方种或来源不明确的品种要标明。

续表 2-18　选育方式：□自主选育/□合作选育/□境外引进/□其他

一、育种过程（包括亲本名称、选育方法、选育过程等）						
二、品种特性						
1. 种类	□茶（*Camellia sinensis*）　　□阿萨姆茶（*C. sinensis* var. *assamica*） □白毛茶（*C. sinensis* var. *pubilimba*）　　□其他_____					
2. 产量/（kg/亩）						
第 1 生长周期		比对照/%		对照名称		对照产量	
第 2 生长周期		比对照/%		对照名称		对照产量	
3. 品质						
适制茶类	□绿茶　□红茶　□乌龙茶　□黑茶　□白茶　□黄茶　□其他_____					
茶多酚/%		氨基酸/%		咖啡碱/%		水浸出物/%	
感官审评描述						
4. 抗病虫性						
5. 抗寒（旱）性（描述）						
6. 转基因成分	□不含有　□含有					
三、适宜种植区域及季节						
四、特异性、一致性和稳定性主要测试性状						
生长势		树形		树姿			
分枝密度		枝条分支部位		新梢一芽一叶始期			
新梢一芽二叶期第 2 叶颜色		新梢一芽三叶长		新梢芽茸毛			
新梢芽茸毛密度		新梢叶柄基部花青苷显色		叶片着生姿态			
叶片长度		叶片宽度		叶片形状			
花萼外部茸毛		子房茸毛		百芽重			
其他性状						
五、栽培技术要点：						
六、注意事项（包括品种主要优点、缺陷、风险及防范措施等）：						

续表

七、申请者意见：
公　章 年　月　日
八、育种者意见：
公　章 年　月　日
九、真实性承诺： 　　_____（品种名称）　　为　　（育种者）　　选育的茶树品种，该品种不含有转基因成分。本单位（本人）知悉该品种登记申请材料内容，并保证填报的登记申请材料真实、准确，并承担由此产生的全部法律责任。 申请者（公章） 年　月　日

注：1. 多项选择的，在相应□内划√。

2. 申请者、育种者为两家及以上的，需同时盖章。

3. 育种者不明的，可不填写育种者意见。

4. 申请表统一用 A4 纸打印。

5. 一亩为 667m^2。

2. 省级审查

（1）受理审查　省级农业主管部门负责受理品种登记申请。

（2）书面审查　省级农业主管部门在 20 个工作日内对提交的申请材料进行书面审查，符合要求的，将审查意见报农业部，并通知申请者提交茶树苗木样品。经审查不符合要求的，书面通知申请者并说明理由。

3. 申请者提交样品

申请者接到通知后，应及时提交苗木样品。

（1）中小叶种茶树苗木样品提交到如下地址：

中国农业科学院茶叶研究所　国家种质杭州茶树圃

（2）大叶种茶树苗木样品提交到如下地址：

云南省农业科学院茶叶研究所　国家种质勐海茶树分圃

注：在提交苗木样品时，务必先在登记系统上填写苗木样品清单（表 2-19）并下载打印，签字盖章，和苗木样品一同寄送到相应种质库。

国家种质茶树圃收到苗木样品后，在 20 个工作日内确定样品是否符合要求，并为申请者提供回执单。

表 2-19　　　　　　　　　　　　茶树苗木样品清单

序号	作物种类	品种名称	父本名称	母本名称	产地	生产年份	申请者	育种者	座机	手机	邮箱

本单位（本人）确认并保证上述提交样品的真实性和样品信息的准确性，并承担由此产生的全部法律责任。

申请者（公章）

年　　月　　日

4. 全国农技中心复核

全国农业技术推广服务中心收到省级人民政府农业主管部门的审查意见之日起 20 个工作日内进行复核。对符合规定并按规定提交种子样品的，形成复核意见上报农业部种子管理局。

5. 农业部种子局审核报批

农业部种子管理局品种管理处签收全国农技中心报送复核合格材料，在种子管理局网站公示 10 个工作日。公示无异议品种，报主管部长审签，予以登记公告，颁发登记证书。

6. 申请人领取登记证书

登记证书领取方式如下：

（1）申请人带齐身份证原件、复印件和单位介绍信直接到审批大厅领取；

（2）申请人邮寄身份证复印件、单位介绍信到审批大厅，审批大厅签收后，寄送登记证书给申请者。

（五）与品种登记制度相配套的措施

1. 品种缺陷的侵权责任

确立登记品种缺陷的责任主体，登记品种在农业生产中因品种自身缺陷或适宜性导致种子使用者损失的，种子生产经营者应成为损失的责任主体。而属于品种权人的责任，应由种子生产经营者确认，并按民事追诉。

2. 缺陷种子的召回制度

《关于推进种子管理体制改革加强市场监管的意见》（国办发〔2006〕40号）明确指出：要逐步建立"缺陷种子召回制度"。种子经营企业发现销售的种子有问题，应积极采取措施，及时召回问题种子，尽可能减少对农业生产的危害。不及时采取措施导致的农业生产损失，种子生产经营者应承担侵权责任。

3. 登记品种的退出制度

加强品种登记后的规范化管理，通过市场机制淘汰不适应的品种，生产使用中有不可克服的缺陷，品种种性退化的品种应要求其退出，并由原公告部门发布公告，停止使用。

4. 完善相关法律法规和司法解释

加强对《中华人民共和国消费者权益保护法》《中华人民共和国侵权法》及相关救济法律法规和司法解释的完善，通过损害赔偿制度、产品质量制度的建立和完善，辅助治理种业市场，保证非主要农作物品种登记制度的良好实施。

任务知识思考

1. 茶树品种登记的流程有哪些？
2. 目前已登记的茶树品种有哪些？

附录一　茶树主要病虫害的防治指标、防治适期及推荐使用药剂

病虫害名称	防治指标	防治适期	推荐使用药剂
茶尺蠖	成龄投产茶园：幼虫量 7 头/m² 以上	喷施茶尺蠖病毒制剂应掌握在 1 龄~2 龄幼虫期，喷施化学农药或植物源农药掌握在 3 龄前幼虫期	茶尺蠖病毒制剂、鱼藤酮、苦参碱、联苯菊酯、氯氰菊酯、溴氰菊酯、除虫脲、曲虫威、阿立卡
茶黑毒蛾	第一代幼虫量 4 头/m² 以上；第二代幼虫量 7 头/m² 以上	3 龄前幼虫期	Bt 制剂、苦参碱、溴氰菊酯、氯氰菊酯、联苯菊酯、除虫脲、站虫威、阿立卡、溴虫睛
假眼小绿叶蝉	第一峰百叶虫量超过 6 头或虫量超过 15 头/m²；第二峰百叶虫量超过 12 头或虫量超过 27 头/m²	施药适期掌握在入峰后（高峰前期），且若虫占总量的80%以上	白僵菌制剂、鱼藤酮、杀螟丹、联苯菊酯、氯氰菊酯、三氟氯氰菊酯、溴虫睛、站虫威
茶橙瘿螨	叶面积有虫 3 ~ 4 头/cm²，或指数值6~8	发生高峰期以前，一般为5月中旬至6月上旬、8月下旬至9月上旬	克螨特、四螨嗪、溴虫腊
茶丽纹象甲	成龄投产茶园虫量在 15 头/m² 以上	成虫出土盛末期	白僵菌、杀螟丹、联苯菊酯、前虫威、阿立卡
茶毛虫	百丛卵块 5 个以上	3 龄前幼虫期	茶毛虫病毒制剂、Bt 制剂、溴氰菊酯、氯简菊酯、除虫脲、溴虫腊、站虫威

续表

病虫害名称	防治指标	防治适期	推荐使用药剂
黑刺粉虱	小叶种 2~3 头/叶，大叶种 4~7 头/叶	卵孵化盛末期	粉虱真菌、漠虫腊
茶蜘	有蚂芽梢率 4%~5%，芽下二叶有蚂叶上平均虫口 20 头	发生高峰期，一般为 5 月上中旬和 9 月下旬至 10 月中旬	漠氧菊酯、荀虫威
茶小卷叶蛾	1、2 代，采摘前，茶丛幼虫数 8 头/m² 以上；3、4 代幼虫量 15 头/m² 以上	1、2 龄幼虫期	漠气菊酯、三氟氯气菊酯、氯氰菊酯、站虫威
茶细蛾	百芽梢有虫 7 头以上	潜叶、卷边期（1 龄~3 龄幼虫期）	苦参碱、漠氧菊酯、三氟氯氰菊酯、氯氰菊酯、站虫威
茶刺蛾	幼虫数幼龄茶园 10 头/m²、成龄茶园 15 头/m²	2、3 龄幼虫期	参照茶尺蠖
茶芽枯病	叶罹病率 4%~6%	春茶初期，老叶发病率 4%~6% 时	石灰半量式波尔多液、甲基托布津
茶白星病	叶罹病率 6%	春茶期，气温在 16~24℃，相对湿度 80% 以上；或叶发病率>6%	石灰半量式波尔多液、甲基托布津
茶饼病	芽梢罹病率 35%	春、秋季发病期，5d 中有 3d 上午日照<3 小时，或降水量>2.5~5mm；芽梢发病率>35%	石灰半量式波尔多液、多抗霉素、百菌清
茶云纹叶枯病	叶罹病率 44%；成老叶罹病率 10%~15%	6 月、8~9 月发生盛期，气温>28℃，相对湿度>80% 或叶发病率 10%~15% 施药防治	石灰半量式波尔多液、甲基托布津

附录二　茶园可使用的农药品种及其安全使用标准

农药品种	使用剂量/（g/亩）或（mL/亩）	稀释倍数	安全间隔期/d	施药方法、每季最多使用次数
2.5%三氟氯氰菊酯乳油	12.5～20	4000～6000	5	喷雾1次
2.5%联苯菊酯乳油	12.5～25	3000～6000	6	喷雾1次
10%氯氰菊酯乳油	12.5～20	4000～6000	7	喷雾1次
2.5%溴氰菊酯乳油	12.5～20	4000～6000	5	喷雾1次
20%四螨嗪悬浮剂	50～75	1000	10*	喷雾1次
15%站虫威乳油	12～18	2500～3000	10～14	喷雾
24%溴虫腈悬浮剂	25～30	1500～1800	7	喷雾
22%噻虫嗪高效氯氟氰菊酯微囊悬浮剂（阿立卡）	8～10	6000	7	喷雾
0.5%苦参碱乳油	75	1000	7*	喷雾
2.5%鱼藤酮乳油	150～250	300～500	7	喷雾
20%除虫脲悬浮剂	20	2000	7～10	喷雾1次
99%矿物油乳油	300～500	150～200	5*	喷雾1次
Bt制剂（1600国际单位）	75	1000	3*	喷雾1次
茶尺蠖病毒制剂/（0.2×10⁹ PIB/mL）	50	1000	3*	喷雾1次
茶毛虫病毒制剂/（0.2×10⁹ PIB/mL）	50	1000	3*	喷雾1次
白僵菌制剂/（100亿孢子/g）	100	500	3*	喷雾1次
粉虱真菌制剂/（10亿孢子/g）	100	200	3*	喷雾1次
45%晶体石硫合剂	300～500	150～200	封园防治；采摘期不宜使用	喷雾
石灰半量式波尔多液/0.6%	75000	—	采摘期不宜使用	喷雾
75%百菌清可湿性粉剂	75～100	800～1000	10	喷雾
70%甲基托布津可湿性粉剂	50～75	1000～1500	10	喷雾

*表示暂时执行的标准。

附录三 茶叶种植禁止使用农药清单 (2019 年)

一、国家明令禁止使用的农药（46 种）

六六六、滴滴涕、毒杀芬、二溴氯丙烷、杀虫脒、二溴乙烷、除草醚、艾氏剂、狄氏剂、汞制剂、砷类、铅类、敌枯双、氟乙酰胺、甘氟、毒鼠强、氟乙酸钠、毒鼠硅、甲胺磷、对硫磷、甲基对硫磷、久效磷、磷胺、苯线磷、地虫硫磷、甲基硫环磷、磷化钙、磷化镁、磷化锌、硫线磷、蝇毒磷、治螟磷、特丁硫磷、氯磺隆、胺苯磺隆、甲磺隆、福美胂、福美甲胂、三氯杀螨醇、林丹、硫丹、溴甲烷、氟虫胺、杀扑磷、百草枯、2，4-滴丁酯。

注：氟虫胺自 2020 年 1 月 1 日起禁止使用。百草枯可溶胶剂自 2020 年 9 月 26 日起禁止使用。2，4-滴丁酯自 2023 年 1 月 29 日起禁止使用。溴甲烷可用于"检疫熏蒸处理"。杀扑磷已无制剂登记。

百草枯水剂（自 2016 年 7 月 1 日执行）。

毒死蜱（自 2016 年 12 月 31 日起执行）。

胺苯磺隆复配制剂、甲磺隆复配制剂（自 2017 年 7 月 1 日执行）。

二、国家明令在茶树上禁止使用的农药（16 种）

甲拌磷、甲基异柳磷、内吸磷、克百威、涕灭威、灭线磷、硫环磷、氯唑磷、三氯杀螨醇、氰戊菊酯、硫丹、灭多威、氟虫腈。

杀扑磷、氯化苦、溴甲烷（全国自 2015 年 10 月 1 日起执行）。

三、贵州省茶园禁用的农药（63 种，参照欧盟及日本等地茶园禁用情况）

阿维菌素、草甘膦、草铵膦（磷）、氧化乐果、水胺硫磷、辛硫磷、多菌灵、溴氰菊酯、三唑磷、敌百虫、杀虫单、杀虫双、杀虫环、氯丹、异丙威、敌敌畏、杀螟硫磷、甲氰菊酯、盐酸吗啉胍、灭幼脲、丙溴磷、恶霜灵、敌磺钠、乙硫磷、杀草强、唑硫酸、硫菌灵、六氯苯、杀螟丹、喹硫磷、溴螨酯、氯唑磷、定虫隆、嘧啶磷、敌菌灵、有效霉素、甲基胂酸、灭锈胺、苯噻草胺、异丙甲草胺、扑草净、丁草胺、稀禾定、吡氟禾草灵、吡氟氯禾灵、恶唑禾草灵、喹禾灵、氟磺胺草醚、三氟羧草醚、氯炔草灵、灭草猛、哌草丹、野草枯、氰草津、莠灭净、环嗪酮、乙羧氟草醚、草除灵、2、4、5-涕、氟节胺，抑芽唑、蜗螺杀、乙拌磷、乙烯利。

附录四　茶叶农残限量标准对比

（参照 GB 2763.1—2018、GB 2763—2016、GB 2763—2014）

序号	农药名	2018 版限量/（mg/kg）	2016 版限量/（mg/kg）	2014 版限量/（mg/kg）
1	苯醚甲环唑	10	10	10
2	吡虫啉	0.5	0.5	0.5
3	吡蚜酮	2	2	—
4	草铵膦	0.5	0.5	0.5
5	草甘膦	1	1	1
6	虫螨腈	20	20	—
7	除虫脲	20	20	20
8	哒螨灵	5	5	5
9	敌百虫	2	2	—
10	丁醚脲	5	5	5
11	啶虫脒	10	10	—
12	多菌灵	5	5	5
13	氟氯氰菊酯和高效氟氯氰菊酯（异构体总和）	1	1	1
14	氟氰戊菊酯	20	20	20
15	甲胺磷	0.05	0.05	—
16	甲拌磷	0.01	0.01	—
17	甲基对硫磷	0.02	0.02	—
18	甲基硫环磷	0.03	0.03	—
19	甲氰菊酯	5	5	5
20	克百威	0.05	0.05	—
21	喹螨醚	15	15	15
22	联苯菊酯	5	5	5
23	硫丹	10	10	10
24	硫环磷	0.03	0.03	—
25	氯氟氰菊酯和高效氯氟氰菊酯	15	15	15
26	氯菊酯	20	20	20

续表

序号	农药名	2018 版限量/ （mg/kg）	2016 版限量/ （mg/kg）	2014 版限量/ （mg/kg）
27	氯氰菊酯和高效氯氰菊酯	20	20	20
28	氯噻啉	3	3	3
29	氯唑磷	0.01	0.01	—
30	灭多威	0.2	0.2	3
31	灭线磷	0.05	0.05	—
32	内吸磷	0.05	0.05	—
33	氰戊菊酯和 S-氰戊菊酯	0.1	0.1	—
34	噻虫嗪	10	10	10
35	噻螨酮	15	15	15
36	噻嗪酮	10	10	10
37	三氯杀螨醇	0.2	0.2	—
38	杀螟丹	20	20	20
39	杀螟硫磷	0.5	0.5	0.5
40	水胺硫磷	0.05	0.05	—
41	特丁硫磷	0.01	0.01	—
42	辛硫磷	0.2	0.2	—
43	溴氰菊酯	10	10	10
44	氧乐果	0.05	0.05	—
45	乙酰甲胺磷	0.1	0.1	0.1
46	茚虫威	5	5	—
47	滴滴涕	0.2	0.2	0.2
48	六六六	0.2	0.2	0.2
49	百草枯	0.2		
50	乙螨唑	15		

附录五 茶叶农残限量标准 2019 新增清单

（参照 GB 2763—2019《食品安全国家标准 食品中农药最大残留限量》；2020 年 2 月 15 日开始实施）

序号	农药中文通用名称	农药英文通用名称	残留物	最大残留限量/（mg/kg）
1	百菌清	chlorothalonil	百菌清	10
2	吡唑醚菌酯	pyraclostrobin	吡唑醚菌酯	10
3	丙溴磷	profenofos	丙溴磷	0.5
4	毒死蜱	chlorpyrifos	毒死蜱	2
5	呋虫胺	dinotefuran	呋虫胺	20
6	氟虫脲	flufenoxuron	氟虫脲	20
7	甲氨基阿维菌素苯甲酸盐	emamectin benzoate	甲氨基阿维菌素 B1a	0.5
8	甲萘威	carbaryl	甲萘威	5
9	醚菊酯	etofenprox	醚菊酯	50
10	噻虫胺	clothianidin	噻虫胺	10
11	噻虫啉	thiacloprid	噻虫啉	10
12	西玛津	simazine	西玛津	0.05
13	印楝素	azadirachtin	印楝素	1
14	莠去津	atrazine	莠去津	0.1
15	唑虫酰胺	tolfenpyrad	唑虫酰胺	50

参考文献

[1]骆耀平. 茶树栽培学[M]. 北京：中国农业出版社, 2015.

[2]蔡烈伟. 茶树栽培技术[M]. 北京：中国农业出版社, 2014.

[3]江昌俊. 茶树育种学[M]. 2版. 北京：中国农业出版社, 2011.

[4]田景涛, 潘俊青. 无公害茶树栽培技术[M]. 北京：中国农业出版社, 2013.

[5]谭济才. 茶树病虫害防治学[M]. 北京：中国农业出版社, 2011.

[6]彭萍, 王晓庆, 李品武. 茶树病虫害测报与防治技术[M]. 北京：中国农业出版社, 2013.

[7]陈宗懋, 孙晓玲. 茶树主要病虫害简明识别手册[M]. 北京：中国农业出版社, 2013.

[8]贵州省质量技术监督局. 贵州茶叶标准技术规程[M]. 北京：中国标准出版社, 2010, 11.

[9]陈宗懋, 杨亚军. 中国茶经[M]. 上海：上海文化出版社, 2011.

[10]阮建云. 中国茶树栽培40年[J]. 中国茶叶, 2019, 41(7)：1-7.

[11]俞浩堂, 陆春莲等. 水溶肥料在设施栽培茶叶上的应用效果研究[J]. 现代农业科技, 2015(8)：
230-231.

[12]赵悦, 马媛春. 茶树树体管理技术研究进展[J]. 江苏农业科学, 2019, 47(18)：54-57.

[13]刘庆. 浅谈茶树树冠培育和修剪技术[J]. 南方农业, 2019, 13(17)：10-11.

[14]刘小文, 高晓余. 几种微量元素对茶树生理及茶叶品质的影响[J]. 广东农业科学, 2010, 6：
162-165.

[15]张小琴, 陈娟. 贵州重点茶区茶园土壤pH和主要养分分析[J]. 西南农业学报, 2015, 28(1)：
286-291.

[16]王镇, 尹福生. 不同覆盖方式对抹茶品质的影响[J]. 中国茶叶 2017(11)：28-29.

[17]黄富贵. 贵州碾茶茶园栽培管理技术[J]. 贵州茶叶 2018, 46(2)：23-26.

[18]郑昱. 浅析观光茶园的具体设计思路[J]. 福建茶叶 2016(8)：114-115.

[19]张宁. 观光茶园景观设计原则与设计方法研究[J]. 福建茶叶 2017(5)：94-95.

[20]米满宁, 徐瑞. 观光茶园的景观设计要素探析[J]. 福建茶叶 2017(2)：118-119.

[21]毛烨. 基于互联网的茶叶质量安全跟踪与追溯系统建设研[J]. 究农业网络信息 2013(7)：17-19.

[22]吴颖. 宁波市茶叶质量安全管理机制的构建[J]. 中国茶叶加工 2015(5)：20-24.

[23]谭济才. 茶树病虫害防治学[M]. 北京：中国农业出版社, 2011.

[24]彭萍, 王晓庆, 李品武. 茶树病虫害测报与防治技术[M]. 北京：中国农业出版社, 2013.

[25]中国农业科学院农业质量标准与检测技术研究所. 农产品质量安全检测手册. 茶叶卷[M]. 北京：
中国标准出版社, 2008.

[26]陈宗懋, 孙晓玲. 茶树主要病虫害简明识别手册[M]. 北京：中国农业出版社, 2013.

[27]骆耀平. 茶树栽培学[M]. 北京：中国农业出版社, 2015.

[28]江昌俊. 茶树育种学[M]. 2版. 北京：中国农业出版社, 2011.

[29]于龙凤, 安福全. 茶树栽培技术[M]. 重庆：重庆大学出版社, 2013.

[30]陈杰丹, 马春雷, 陈亮. 我国茶树种质资源研究40年[J]. 中国茶叶 2019, 41(6)：1-5；46.

[31]郑昱. 浅析观光茶园的具体设计思路[J]. 福建茶叶, 2016(8)：114-115.

[32]林久光. 武夷山休闲旅游观光茶园的规划与设计[J]. 福建茶叶, 2018(1)：75-76.

[33]张宁. 观光茶园景观设计原则与设计方法研究[J]. 福建茶叶, 2017(5)：94-95.

[34]米满宁, 徐睿. 观光茶园的景观设计要素探析[J]. 福建茶叶, 2017(2)：118-119.

[35]吴颖, 王开龙. 宁波市茶叶质量安全管理机制的构建[J]. 中国茶叶加工, 2015(5)：20-24.

[36]毛烨. 基于互联网的茶叶质量跟踪与追溯系统建设研究[J]. 农业网络信息, 2013(7)：17-19.

[37]顾淑红, 花均南. 基于RFID技术的茶叶物流追溯系统研究[J]. 福建茶叶, 2016(4)：49-50.